가치소비와
소비자
의사결정

저자 소개

박명희
고려대학교 이학박사(소비자학 전공)
동국대학교 사범대학 가정교육과 교수

박명숙
동국대학교 가정학과 박사(소비자학 전공)
동국대학교(WISE 캠퍼스) 가정교육과 교수

제미경
경희대학교 생활과학대학 박사(소비자학 전공)
인제대학교 사회과학대학 소비자가족학과 교수

정주원
동국대학교 가정학과 박사(소비자학 전공)
동국대학교 사범대학 가정교육과 교수

최경숙
동국대학교 가정학과 박사(소비자학 전공)
동국대학교(WISE 캠퍼스) 가정교육과 강사
경북대학교 가정교육과 강사

조소연
동국대학교 가정학과 박사(소비자학 전공)
동국대학교 사범대학 가정교육과 강사

가치소비와 소비자 의사결정

초판 발행 2022년 8월 31일

지은이 박명희, 박명숙, 제미경, 정주원, 최경숙, 조소연
펴낸이 류원식
펴낸곳 교문사

편집팀장 김경수 | **책임진행** 권혜지 | **디자인** 신나리 | **본문편집** OPS 디자인

주소 10881, 경기도 파주시 문발로 116
대표전화 031-955-6111 | **팩스** 031-955-0955
홈페이지 www.gyomoon.com | **이메일** genie@gyomoon.com
등록번호 1968.10.28. 제406-2006-000035호

ISBN 978-89-363-2395-0(93590)
정가 23,000원

가치소비와 소비자 의사결정

박명희 · 박명숙 · 제미경 · 정주원 · 최경숙 · 조소연 지음

교문사

머리말 ▷▷▷▷▷▷▷▷▷

가치소비시대의 소비자 의사결정을

출간한 지 10년이 되어간다. 초판 원고를 완성했던 2013년 소비자들의 가치와 2022년 소비자들의 가치는 어떤 환경을 맞이하고 있는가? 10년 전 원고를 쓸 때는 가치소비에 있어 협력적 소비, 공유경제, 쾌락 소비가치, 윤리적 소비가치와 같은 개념들이 소개는 되었으나 우리의 생활에 뿌리내려 있지는 않았던 시기였다. 10년의 세월은 이러한 개념들과 가치의 실천이 보편적으로 뿌리를 내려 우리의 생활에 깊숙하게 자리 잡고 있다는 것을 확인한 시기였다. 10년 전에 비해 디지털 경제의 비약적 발전은 우리 소비자들에게 또 하나의 도전이 되고 있다. 온라인과 오프라인에서 소비자 의사결정의 과정이 동일하다고 볼 수는 없기 때문이다. 소비자가 자유의지로 의사결정을 할 수 있는 선택의 폭이 어떤 부분에서는 매우 편리하게 발전되었으나 어떤 부분에서는 오히려 소비자가 자유의지로 선택할 수 있는 폭이 더 제한적이기도 하다.

그동안 소비자 의사결정의 문제는 실제 소비자가 어떤 선택을 하는지에 따라 우리 사회의 문화가 바뀐다고 생각했다. 소비자 의사결정은 자신의 복지뿐만 아니라 기업의 마케팅 전략, 국가 경제 및 세계 경제의 흐름을 지배하게 된다고도 주장하였다. 또한 소비자는 자신의 욕망 충족을 위해 소비를 하며 이를 통해 얻은 만족감은 소비자 행복을 이루는 중요한 요소가 된다고 생각하였다. 그러나 어떤 욕구와 욕망이 만들어지는 과정은 소비자가 스스로 원한 것이 아니라 의도된 것들이 존재하며, 이를 알게 되더라도 익숙한 소비자 선택의 메커니즘은 쉽게 바뀌지 않는다. 소비자 욕망의 변화, 가치변화, 그리고 한정된 자원의 사용패턴 변화 등 소비 행동의 변화는 경제 자체에 대한 우리의 사고에 엄청난 변혁을 가져올 수 있기 때문에 소비자 의사결정은 개인 소비자의 문제일 뿐 아니라 사회적 차원의 문제이기도 한 것이다.

기후변화와 자원고갈은 소비자의 자원 사용 방법에 변화가 필요하다는 가치를 일깨워 주었고 디지털 경제의 발달은 소비의 패턴을 개인이 공유경제와 협력적 소비 그리고 윤리적 소비를 실천가능하게 해주고 있다. 디지털 경제의 발달은 세계를 글로벌 정보를 공유하게 해 주었으며 글로벌 가치소비에 대한 인식을 공유하게 해주었다.

이제 소비자들은 글로벌 가치에 대한 이해와 공유 그리고 소비자 의사결정이론과 디지털 경제의 특성들을 함께 공부해야만 자신의 개인 소비자 의사결정에 도움이 될 것이다. 개인의 가치변화를 통해 욕구와 욕망을 스스로 조정하며 선택할 수 있고 이러한 가치소비의 실천이 시장을 변화시킬 수 있다. 기업은 소비자의 가치변화와 동반하여 시장의 변화를 조정할 수 있을 것으로 기대한다.

디지털 경제의 시대는 소비자가 가치에 대해 스스로 인식하고 시장에서 자신의 가치에 따라 소비하면서 시장을 조정할 수 있는 주권을 가질 수 있을 것이다. 따라서 소비자의 자율적 욕구와 욕망의 조절이 시장을 지배할 때 소비자 주도적 시장이 형성될 것이다.

이 책의 1장은 박명희 명예교수가 저술하였고, 2장과 4장은 최경숙 박사, 3장과 6장은 정주원 교수, 5장과 9장은 제미경 교수, 7장과 11장은 박명숙 교수, 8장과 10장은 조소연 박사가 집필하였다. 10여 년 이상의 가치변화를 함께 논의하고 토론하면서 집필의 방향을 결정하였고, 여러 차례 비대면 회의로 토론하고 공동의 노력을 기울여 한 권의 책을 완성하게 되었다. 집단지성으로 변화를 공유하고 토론하는 과정이 앞으로도 이어지기를 기대한다.

책이 나오도록 여러 가지로 애써주신 교문사 류원식 대표님 이하 편집부 여러분께 진심으로 감사드린다.

2022년 6월 남산에서

박명희, 박명숙, 제미경, 정주원, 최경숙, 조소연 공동저자 일동

CHAPTER 1
소비자의 욕구, 가치, 자원

CHAPTER 2
시장환경 측면에서 의도된 욕구

CHAPTER 3
의사결정과정이론

CHAPTER 4
소비자 의사결정에 영향을 미치는 요인

CHAPTER 5
행동경제학과 심리이론

CHAPTER 6
합리적 소비

CHAPTER 7
쾌락적 소비

CHAPTER 8
윤리적 소비

CHAPTER 9
관계적 소비

CHAPTER 10
소비자 정보의 진화

CHAPTER 11
협력적 소비: 미래소비사회에서의 소비자 의사결정

CHAPTER 1

소비자의 욕구,
가치, 자원

1

소비자의 욕구,
가치, 자원

소비자가 의사결정을 어떻게 하는지에 대한 것은 소비자 자신의 복지뿐만 아니라 기업의 경쟁력, 국가 경제 및 세계 경제에도 영향을 미친다. 소비자는 자신의 욕구 충족을 위하여 소비를 하며, 이를 통해 얻어진 만족감은 소비자 행복의 중요한 요소가 된다. 또한 소비자의 선택은 기업의 경영에 상당한 영향을 미치며 가격, 품질, 디자인 등 기업의 경쟁력에도 영향을 미치게 된다. 소비자의 욕구, 욕망의 변화, 그리고 소비자의 가치와 가치변화, 자원의 사용패턴 변화와 같은 소비 행동의 변화는 경제 자체에 엄청난 변혁을 가져올 수 있기 때문에 소비자의 의사결정은 개인 소비자의 문제일 뿐만 아니라 사회적인 문제이기도 한 것이다. 전통적 소비자이론에서는 소비는 소비자의 욕구와 욕망을 만족시키기 위해 재화와 서비스를 선택하고, 구매하며 사용하는 과정이다. 소비의 목적은 소비자가 추구하는 궁극적인 가치이다. 또한 소비를 위한 수단에는 자원의 제약이 존재한다. 따라서 소비자 의사결정을 위해서는 소비자의 욕구와 가치, 자원이 문제가 되는 것이다.

이 장에서는 소비자 의사결정 시에 어려움의 원인이 되는 소비자 욕구와 욕망, 그리고 이러한 욕망 충족을 위해 필요한 자원과 가치, 환경 변화에 대해 논의해 보고자 한다.

관련용어 → 욕구 (필요와 바람)　욕망　요구　욕망의 획일화

자신의 욕망에 맞춰 디자인한 가치소비인가?

30대 중반의 싱글 직장녀 임가치 씨는 자신이 알뜰하고 합리적인 소비자라고 자부하면서 열심히 절약하고 저축하는 생활을 하고 있다. 비교적 고액 연봉을 받는 임가치 씨는 가족으로부터 짠돌이라는 말을 들을 정도로 인색한 편이고, 자신을 위해서는 소비도 별로 하지 않으며 작은 오피스텔에 거주한다. 그녀는 평상시 일상 생활용품은 가장 싸고 실용적인 천원숍 등에서 쇼핑하는 등 의식주 생활은 매우 검소한 편이다. 그러나 자신의 꿈인 세계여행을 위해서는 시간과 비용을 아끼지 않고 2~3년에 한 번씩 휴가를 최대한 이용하여 세계 구석구석 오지까지 여행을 하는 마니아이다. 여행용 가방이나 신발 등은 편리하면서도 내구성이 높은 세계적인 명품을 구매한다. 여행을 가서도 교통비는 아끼지만 비싼 레스토랑에 예약하여 멋진 저녁식사를 즐기는 식의 이벤트는 그녀가 여행지에서 꼭 해보는 사치소비이다. 평소 소설이나 영화가 그녀의 환상적인 소비욕망을 자극시켜서 이러한 소비패턴을 추구하게 된 것 아닐까?

▶▶ Q&A

Q 필요need, 욕구want, 요구demand, 욕망desire은 어떤 관계일까?

A _____

_____

_____

Q 협력적 소비를 하기 위해서는 어떤 마음자세가 필요할까?

A _____

_____

_____

1. 소비자의 욕구와 욕망

고전주의 경제학에서 이제까지 소비자 선택에 대한 연구와 이론을 개발할 당시, 소비자는 당연히 자신이 원하는 욕구와 욕망을 스스로 인식하고 있다는 가정에서 출발하였다. 그러므로 소비자는 자신의 욕구를 충족시켜 줄 재화나 서비스의 존재를 찾는 것에서부터 시작하여 그 재화와 서비스를 어떻게 하면 최소의 비용으로 자신이 원하는 것을 선택할 수 있는지의 문제가 의사결정에서 가장 중요한 과정이었다(박명희 외, 2005, pp.42-47). 따라서 자신이 원하는 것, 즉 욕구에 대해서는 전적으로 개인의 특성과 관련하여 주관적이고, 욕망은 개인의 자기결정과 사적 권리라는 자유로운 선택의 영역에 있기 때문에 소비자의 실제 욕구와 욕망에 대해서는 어떤 것을 선호하든지 문제를 삼지 않으며, 소비자 자신의 욕망과 이를 충족시키는 방법에 대해서는 스스로 결정할 뿐, 규범으로 제재하는 것으로 인식되지 않았다(Slater, 2000).

그림 1-1. 나의 진정한 욕구와 욕망 그리고 우선순위는?

가치소비와 소비자 의사결정

그러나 최근 자신이 진정으로 원하는 것이 무엇인지, 자신이 구매선택을 한 재화나 서비스가 진정으로 자신의 욕구와 욕망을 충족시키기 위해서 스스로 선택하게된 것인지에 대해서 의문을 가지게 되었다. 즉, 자신이 진정으로 원하는 것이 무엇인지에 대해서도 일말의 의문을 가질 수 있다고 본다. 행동경제학에서는 소비자들의 의사결정과정에 개입되는 심리학적 접근 연구를 통해 소비자가 스스로 이성적이거나 합리성을 가지고 의사결정을 내리는 것이 아님을 밝히는 연구들이 늘어나고 있다. 뿐만 아니라 이러한 행동경제학 연구를 바탕으로 소비자 의사결정의 메커니즘이 단순히 의사결정과정 상의 합리적 선택에만 있지 않음을 지적하고 있다.

인간이 정보처리를 하는 과정은 의식적인 정보처리를 하거나 무의식적인 정보처리를 하는 양면성을 보이고 있다. 인간 두뇌의 한 부분에서는 관리적 사고라고 할 수 있는 의식적 정보처리 과정을 하고 있는 한편, 다른 두뇌에서는 습관적 사고를 하고 있다(Neale Martin, 2008). 습관적 사고는 인간의 심장박동과 체내 온도를 조절하는 것에서부터 학습된 행동을 기억 속에 저장하는 것까지 매우 광범위한 기능들을 통제한다. 특히 습관적 사고는 과거의 경험으로부터 형성되며 우리의 현재 행동을 좌우한다.

1) 욕구와 욕망의 개념

소비자의 욕구는 제한된 자원으로 소비자 자신의 필요need와 바람want을 모두 포함하는 개념이다.

① 필요need

인간의 필요는 결핍을 느끼는 상태를 의미한다. 필요는 인간이 기본적으로 인간다운 삶을 유지하기 위해 필요한 것으로 식품, 의복, 은신처 등이 없으면 삶을 살아나갈 수 없는 것들이다. 기본적 필요보다 좀 더 확장시키면 건강과 교육 등이 포함되나 이러한 필요는 앞의 의, 식, 주 해결이 되고난 후에 필요로 하는 것이다. 이러한 기

요구demand	요구는 소비자가 욕구가 생겼을 때 기꺼이 구매하거나 소유하고자 하는 의지를 말한다. 욕구와 요구의 기본적 차이는 욕망이다. 소비자는 어떤 것에 대한 욕구가 있더라도 그 욕구를 채울 수 없을 가능성도 있다. 소비자가 필요로 하거나 욕구가 있는 어떤 것을 구매하려고·한다면 그것이 바로 필요나 바람에 대한 요구가 된다. 예를 들면 소비자가 멋진 외제차나 비싼 핸드폰에 대한 욕구는 있어도 그것을 살 능력이 되어야만 요구가 되고 막연히 사고 싶다는 욕구만으로는 요구로 이끌어지지는 못한다.

자료: Sumit Saurav(2020). Understanding Needs, Wants and Demends in Marketing World. linkedin.com.

본적 필요는 의도적으로 만들어 낼 수 있는 것이 아닌 모든 인간의 기본적인 것을 의미한다. 따라서 마케터가 어떤 역할을 할 수 없는 영역이다.

② **바람**want

바람은 인간이 살아 나가는 데 필수적인 것은 아니나 필요와 연관되어 있다. 필요는 모든 인간의 생을 유지하는 데 없어서는 안 되는 것이지만, 바람은 이러한 필요를 충족시키기 위한 구체적인 제품으로 나타나며, 바람은 문화적으로 차이를 보인다. 예를 들면 갈증을 느껴 목마름을 해소하기 위해서는 필요한 것이 물이나, 갈증을 해소시키기 위해 바라는 것은 누구는 콜라가 될 수도 있고, 맥주가 될 수도 있다. 따라서 바람은 영구적인 것이 아니고 규칙적으로 바뀌기도 한다. 시간이 지나거나, 주변의 사람들이나 위치가 바뀌면 바라는 바는 당연히 바뀌게 된다. 결국, 욕구는 우리 주변에서 맞닥뜨려진 어떤 필요의 주변을 향하게 되어있다. 따라서 인간의 욕구는 각 개인의 인지와 환경, 문화, 사회에 따라 달라진다.

③ **욕망**desire

욕망은 정신과 육체를 모두 포괄하는 것으로, 욕망 대상이 특정적이고 사회적 관계를 가지는 개념으로 보았으며 특정 소비 대상을 향한 감정적이고 열정적인 열망이나 갈망이라고 러셀 벨크(Russell W. Belk, 1986)는 정의하였다. 욕망은 그 욕망을 유발하는 대상이 존재한다. 예를 들면 섹시한 남성이나 여성을 만날 경우, 그 여성이나 남성을 대상으로 성적인 욕망을 느끼게 되지만 이러한 욕망이 반드시 충족되기는 어렵다. 욕망의 존재 이유는 충족되기 위하여 존재하기보다는 오히려 더 팽창하기 위해 존재한다고 볼 수도 있다. 욕망은 끊임없이 변하며 일단 한 가지 욕망이 충족되고 나면 또 다른 욕망이 생겨나고 더 많은 욕망이 생겨 끊임없이 원하게 된다.

2) 욕구와 욕망의 차이와 욕망의 끊임없는 변화

소비자의 욕구는 제한된 자원으로 소비자 자신의 필요와 바람을 모두 포함하는 개념이므로 인간의 욕구에서 필요를 빼면 욕망이 남는다고 하였다. 이때 필요는 생물학적 충동이나 본능이며 인간은 무언가를 요구하면서 필요를 나타낸다. 근원적인 필요가 충족되면 욕망이 남게 된다. 그러나 프랑스의 정신 분석학자 라캉(Jacques Lacan, 1901-81)은 욕망이란 바람이나 필요와는 관련이 없는 차원에서도 발생한다고 설명하고 있다. 욕구와 욕망은 모두 결핍으로부터 생긴 것이지만, 욕구는 단순히 충족을 지향하는 것이나 욕망은 충족을 미루면서 그것을 지향하는 점이 다르다. 즉, 욕구는 현실을 충족하는 것이지만, 욕망은 정신적이며 환상을 추구할 수 있으므로 이러한 상상이나 환상은 단순하게 충족되지 않는다.

(1) 소비자의 무의식적인 욕망 추구

왜 이러한 욕구나 욕망이 발현되는가? 소비자의 욕구 추구는 소비자가 스스로 원하는 욕구인가? 기업들은 소비자의 욕구가 어떻게 변하는지를 알아내고 측정하는 것이 기업의 성패를 좌우하기 때문에 욕구를 파악하기 위해 수없이 많은 기법을 동원하여 알아내고자 한다. 소비자의 경험, 직관, 분석을 통해 소비자의 욕구나 욕망을 측정해 내고자 한다. 하지만 소비자는 그러한 욕구나 욕망이 존재했는지에 대해서 스스로 인식하지 못하고 있을 수도 있다. 일반적으로 소비자가 상품을 선택 시에 욕구 충족을 위한 선택이라고 가정하지만, 실제 소비자는 자신이 그 상품을 선택한 요인과 선택에 이르는 심리 과정에 대해 정확하게 인식하지 못하는 경우가 많다. 소비자는 판단이나 의사결정과정에서 자신의 머릿속에 일어나는 일들에 대해 직접적인 정신 접근direct mental access이 불가능한 경우가 흔하다(하영원, 2012, pp.98-99).

잘트만(Zaltman, 2003) 교수는 소비에서 무의식 영역의 중요성을 강조하고 있는데, 구매 욕구의 95% 이상이 무의식 영역에 있다고 주장한다. 최근 인간의 무의식에 기반 한 욕망 마케팅이 새롭게 대두되고 있는데, 이른바 뉴로 마케팅neuro-marketing 영역이다. 뉴로 마케팅은 뇌신경과학을 마케팅에 접목시켜 뇌 반응을 관찰하여 소비자의 욕망을 측정하는 방식으로 아이트레킹eye tracking이나 뉴로 이미징neuroimaging 기법 등을 도입하여 측정하고 있다. 또한 스마트폰의 발달로 인해 내장 정보와 각종 센서를 이용하여 소비자가 스스로 모르는 욕망을 측정하거나 모바일 기술인 위치정보를 이용하여 소비자의 욕망 지도를 그리기도 한다. 소비자는 의식의 영역 안에 존재하는 자극에 반응하는 때도 있지만 무의식적으로 자기 행동의 지침이 되는 목표를 정하기도 한다.

(2) 욕망의 끊임없는 변화

소비자의 욕망이 끊임없이 변한다는 가설은 소비자의 욕구가 무엇인지를 아는 것이 쉽지 않다는 의미가 되기도 한다. 만약 상품을 기획하는 마케터들이 소비자의 욕구와 욕망을 정확히 파악할 수만 있다면 마케팅에서 어려운 점은 상당히 해결될 수 있을 것이다. 그러나 실상 소비자의 욕구와 욕망이 소비자 자신의 것인지에 관한 점이다.

인간이 살아가기 위해서 필요한 것들, 즉 필요한 재화와 서비스를 소비하는 것이 일차적 욕구라고 보았던 20세기의 전통경제학에서는 소비자를 합리적인 존재, 즉 대량 생산되어 더 저렴하고 질 좋은 재화를 합리적인 가격에 구매해서 소비하는 것이 소비자의 욕구이며 이를 충족시키는 것이 최대의 화두였다. 그러나 21세기에 들어와서 욕구와 욕망은 별개일 수도 있다는 논의가 제기되고 있다. 또한 소비자의 끊임없는 욕망의 변화와 환상은 제한된 자원이 아닌 가상 세계를 통해 욕망을 충족시킬 수 있다는 솔루션이 제시되고 있다. 최근 들어, 메타버스에서의 소비가 이러한 소비자의 욕망을 채워줄 수 있음을 암시하고 있는 셈이다.

3) 욕구와 욕망의 획일화와 다양화

인간의 욕구와 욕망에 대해서는 크게 '존재, 성, 권력, 승인'의 4가지 정도로 분류할 수 있다. 존재 욕망은 존재 유지에 관한 욕망으로, 성적 욕망은 성행위나 페티시즘에 관한 욕망으로 볼 수 있다. 권력 욕망은 소비물의 소유 또는 소비를 통한 우월 욕망 등으로 볼 수 있고, 승인 욕망은 쾌락 추구에서 불승인을 회피하려는 욕망으로 볼 수 있다. 존재 욕망과 성적 욕망은 결핍의 해소가 원인인 반면, 권력 욕망과 승인 욕망은 쾌락의 추구가 원인으로 제공되고 있다. 러셀 벨크의 소비자 욕망은 주기적으로 나타날 수 있는데 특정 대상에 대한 욕망이 발생되고, 시간이 흐름에 따라 욕망은 강화되거나 소멸되며, 욕망이 실현되면 욕망이 진정되고 그 이후에는 다른 욕망이 생기거나 비슷한 욕망이 또 다시 나타난다고 한다(김중태, 2012, p.67). 욕망은 언제나 전염성을 갖고 있다. 남들이 좋다는 것을 나도 좋아하기 때문이다. 그래서 노련한 광고는 언제나 상품의 우수성이 아닌 그것을 타인들이 욕망하고 있다는 사실을 입증하려한다(박정자, 2021).

(1) 세계의 지구촌화에 따른 욕망의 획일화

21세기의 또 하나의 특징은 세계가 지구촌화되었다는 것이다. 세계적으로 소비자의 성향이 점점 비슷해지는 이유는 상당 부분 인터넷 매체의 전파 덕분이다. 텔레비전을 시청하는 세계 각지의 중산층 소비자들은 놀랄 만큼 유사한 열망과 가치관을 가지게 되었다. 그 이유 중 한 가지가 '매체 자체가 메시지'이기 때문이다(앨런 패닝턴 저, 김선아 역, 2011, pp.107-108). 이러한 소비자 욕구의 동일시는 엄청나게 빠른 속도로 형성되어 넷플릭스, 아마존, 애플, 구글과 같은 세계적인 거대기업들을 만들어 내고 있으며 이러한 거대기업들은 폭발적으로 늘어나는 소비자의 욕구를 충족시키기 위한 신제품들을 효과적으로 개발하고 마케팅에서 성공을 거두었다. 그런데 이 배경에는 소비자의 욕구가 놀랄 만큼 동일한 요구와 욕망을 가진다는 데 있다. 즉, 모든 소비자의 욕구나 욕망은 누군가(마케터)에 의해 조작되고 욕망을 가지도록 의도적으로 동기화가 되어 요구로 나타나는 징후들을 보여주고 있으며 소비자들은 자신도 모르게 확증 편향적 정보에 노출되어 욕구나 욕망조차 의도된 범위 안에서의 선택으로 조정되고 있다는 점이다.

(2) 탈소비주의 사회에서 소비의 다양화

18세기 산업혁명과 19, 20세기 자본주의를 거치면서 우리 사회는 경제를 곧 돈벌이로 직결시켰다. 급격한 성장만 추구하던 사회는 성장과 동시에 과잉생산, 과잉소비 현상을 낳게 되었고 세계 경제가 고도의 성장기에 있을 때 사람들의 "행복한 삶"이란 물질주의와 연결되어 물질주의가 인생 성공에 대한 관점과 가치관을 결정해 왔었다. 이 시기에는 돈을 많이 벌어 소비를 마음껏 할 수 있으면 행복할 수 있다고 믿으면서 살아왔다. 그러나 21세기에 들어와서는 인간의 행복한 삶이란 과잉생산, 과잉소비를 통해 물질적인 것을 소유하는 것만이 행복이 아니란 걸 깨닫게 되었다. "행복한 삶"에 대한 가치에 근본적인 변화가 일어났고, 행복한 삶을 위해 필요한 것들은 시장에서 돈을 주고 사올 수 있는 것이 아닌 것들이 많아졌다. 즉, 21세기에 소비재가 일상적인 물건으로 여겨지는 소비자의 욕구에도 근본적인 변화가 일어나고 있다. 이제 소비자들은 경제를 돈벌이로만 생각하던 가치에서 벗어나 행복한 삶이 어떤 것인가에 대해 다시 생각하게 되었다.

21세기에는 새로운 탈소비주의 사회를 창조하게 될 몇 가지 복합적인 원천이 발생하고 있다. 21세기 기술이 상향 표준화되고 물질이 풍요로운 시기가 되자 인간이 무엇으로 사는지를 생각하면서 소비자들은 대중적으로 필요한 제품보다는 자신이 원하는 제품을 찾기 시작했다. 즉, 필요에 대한 소비에서 욕망에 대한 소비로 바뀐 것이다(김중태, 2012). 기본적 의식주가 해결되고 풍요로운 사회로 가는 시점이 될 때 욕망은 새로운 형태로 나타나게 된다. 풍요로운 사회일수록 물질적인 욕망을 넘어서서 관계에 대한 욕망이 더 강해진다고도 볼 수 있다. 이러한 욕망 추구는 합리적 이성으로는 설명하기 어렵지만, 이것이 바로 21세기 욕망의 현주소이다. 이제 21세기를 살아가는 젊은 소비자들은 대기업에 취업하고 결혼하여 아이를 낳아 집을 마련하고 살아가는 19세기, 20세기의 라이프스타일이 아닌 다양한 삶의 형태를 만들기 위해 물질적인 욕망 추구에서 벗어나 일상생활에서 만나는 작지만 확실한 행복을 추구하기를 원하고 있다.

4) 소비자 욕망 충족의 끊임없는 진화와 의사결정의 어려움

앞서 우리는 소비자의 욕구가 풍요로운 사회로 갈수록 물질적 욕구보다 관계적 욕구로 강화된다고 하였는데, IT 기술의 발달은 이러한 관계적 욕구의 한도를 무한대로 넓힐 수 있는 가능성을 제공하고 있다. 과거에는 관계의 유지가 1차원적으로 한정되어 있었지만, 스마트폰의 각종 정보는 시공을 초월하여 과거에는 상상도 할 수 없었던 관계를 형성할 수 있는 기회를 제공한다.

소비자들의 의사결정 문제는 우선 자신이 무엇을 원하는지에 대해 알고 있을 때 이에 대한 해답을 찾기 위한 과정이라고 생각했는데, 스스로 무엇을 원하는지에 대해 인식하지 못한다면 무엇이 합리적인 의사결정인지에 대한 해답을 찾아내는 것 자체가 매우 어려운 일이 된다. 또한 한정된 욕구가 아닌 무한대적인 욕망을 어떤 방법으로 충족시킬 수 있는지에 대한 해결책을 인식하고 선택하는 것이 아니다. 오히려 제공되는 새로운 IT 기술이나 서비스 자체를 찾아내기에 급급한 상황에서 어떤 해결책을 선택할 것인지를 의사결정 하는 것은 쉽지 않은 일이다.

2. 소비자 가치의 문제

소비자 의사결정의 전통적인 가치는 경제적 가치에 초점을 맞추고 있다. 합리적 의사결정을 한다는 기본적 가치의 관점에서 볼 때, 소비자는 당연히 경제적인 효율성을 추구한다는 가정에서 시작하고 있다. 동일한 품질의 상품이나 서비스를 최대한 저렴하게 구입하는 것이 가장 잘한 의사결정이라고 판단하는 것이다. 즉, 경제적 합리성과 효율성을 추구하는 것이 소비자의 가장 기본적인 가치로 보는 것이다.

그러나 제품이나 서비스의 품질이 고도의 기술을 통해 표준화되고 품질 비교가 소비자 개인이 비교하기 어려운 상태로 과학화되어감에 따라 소비자가 선택 시 사용하는 가치는 기존의 효용을 추구하는 경제적 가치보다는 소비자 본인이 추구하는 기능적 요인, 감정적 요인 그리고 자신의 인생에 변화를 주는가의 여부나 사회적 영향 가치 등 소비자 개인이 추구하는 다양한 가치에 따라 소비하게 된다. 따라서 최근 가치소비의 정의는 본인이 가치를 부여하거나 만족도가 높은 분야에는 과감히 비용을 들여 소비하는 대신 그렇지 않은 영역에서는 경제적 합리성을 추구하는 소비를 하는 성향을 말한다. 과거 소비자 의사결정은 주로 가성비를 추구하는 소비였으나 2018년 이후부터 가치 추구를 중심으로 소비하는 가심비를 추구하는 소비(플라시보 소비)가 MZ세대를 중심으로 급격히 늘어나고 있다(김난도, 2018).

가치는 여러 가지 차원의 개념으로 있으며 소비자는 그 사회의 어느 시점에서 지향하는 가치나 목표에 따라서도 영향을 받는다. 어느 시점에서의 특정 생각, 표현방식, 제품들이 그 사회에 침투되고 확산해 나가는 과정에 있는 상태를 트렌드라 하는데, 가치는 끊임없이 변화하면서 그 사회의 트렌드로 나타난다.

1) 소비에 대한 가치 유형

(1) 물질주의적 가치- 소비주의

소비주의는 19세기, 20세기에 이르기까지 세계 여러 곳과 많은 문화체계를 가로지르는 지배적 문화 패러다임이다. 차를 운전하고 비행기를 타고, 큰집을 소유하고, 냉·난방이 갖추어진 집에서 쾌적하게 사는 것이 가장 사람들이 바라는 삶이다.

소비의 시대에는 과시적인 소비가 곧 성공의 상징이었다. 옆집 또는 친구 가족의 소비패턴을 따라잡는 것이 사회적으로 필요한 일이었고 경쟁의 대상이었다. 이러한 현상은 국가를 막론하고 전 세계적으로 소비사회에서 만연하고 있었다. 더 큰집, 새차, 최신형 가전제품 그리고 디자이너 라벨이 붙은 명품 옷과 가방 등은 모두 성공적인 삶을 살고 있다는 징표였다. 일찍이 선진국을 나타내는 지표는 소비를 가장 많이 할 수 있는 여력으로 평가되고, 선진국뿐 아니라 수많은 개발도상국의 궁극의 목표도 자국민 소비자들이 물질적으로 풍요로운 소비를 할 수 있도록 하는 것이었다. 사치스러운 물건을 소유하는 것은 성공의 척도였고 남보다 우세하다는 증거였으며 자긍심의 상징이었다. 따라서 이러한 소비자의 가치를 따라 유명 브랜드가 승승장구하게 되었다. 소비자는 입고 사용하고, 쓰고 있는 상품의 브랜드를 통해 성공을 표시하고 싶어 했으며 물질주의적 가치가 가장 중요한 가치로 인정되었다. 이런 물질적 소비주의 가치의 가장 강력한 추동력은 기업의 이해관계였다. 기업의 이해관계와 맞아떨어지면서 소비는 가속화되었다. 무한한 경제성장을 목표로 기업들은 소비자에게 더 많은 소비를 유도하기 위해 제품의 생존주기를 짧게 하고, 유행이 빠르게 지나도록 유도하였으며, 마케팅 활동을 통해 소비자에게 소비주의 가치를 부추기고 요람에서 무덤까지 소비주의에 의해 생활하도록 가치를 주입하였다. 소비주의 문화에 의해 결혼식, 장례식, 크리스마스 등을 통해 물질적 소비가치를 과시하도록 부추겨 왔다. 선진국부터 개발도상국에 이르기까지 더 많은 부와 물질의 소유가 좋은 삶을 이루는 데 필수적이라는 신념이 넓게 퍼지고 모든 소비자에게 주입되어왔다. 그러나 21세기 들어서 이러한 가치는 기후변화와 에너지 고갈 그리고 행복한 삶의 개념에 대한 새로운 가치가 형성됨에 따라 소비주의 가치는 선진국에서부터 서서히 변모되어 가고 있다.

(2) 소비에 대한 상징, 기호의 가치

《소비의 사회》 저자 장 보드리야르(Jean Baudrillard, 이상율 역, 1991)는 소비가치에 대해 사물에는 기본적으로 4가지의 가치가 있다고 했는데, '교환가치', '사용가치', '상징 교환가치', '기호가치'가 바로 그것이다.

교환가치나 사용가치는 기능적인 필요를 충족시키는 가치로써 시간 절약, 단순화, 돈이 되거나, 위험을 줄여주고, 조직적이며, 통합적인 것, 노력을 줄여주고, 번거로움을 줄여주고, 비용을 줄여주고, 질이 좋고, 다양하고, 센스 있고, 정보화되어있는 것 같은 것들이다. 이러한 기능적 가치 외에 소비에 대한 가치에는 상징가치, 기호가치 같은 가치 특성들이 존재한다. 상징이나 기호가치는 개인 소비자의 자아정체성을 나타내 주는 역할을 하고 있다. 소비는 어떻게 사는가에 대한 것뿐만 아니라 나는 누구인가를 결정하는 요소로 기능한다. 내가 소비하는 것이 나의 정체성, 나의 가치, 나의 기호, 나의 사회적 멤버십 등을 표현하기 때문이다. 상품의 상징이나 기호가치는 정서적 가치요인으로 불안을 줄여주고, 내게 보상을 주고, 향수를 불러일으키며, 디자인이 아름답고, 신분을 나타내주며, 안락하게 해주고, 치유해주며, 재미있고, 매력적이며, 접촉할 기회를 제공한다. 그러나 개인 소비자의 정체성을 나타내는 데 사용하는 상품들은 정체성에 대한 실체를 구성해 주는 게 아니라 광고, 브랜드, 디자인, 패키지와 연출을 통해서 가공된 정체성에 대한 이미지만 제공한다는 것이다(Richard, 1991).

현대의 소비행위는 기호의 소비이면서 동시에 실제 물건의 소비이다. 즉, 실제 행동과 상상의 행위가 합쳐진 행위인 셈이다. 명품 브랜드의 소비는 실제의 기능적 소비에 자신의 정체성(허구적 상상력)까지 포함된 상상의 재화를 구매하는 것이다. 21세기 들어 이러한 정체성은 가상 세계에서의 자신의 정체성을 통해 자신의 욕망을 충족시킬 수 있는 다양한 가상 세계의 소비문화가 생성되어 인간의 진화하는 욕망을 충족시킬 수 있는 새로운 소비문화로 변화하고 있다고도 볼 수 있다.

(3) 경험, 즐거움 추구의 가치소비

과거 자본주의 사회에서의 소비주의는 물질을 추구하는 것이 행복이라고 생각했다. 물질적인 요건들을 모두 채우면 행복할 것이라고 믿었으나, 최근에는 시간과 경험과 같은 비물질적인 것이 일상을 더 풍요롭고 행복하게 만들어 줄 수 있다는 것을 깨닫는 사람들이 늘어나고 있다. 이러한 현상을 선진국으로 갈수록 더 짙어지고 있어 소비자의 가치는 값비싼 명품을 소유하는 것에서 얻는 행복보다는 시간을 가지고 경험과 즐거움을 추구하는 가치소비가 늘어나고 있다. 과거 물질주의 시대에서는 사치품은 비싼 물건을 소유하는 것으로 표현했으며 소유욕과 과시욕으로 표현되었으나 이제 새로운 사치의 개념은 그보다는 자아실현에 관한 것이며, 삶의 대부분을 경험, 배움과 즐거움으로 채우고 싶은 욕구가 커지고 있다. 즉, 새로운 가치를 즐기는 소비자는 자신을 위한 시간을 보내는 것이 과시적 소비보다 중요하다고 여기게 되었다.

사치소비란 경험적 즐거움을 추구하는 차원에 들어갈 수는 있으나 사전적 의미로는 차이를 보인다.

경험과 즐거움의 가치소비를 추구하는 경향은 최근 MZ세대라고 불리는 밀레니얼 세대(1980초부터 2000년 후반까지 출생한 세대)에게 더 확연히 나타나고 있다. 작지만 확실한 행복을 추구한다는 소확행이나 가성비와 같은 자신의 경제적 이익만을 찾는

사치소비란? 사치의 의미를 사전에서 찾아보면, 필요 이상의 돈이나 물건을 쓰거나 분수에 지나친 생활을 하는 것을 말한다. 프랑스어 언어사전인 「그랑 로베르(Le Grand Robert)」에서는 사치를 다음의 5가지로 정의하고 있다.

첫째. 쾌락이나 과시욕을 만족시키는데 필요한 잉여소비
둘째. 꼭 필요하지는 않지만, 비용을 많이 들여 얻은 행복과 기쁨
셋째. 비싸고 호화로운 특성을 갖는 것들
넷째. 희귀하고 값비싼 취향에 상응하는 물건, 제품, 서비스
다섯째. 무엇인가 풍부한 상태

소비가 아니라 가격대비 마음의 만족이 큰 제품을 구해한다는 가심비가 높은 재화나 서비스의 소비이다. 욜로YOLO: You Only Life Once족의 소비는 한번 뿐인 인생에서 자신의 행복을 가장 중요시 하고 소비한다는 뜻으로 미래를 위한 준비보다는 현재를 위한 소비에, 자신의 행복을 위한 소비에 중점을 두게 된다. 이 경우 소유보다는 경험을 중요시 여기므로 공유를 통해 만족을 추구할 수 있다. 이러한 추세는 공유경제의 급격한 확대를 가져왔고 지구온난화의 문제와 더불어 지나친 과잉소비를 견제할 수 있는 대안으로 제시되고 있다.

(4) 환경, 동물복지, 인권, 지속가능을 추구하는 윤리적 가치소비

전통적 경제학에서는 일반적으로 소비자가 구매할 때 가능한 가장 좋은 품질과 낮은 가격의 상품을 선택한다고 하며 이러한 구매유형을 합리적 구매 행동이라고 하였다. 그러나 소비자들은 개인적, 도덕적 신념에 따라 의식적이고 신중한 소비선택을 하게 된다. 식품, 주거, 교통, 의복, 금융, 자선단체 기부 등 소비와 투자를 포함한 지출을 말하며, 인권이나 사회정의, 환경과 동물복지와 같은 문제를 고려하여 관련 정보를 찾아 상품이나 서비스를 선택하는 것이다(The Cooperative Bank, 2007). 이를 윤리적 가치소비라 한다. 윤리적 가치소비에는 지역 상품 구매를 통해 지역공동체를 후원하거나, 비윤리적 제품에 대해 불매운동을 하는 등 다양한 윤리적 가치를 반영하는 소비를 말한다. 윤리적 소비의 유형이나 특성은 불매운동, 긍정적 구매, 충분한 검증을 통한 구매, 관계를 고려한 구매운동, 지속가능한 소비주의 등의 방법을 통해 자신들의 가치를 반영하는 소비 행동을 실천한다.

2) 가치소비의 진화

소비자가 소비를 함으로써 추구하는 가치는 무엇인가? 가치는 한 사회에서 공통적으로 바람직한 것으로 추구하는 관념으로 사회적, 문화적 맥락에서 이해되어왔다.

첫째, 개인주의적 가치소비는 개인의 심리적 특징에 관계된 가치성향으로 주관적 만족을 최우선시하는 소비활동이다. 개인이 가치를 부여하는 제품과 그렇지 않는 제품에 대해서 금전적으로 지불의사가 극명하게 대비되어 나타나는 소비 행동이다. 즉, 소비에 대한 이중 경향과 양면 가치가 공존하는 것으로 소비자는 상황과 가치에 따라 다변적 선택을 한다. 소비사회의 중심적인 가치로 드러나고 있는 개성의 표현, 물질적인 풍요로움의 향유, 개인의 삶의 질의 향상, 육체적 아름다움의 추구 등은 모두 개인 중심의 소비가치라는 특성을 보이고 있다(박명희 외, 2007).

둘째, 이타적 가치소비는 제품이나 서비스를 구입하기 위해 비용을 지불하는 개인이 직접적 혜택을 획득하는 것보다는 나를 포함한 가족 집단 및 타인이 혜택을 획득하는 것을 이타적 가치소비라고 정의할 수 있다. 이타적 가치는 타인을 위한 것으로 비이기적인 것으로 표현되고 있는데, 타인을 위한 가치소비는 지역의 생산자뿐 아니라 글로벌 노동력을 싼값에 사용하여 생산된 제품을 거부하고 상대적으로 비싸더라도 공정한 노동의 대가를 치른 공정무역제품을 구매하는 착한소비 등이 이타적 가치소비의 사례로 볼 수 있다. 최근 MZ세대를 중심으로 이타적 가치소비는 착한 소비의 형태로 나타나며, 타인의 인권존중, 공정무역, 사회적 가치를 표방하는 다양한 가치들에 동의하면 가성비와 상관없이 구매하는 소비이다(전지현, 2010).

셋째, 환경친화적 소비는 개인을 위한 직접적인 혜택 추구보다는 생태계에 직·간접적으로 혜택을 줄 수 있는 소비에 관심을 기울이는 지속가능성과 생태적 가치를 추구하는 소비로서 환경친화적 소비가 이에 해당한다. 즉, 소비자의 소비선택이 자원, 환경과 같은 생태적 영향과 사회문제에 대한 인식이 반영된 가치소비이다. 미국의 로하스LOHAS: Life Styles of Health & Substantiality나 영국의 다운 시프트down-shift, 유럽의 슬로시티slow city, 슬로푸드slow food운동 등은 이러한 가치를 소비생활과 삶의 방식에 표현하는 대표적인 예이다. 최근 동물복지를 고려한 식품의 유행 트렌드나 비건식품의 유행 등도 이에 해당한다고 볼 수 있다.

소비자들은 개인적 가치소비에 기반을 두어 소비를 하고 있으나 점차 가치의 진화에 따라 이타적 가치소비와 기후변화에 대응하는 지속가능 소비를 위한 환경친화적 소비로의 진화가 이루어지고 있다.

3) 가치소비, 메가 소비트렌드로 전환

　전 세계적인 경기 불황의 여파와 기후변화, 그리고 자원의 고갈은 소비자에게 '소비를 왜 하는가?'라는 고민을 다시 하게 해 주었다. 남을 의식하는 과시소비는 소비자에게 큰 비용 부담을 주었고, 알뜰과 절약만을 추구하는 소비는 소비자 개인의 욕구를 만족시켜 주지 못했다. 따라서 소비자는 자신의 소비트렌드를 새롭게 추구해야 했다. 소비의 가치는 결국 혜택·비용이라고 볼 때 가치를 높이는 방법은 비용을 줄이든지 아니면 획득할 수 있는 혜택의 범주를 확장하는 것이다. 개인주의적 가치를 지닌 사람은 자신을 다른 사람과는 독립된 개체로 인식하고 자신의 사적 이익 추구에 전념하여 가치소비를 실현한다. 자신이 개인적으로 좋아하는 것이라면 일반적인 생활에 할당하는 예산 제약을 고려하여 자원을 보편적으로 할당하기보다는 자신이 원하는 제품의 수준은 낮추지 않고 고품질의 제품을 다양한 정보 탐색을 통해 최소의 비용으로 얻고자 노력한다. 반면에 다른 품목에 대해서는 최소한의 비용만을 지불한다.

　특히 코로나19를 전 세계적으로 2년 이상 경험한 최근 소비자들은 라이프스타일 자체가 변화하면서 새로운 소비가치가 생기고 있다. 코로나 경제는 노동자들의 소득을 안정화하지 못하였고, 소득의 양극화 현상이 심해지면서 소비자의 가치 추구적 행위도 몇 개의 그룹으로 분류할 수가 없고, 가족의 결속도 해체되며, 개인화가 심해지므로 가치의 파편적 다양화가 이루어지고 있다. 이에 소비자들의 가치 추구에 맞는 상품이나 재화가 일률적으로 생산되기가 매우 어렵다. 개인의 생명 유지를 위한 건강가치와 개인적 경험이나 쾌락 추구를 현실 세계와 가상 세계의 연결을 통해 새로운 경험, 쾌락소비를 경험하고자 한다. 가격이 비싼 명품을 소비하려고 하기도 하나 그보다 희소성 있는 독특한 자기만의 것을 소유나 공유하고자 한다(김난도, 2022). 이러한 가치의 다양화는 기술의 발달로 세계적인 메가트렌드 가치로 전환되는 시점이 동시에 일어난다.

4) 기업의 소비자 가치 추구에 대한 대응

그동안 소비자는 다양한 마케팅 기법에 의해 자신의 진정한 욕구보다는 의도된 욕구나 체험에 의해 소비를 경험했던 시기가 있었다. 소비자는 최신 유행의 동조성이나 과시소비를 통한 자아 이미지를 통해 자신의 욕구가 충족된다고 믿었던 체험도 이미 했으며 많은 소비 경험을 통해 이러한 소비가 진정한 만족을 주지 못한다는 것을 알게 되었다. 과대포장과 화려한 매장의 분위기가 상품의 진짜 가치가 아니라 광고와 마케팅으로 포장된 제품에 있는 거품 비용을 파악하게 된 것이다. 따라서 소비자는 제품이나 서비스의 진짜가치authenticity를 추구하고자 한다(제임스 H. 길모어, B. 조지프 파인 2세 저, 윤영호 역, 2010). 소비자들은 인식과 표현의 측면에서 모두 자기의 이미지와 부합하는 제품만을 진정한 것으로 여기고 알짜만을 가장 저렴한 비용으로 얻고자 한다. 이는 이제까지 시장에서 경영자들이 소비자에게 강조해 왔던 상품의 유효성과 합리적인 가격, 제품의 품질에 대한 것은 당연하게 여기고 소비자가 추구하는 진짜 가치까지 고려해야 한다는 것을 의미한다.

마케터들은 소비자가 제품이나 서비스를 구매하기 전 그들이 추구하는 지각된 가치 대비 가격이 적절하면 살 것이고 그렇지 못하면 선택하지 않을 것이라고 하면서 소비자의 가치체계에 대해 면밀하게 조사하여 보니, 가치의 체계가 존재하며 4개의 영역으로 이를 체계화 시킬 수 있었다. 에릭 암퀘스트와 존 그리고 니콜라스 블록(Eric Almquist, John Senior and Nicolas Bloch, 2020)은 제품과 서비스에 대한 가치의 요소를 30개로 추출하고 이를 4개의 요인으로 분류하면서 이 요인들을 기능적 가치functional value 요인, 정서적 가치emotional value 요인, 생활의 변화가치life change value 요인, 사회적 영향가치social impact value 요인들이 체계적으로 연결되어 있다고 하였다.

기능적 가치요인은 시간 절약, 단순화, 돈이 되거나, 위험을 줄여주고, 조직적이며, 통합적인 것, 연결되어 있고, 노력을 줄여주고, 번거로움을 줄여주고, 비용을 줄여주고, 질이 좋고, 다양하고, 센스 있고, 정보화되어있는 것 같은 것들이다.

정서적 가치요인은 불안을 줄여주고, 나에게 보상을 주고, 향수를 불러일으키며, 디자인이 아름답고, 신분을 나타내주며, 안락하게 해주고, 치유해주며, 재미있고, 매력적이며, 접촉할 기회를 제공한다.

생활의 변화 가치요인은 희망을 주고, 자아실현을 해주고, 동기를 부여하며, 가보

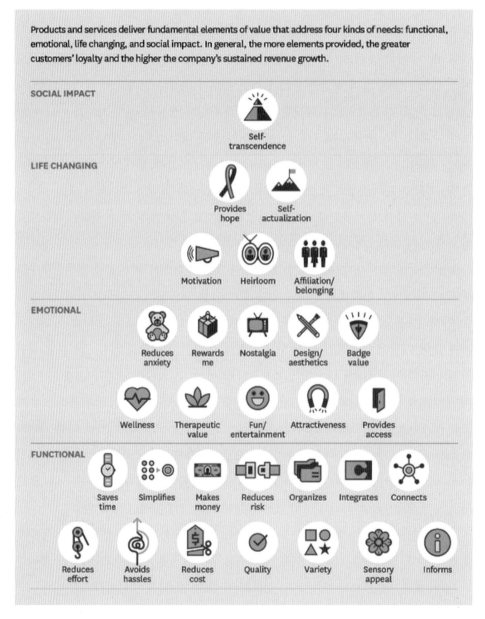

그림 1-2. 소비자의 가치 피라미드 사다리 4단계 요인

자료: Almquist, E., Senior, J. & Bloch, N. (2016). The elements of value. Harvard Business Review, sept., p.7

가치소비와 소비자 의사결정

가 되거나, 소속감을 준다.

사회적 영향 가치요인은 자기초월적 가치를 제공한다고 분류하였다.

3. 디지털 경제와 자원의 문제

1) 디지털 경제의 정의와 특성

(1) 디지털 경제의 정의

디지털 경제는 재화와 서비스의 생산, 분배 및 소비가 네트워크화 된 정보와 지식이라는 생산요소에 의존하는 상태라고 정의 할 수 있다. 디지털 경제에는 세 가지 요소가 내포되어 있다. 첫째는 하드웨어, 소프트웨어, 네트워크와 같은 기반구조이고, 둘째는 그 기반구조에 근거해 사업이 이루어지는 방식이고, 셋째는 온라인으로 상품 거래가 이루어지는 전자 상거래이다(messenborg, 2001).

디지털 경제는 초기에 ICT 인터넷을 기반으로 하는 네트워크화 된 전자 상거래로 만 여겨져 왔었으나 최근에는 스마트폰이나 사물 인터넷의 확산 등으로 현실 세계와 가상 세계의 융합이 가속화되므로 단순한 상품이나 거래방식을 의미하는 수준을 넘어 디지털화 네트워크화 된 경제활동 전반을 포괄하는 의미로 확장되고 있다. 특히 4차 산업혁명의 도래와 함께 사물 인터넷, 클라우드, 빅 데이터, 메타버스 등의 기술 발달은 오프라인과 온라인의 융합이 가속화되면서 현실 경제와 디지털 경제의 구분이 전반적으로 해체되어 가면서 디지털 경제의 내용과 구성이 점점 더 확장되어 가고 있다(김문조, 2018). 김문조(2018)는 디지털 경제의 특성에 대해 8가지 특성을 제시하고 있다.

(2) 디지털 경제의 특성

① 탈물질성 D-materialization

디지털 경제의 특성은 기존 경제학에서 자원의 제한에 대한 부분이 기술로 대치될 수 있다는 점이다. 기존의 전통경제학에서는 발전의 지표로 삼아왔던 물질적 성장의 등식이 더 이상 적용되지 않는다는 것이다. 과거 1972년 로마클럽에서 제시한 경우는 인구가 증가함에 따라 수요가 커지므로 환경 면에서 자원이 제약되고 성장이 한계에 도달했다고 하였으나, 밀레니엄 시대를 통해 발견한 여러 증거를 보면 인구가 증가하여도 증가한 인구의 수요를 맞추기 위한 물질적 자원의 양이 더 요구되지는 않았다는 통계적 증거가 제시되고 있다. 미국의 경우, 1977년~2001년까지 소비자의 수요는 지속해서 증가하고 있으나 원자재 수요가 더 늘어나지는 않았고 오히려 정보통신의 발달로 생산 현장에서의 자동화 등 탈물질화 현상뿐 아니라 도시나 국가 수준의 지능형 관리를 통해 자원 낭비를 더욱 효율적으로 제어할 수 있어 탈물질화의 특성을 보여주고 있다(OECD, 2012).

② 탈중계성 dis-intermediation

디지털 경제의 주요 특성은 연결망 network이다. 디지털 경제에서 나타나는 탈중계적 현상은 상품의 유통구조에서 바로 나타난다. 과거에는 기업 company - 유통 distributor - 도매상 wholesaler - 중개상 broker - 소매상 agent - 소비자 consumer의 순서로 구성된 전통적 공급 유통망이 인터넷과 같은 정보기술의 발전으로 공급자 - 구매자 간의 직거래로 대체되고 있음을 알 수 있다. 그뿐만 아니라 국가 간의 유통망조차 건너뛰어 해외 직거래까지 직접적으로 할 수 있으므로 디지털 경제의 탈중계성은 전통적 유통망의 극적인 축소를 나타내나 이미 거부할 수 없는 디지털 경제의 특성이 되고 있다.

③ 초과성 over saturation

디지털 정보의 기본은 0과 1이라는 두 가지 정보로 모든 정보를 분해 재조합할 수 있게 되어있다. 이를 기반으로 정보의 양적, 질적 누증확산이 가능해진다.

과거 구경제에서는 모든 경제가 희소성에 따라 발생하였으며 상품의 가치도 기본적으로 희소성에 따라 좌우되었다. 하지만 디지털 경제에서는 원칙적으로 상품의 희소성이 존재하지 않거나 희소성이 0에 가깝게 수렴되기 때문에 상품의 가치가 희소성에 기반한 수요-공급곡선보다 네트워크의 양과 밀도, 지수적 곡선에 의해 결정되는 경우가 많다. 디지털 경제에서는 수요-공급법칙보다는 초과의 원칙, 잉여의 원칙으로 접근하게 되는데 이는 기업이나 소비자 모두에게 행동을 변화시키게 된다. 공급자로서는 희소성에 대한 이전의 판매전략이 아닌 표준과 관련 툴을 개발함으로써 네트워크의 외부효과를 극대화하는 전략을 쓰게 된다. 기업의 경우, 기존의 구경제에서는 20%의 핵심 고객층 혹은 상품이 80%의 가치를 발생시킨다는 가정하에 이들에 대한 집중과 전략을 강조해 왔다. 그러나 디지털 경제에서는 기존에 무시되었던 80%에서 많은 가치가 발생 되므로 이에 대한 집중과 공략이 강조된다. 따라서 디지털 경제에서는 비배제성과 비경합성이 특징으로 설명된다.

④ 혼성성 heterology

디지털 경제체계는 정보의 증가가 동일한 정보의 단순한 양적 증가가 아니라 질적 변형을 수반하므로 디지털 경제의 확장은 다양한 정보의 질적 증가 즉, 정보의 혼성화를 가져오게 된다. 정보의 혼성화는 디지털 경제의 기하급수적 확장 가능성을 가져오게 된다. 이러한 정보의 혼성화는 디지털 경제체계가 기존의 경제체계와 전혀 다른 원리와 양상을 가져오게 한다. 기존의 경제체계가 개인적 욕구의 근거한 최적의 교집합에 근거한 소품종 인기 상품의 대량판매의 패턴을 가진다면 디지털 경제에서는 욕구의 교집합 intersection of needs이 아닌 새로운 가치 즉, 각자 욕구의 여집합 a complementary set of the intersection of needs에 더욱 관심을 둔다.

⑤ 맞춤성 customization

디지털 경제에서는 관심을 얻기 위해 경쟁하는 무수히 많은 공급자의 정보, 무수히 많은 정보와 선택에 대한 다양한 수요자들의 기호가 쌍방향으로 실시간 소통될 수 있다. 즉, 디지털 경제는 다양한 공급자들의 정보와 이에 상응하는 다양한 소비자들의 기호가 맞아떨어질 수 있는 플랫폼이 될 뿐 아니라 즉각적 소통이 가능한 매체가 되기도 한다. 이는 곧 맞춤형 경제customized economy라는 디지털 경제의 특성이 된다. 즉, 디지털 경제에서는 개개인의 요구에 부응하는 공급과 소비가 권장되거나 실현될 수 있다.

⑥ 지구성globality

디지털 경제는 국적이나 지리적 조건에 얽매이지 않는다. 최근 직구 열풍은 국가 또는 국민경제로 대표되는 기존의 경제적 관념을 불식시키고 있다. 지구화라는 최근의 변화가 경제생활의 모든 정경을 크게 변모시키고 있다. 디지털 경제는 글로벌 경제의 기술적 토대일 뿐 아니라 소비자의 문화와 가치와도 연관되어 있다. 전 세계가 스마트폰 사용을 통해 문화와 가치를 공유하고 경제활동을 국가나 지리적 제약 없이 공진화하고 있으므로 전 세계의 의식적 변화를 가져올 수 있다.

⑦ 환상성fantasy orientation

근검절약으로 대변되는 근대 산업사회의 현실원리reality principle는 인간의 내재적 욕구나 충동을 강조하는 현대사회로 접어들면서 크게 도전받고 있다. 미래 사회에 풍미 될 새로운 의식 성향에는 쾌락원리 또는 그 이상의 새로운 행위원리를 주장하기도 한다. 과거에는 자원제약으로 인해 욕구를 참아왔던 잠재적 욕구들이 온라인 활동이나 가상공간을 통해 신체적, 물리적, 규범적 한계를 초월한 자유로운 상상력에 따라 자신의 꿈을 추구할 가능성이 생긴다. 사이버 공간의 활용성이 높아지면서 기존의 시공간 개념이 급변하고 행위 주체인 자아의 개념이 촉진되면서 상상력의 공간이 확장되어 환상세계에 대한 열망을 고조시켜준다. 디지털 경제에서의 기술들은 이러한 환상에 대한 욕구를 충족시켜 줄 수 있다.

⑧ 수확체증성tendency of increasing returns

기존 경제학에서는 한때 시장에서 성공한 제품이나 기업도 결국 성장의 한계에 도달한다고 보는데, 그 이유는 다른 생산요소가 고정되어있을 때 가변요소를 증가시

수확체증의
원리는 4기지
차원으로
정리할 수
있는데,

첫째. 디지털 경제에서는 첨단기술의 개발 등으로 초기비용은 많이 투입되나 높은 초기비용에도 불구하고 상품의 복제나 전달비용이 적게 들어 비용 대비 수확이 지속해서 체증될 수 있다.

둘째. 거래 시 네트워크 효과로 본 사업 외에 부수적 이익이 체증될 수 있다.

셋째. 디지털 경제에서의 상품은 일반적으로 정보재에 토대를 두고 있어 단순재나 물품재보다 소비자들에게 지식이나 숙련 또는 시간비용을 요구하게 된다.

네 번째. 디지털 경제의 수확체증의 법칙 중 가장 핵심적인 것으로 현실 세계에서 물적 재화는 사용에 대한 경쟁에 기회비용이 발생하게 되어 궁극적으로 수요—공급의 균형점에서 가격이 형성하게 된다.

디지털 경제에서는 정보와 지식이 주된 상품인데 이들은 공유가 이루어질수록 생산비용이 감소하기 때문에 수확체증이나 수확폭발이 일어나게 된다.

킬 경우 특정 단계를 지나면 가변요소의 한계생산물이 지속해서 감소하게 된다(신일순, 2006). 그러나 디지털 경제에서는 기존경제의 수확체감의 법칙이 반대로 작동할 수 있다. 수확체증의 법칙에서는 노동과 기술이 가세하면 산출량이 지수적으로 증가한다고 본다. 디지털 경제에서는 일단 성공하거나 시장을 최초로 개척한 사람에게 계속 성장해 나갈 수 있는 포지티브 피드백이 주어졌지만, 실패자나 후발주자에게는 어려운 상황에 직면하게 된다는 의미이다(Perset, 2001; 김기홍, 2013).

2) 디지털 경제에서의 소비자의 욕구 충족

과거 소비자의 의사결정에서 항상 어려운 점으로 지적되는 것은 자원의 제약 부분이었다. 즉, 욕구나 욕망은 무한하지만 그러한 욕망을 충족시킬 수 있는 자원이 제한된 점이 전통적 경제이론의 제약으로 지적되었다. 그러나 21세기에 들어서자 기존의 토지, 노동, 자본이라는 자원의 패턴이 아닌 디지털 경제의 요소는 IT 기술에 의해 혁명적으로 변화하였기 때문에 디지털 경제의 속성에 따른 소비자의 욕구 충족의 패러다임이 새롭게 정의되어야 한다.

김문조(2018)는 디지털 경제의 특성 중 탈물질성, 탈중계성, 초과성 및 맞춤성은 경제체계를 수요 중심적 방향으로 이끌어간다고 하였으며, 한편 디지털 경제의 혼성성, 지구성, 환상성, 수확체증성은 탈제약성을 가져오게 되어 기존의 경제체계에서 자원제약 문제를 해결해 줄 수 있게 된다고 하였다. 따라서 디지털 경제는 수요중심과 탈제약성이 합류적으로 작용하므로써 욕구기반적 성향이 강화되게 된다. 디지털 경제는 기존의 이윤 지향적 획득경제를 벗어나 욕구기반적 충족경제로 변모하게 된다.

디지털 시대에 들어서면서 소비자의 검색 능력과 정보 접근이 향상되고 무한 복제가 가능해지면서 개인 소비자의 역량이 급등하고 있으므로 공급자와 소비자와의 관계는 구경제 시대와는 달리 역전되고 있다고 볼 수 있다. 과거 "공급은 스스로 수요를 창조한다"라는 Say의 법칙은 디지털 경제에서는 통용되지 않는다. 오히려 "소비자 개개인의 욕구와 관심이 공급을 창조한다"라는 새로운 명제가 가능해졌다.

3) 디지털 자산과 소비자 의사결정

디지털 경제가 구경제의 경제 논리와는 다르게 수확체감이 아닌 수확체증의 특성을 가지게 되고 구경제에서 자원의 기본요소인 토지, 자본, 노동이 아닌 새로운 자원의 개념이 도입됨에 따라 구경제에서 자원으로 인식되었던 토지와 자본, 노동만이 자산이 아니라 새로운 자산의 개념화가 일어나고 있다.

디지털 사회에서 기업과 기업가는 정직하고 비즈니스에서 이익과 손실이 공정하게 신의 성실의 원칙에 따라 교환되어야 한다. 즉, 거래에서 신뢰가 자리를 잡으려면 이해당사자가 서로 선의를 갖고 개인과 기관 모두 약속을 중대하게 생각하고 전문가들의 검증을 통해 약속과 책임을 지는 것을 의미한다. 디지털 사회의 4차 산업혁명은 기존의 구경제의 시장의 불확실성을 제거하고 신뢰를 기반으로 경제가 순환되는 것을 의미한다. 이러한 신뢰와 투명성을 선명하게 확보하기 위해서는 디지털 기술의 발전을 통해서 영업비밀, 지식재산권 등에 대한 합법적 권한이 서로 공개되고 투명하게 관리되어야 한다. 디지털 시대의 디지털 자산이 존재하기 위해서는 이러한 조건이 (Tapscott & Tapscott, 2017) 선행되어야 하며 이를 검증하기 위한 블록체인 기술의 발달이 공정, 배려, 신뢰, 투명성을 유지할 수 있게 해 줄 때 디지털 자산이 존속되게 된다. 디지털 경제에서의 디지털 자산의 의미와 유형을 분류해 보면 다음과 같다.

① 디지털 자산

디지털 자산digital asset은 본질적으로 이진 형식binary format으로 존재하며 사용할 권리가 있는 것을 말한다. 사용할 권한이 없는 데이터는 디지털 자산으로 간주하지 않는다. 전통적인 의미의 디지털 자산이란 물리적 자산과 마찬가지로 가상머신VM, 서버, 애플리케이션, 데이터 등 실체적인 가상의 어떤 컬렉션을 가리키는 추상적인 용어였다. 하지만 빠르게 변화하는 블록체인, 핀테크 시장의 영향으로 의미가 상당히 이전되었다.

디지털 자산의 유형에는 사진, 로고, 삽화, 애니메이션, 시청각 미디어, 프레젠테이션, 스프레드시트, 워드 문서, 전자 메일, 웹 사이트 및 기타 다수의 디지털 형식과 해당 메타 데이터가 포함된다. 새로운 유형의 디지털 자산의 수는 소비용 디지털 미디어, 예를 들어 스마트폰과 같은 장치의 수가 증가함에 따라 기하급수적으로 증가하고 있다. 소프트웨어 응용프로그램의 꾸준한 성장과 광범위한 장치를 포괄하는 다양한 사용자 터미널로 인해 전체 디지털 자산 세계에 대한 우려가 커지고 있다. 인텔은 자사의 "인텔 개발자 포럼 2013"의 프레젠테이션에서 의료, 교육, 투표, 우정, 대화 및 다른 사람들과의 평판을 포함하여 몇 가지 새로운 유형의 디지털 자산을 명명하기도 했다.

② 가상자산(암호화폐)

블록체인 기반으로 만드는 가상자산 즉, 암호화폐(暗號貨幣, crypto currency)는 암호 기술을 이용하여 만든 디지털 자산(화폐)이다. 암호화폐는 법률상 '가상자산'으로 명명되므로, 이후 가상자산이란 용어로 설명한다. 가상자산은 네트워크로 연결된 인터넷 공간에서 암호화된 데이터 형태로 사용된다. 가상자산은 지폐나 동전과 같은 실물이 없이 디지털 데이터 형태로 존재하기 때문에 가상화폐(假想貨幣, virtual money)라고도 부른다. 가상자산은 결제 수단으로 사용되기보다는 자산의 안전한 보관을 위해 사용되는 경우가 많아서 암호자산(暗號資産, crypto asset)이라고 부르기도 한다. 대부분 가상자산은 탈중앙화된 피투피(P2P) 방식의 블록체인 기술을 이용하여 가치를 저장·전송한다. 가상자산은 해시hash라는 암호화 기술을 이용하여 만든 전자화폐의 일종으로서, 가치를 보증하는 중앙은행이 없이도 거래의 신뢰성과 안전성을 보장받을 수 있다. 가상자산은 국가의 제약이 없는 글로벌 통화로서, 일종의 디지털 골드digital gold라고 할 수 있다.

가상자산은 흔히 가상화폐라는 말로 혼용되어 사용되기도 하지만, 엄밀히 말하면 서로 구별되는 개념이다. 가상자산은 암호화 기술을 이용하여 만든 화폐이고, 가상화폐는 실물이 없이 가상으로 존재하는 화폐이다. 예를 들어 비트코인, 이더리움, 이오스 등은 가상자산(암호화폐)이고, 싸이월드 도토리, 리니지 아덴 등은 가상화폐이다. 가상자산은 암호화 기술을 이용하여 만든 가상화폐의 일종이다. 결국, 가상자산은 가상화폐의 한 종류이다. 가상자산은 달러($)나 원화(₩)와 같은 법정화폐와 달리, 화폐를 발행하는 중앙은행이 없이 전 세계 인터넷 네트워크에 피투피(P2P) 방식으로 분산 저장되어 운영된다. 가상자산을 발행하고 관리하는 핵심 기술은 블록체인 기술이다. 현재 가상자산은 법적으로는 자산으로 분류하고 있어서, 세법의 영향을 받는다. 미국을 비롯한 몇 개의 국가에서는 이미 제도권에 진입하여, 증권거래소 등에서 자산으로 거래되고 있다(다온타임즈, 2021).

③ NFT(Non Fungible Token – 대체 불가 토큰)

NFT는 특정한 자산을 나타내는 블록체인상의 디지털 파일이고 각기 고유성을 지니고 있어 상호대체 불가능한 토큰이다. NFT는 특정 자산에 대한 고유한 소유권이기도 하다. 상호대체 불가능성은 그림, 자동차, 집, 땅 등 어떤 고유성을 가지고 있어 대체 불가능한 것을 의미하며 토큰은 블록체인상에 저장된 디지털 파일로 특정 자산을 나타낸다. 예를 들어 디지털 세상에만 존재하는 자산(디지털 미술작품, 디지털 음반, 모바일 이벤트 티켓 등) 실물로 존재하는 자산(갤러리에 전시된 예술작품, 금, 빌딩

그림 1-3. NFT: 소유권의 미래

등), 개념적 자산(투표권, 관심이나 주목, 평판 등). 모두 블록체인상의 토큰으로 전환될 수 있다는 것이다. 예를 들어 자신이 기르고 있는 강아지의 사진을 찍어 JPEG 파일로 노트북에 저장했다고 하자. 이 이미지 파일을 블록체인에 업로드하면 자신의 유형 자산인 강아지에 대한 토큰화가 이뤄진 것이고 강아지 이미지 파일은 블록체인상 고유식별자token identifier, 해당 파일의 속성에 대한 정보를 담은 메타데이터와 연결된다. 즉, 강아지 NFT가 된다.

NFT는 소유권의 미래라고도 표현된다. 어떤 형태로든지 디지털 전환이 가능한 전 세계의 모든 자산이 토큰화되어 거래될 것이라는 전망이다. 물론 누구나 무료로 접근할 수 있는 디지털 콘텐츠에 가치를 매겨 거금을 주고 사고판다는 점에서 비판적 시각도 존재하지만, 디지털 소유권의 개념을 생각하면 디지털 세상에서 시간과 노력을 투입해 완성한 창의적 활동의 결과들의 소유권이 없다면 창작활동이 활발해질 가능성이 없어진다.

창의적 콘텐츠의 소유자가 소유권을 가지고 있더라도 이러한 콘텐츠가 많은 사람에게 사용되지 못한다면 그 가치는 의미가 없을 것이므로 NFT 원본의 희소성과 충분성의 관계는 상호배타적이지 않다. NFT화된 디지털 작품은 인터넷상에서 더 많이 복사되고 공유될수록(더 많은 사람이 그 작품을 보고 들을수록) 원작품에 대한 희소성의 가치가 커지고, 원작자가 그 NFT를 시장에 내놓았을 때 시장가격이 올라가게 되는 것이다. 디지털 원본에 대한 증명이 가능해진 블록체인 기술의 발전이 디지털 소유권의 거래를 가능하게 해준 결과이다(성소라, Hoefer, McLaughin, 2021).

④ 메타버스

코로나19로 인해 사회적 거리두기가 지속되면서 전 세계적으로 비대면·온라인 채널을 통한 활동이 다양화되고 있다. 특히 온라인 플랫폼 형태를 가진 활동이 매우 두드러지게 나타나고 있으며, AR(증강현실) 및 VR(가상현실)이 혼합된 형태의 메타버스 상에서의 활동 및 이와 관련한 산업이 전 세계적으로 화두가 되고 있다.

메타버스meta verse 또는 확장 가상 세계는 가상, 초월을 의미하는 '메타meta'와 세계, 우주를 의미하는 '유니버스universe'를 합성한 용어로 온라인 3차원에서 실제 생활과 법적으로 인정되는 활동인 직업, 금융, 학습 등이 연결된 가상 세계를 뜻하지만, 지속해서 발전 변화하고 있어 명확하게 개념화하기에는 이른 감이 있다. 메타버스가 디지털 자산이라고 할 수는 없으나 앞에서 제시한 가상화폐나 NFT 등이 메타버스의 공간에서 사용되고 거래될 가능성과 현실 세계와 가상 세계와의 연계 접근을 가능하게 한다는 점에서 메타버스는 디지털 자산과 밀접한 관련이 있는 셈이다.

소비자가 경험하는 메타버스는 게임 세계, 아바타 등으로 접근 경험을 하고 있다. 메타버스는 초고속·초연결·초저지연의 5G 상용화와 2020년 코로나19 팬데믹 상황으로 비대면·온라인 생활환경이 일상화되면서 급부상하고 있다. 메타버스는 기존의 '사이버 공간cyber space'과는 달리, 이용자가 가상 세계에서 현실과 동일하게 사회·경제·문화활동을 할 수 있는 공간이며 이용자는 메타버스 내에서 자신의 아바타를 통해 다른 이용자와 상호작용할 수 있을 뿐 아니라, 스스로 창작한 콘텐츠 또는 기존의 콘텐츠를 이용, 유통하여 경제활동을 영위할 수도 있다. 또한 현실 세계와 동일한 제품 및 서비스를 생산·유통(광고)·소비하는 일련의 모든 경제활동이 메타버스 내에서도 발생하게 된다.

인터넷에 이어 가상 세계 메타버스가 차세대 산업으로서 급속하게 확대되면서 다양한 산업계가 제품을 마케팅하는 플랫폼으로 이용하거나 혹은 가상 현실 세계에서 실제 제품 및 서비스를 소비자에게 판매하는 등의 새로운 거래방식을 차용하는 등 메타버스 서비스를 적극적으로 활용하고 있다.

4) 디지털 경제에서의 소비자 의사결정의 어려움

소비자는 진짜가치를 원한다. 왜 소비자는 진짜가치를 원하게 되었는가? 이는 이제까지 기업들이 해온 마케팅의 과정에서 만들어진 수많은 기만적 상술에 대해 소비자들이 싫증을 내기 때문이다. 그린워싱 상품이나 환경파괴를 주업으로 하는 기업들의 친환경 캠페인에 소비자들은 식상하고 있다. 소비자는 이제 마케팅 차원에서 지속하는 가짜 ESG경영이 아닌 진정한 신뢰를 바탕으로 진짜로 환경에 도움이 되는 가치상품을 생산하는 기업을 원하는 것이다.

인간의 기본적 욕구를 충족시키기 위한 필수적 욕구가 일단 충족된 상황에서 소비는 인간에게 어떤 가치를 줄 것인가? 이는 소비자가 스스로 행복할 수 있는 소비를 하는 것이 진정한 가치소비라고 본다. 물건을 소유하는 것이 행복의 전부는 아니다. 소비자가 처한 현실이나 여건을 충분히 고려해서 자신이 좋아하는 재화나 서비스에 의미를 부여해서 구매하는 소비를 한다면 그것이 진정한 가치소비라고 판단한다. 사람들은 궁극적으로 필요해서 소비하고 또 행복하기 위해서 소비하는 것이다.

디지털 세상에서 소비자가 원하는 것을 충족시키기 위한 수단은 이제 좀 더 다양하게 제시되어 있다. 이제는 소비자의 의사결정이 구매 의사결정이 아닌 자신의 욕구나 욕망 충족을 위해 구매, 공유, 협력적 소비 등 수단을 결정하는 것부터 온라인과 오프라인, 현실과 가상공간 그리고 시공을 초월하여 어떻게 욕구 충족이 가능하게 할 수 있을지를 의사결정 해야 할 시점이므로, 이 또한 쉬운 일은 아니다.

4. 지속가능성과 기업의 사회적 책임

지속가능성이란, 일반적으로 특정한 과정이나 상태를 유지할 수 있는 능력을 의미한다. 현재는 생물학적, 생활체계와 관련하여 주로 쓰인다. 생태학적 용어로서의 지속가능성은 생태계가 생태의 작용, 기능, 생물 다양성, 생산을 미래로 유지할 수 있는 능력이다. 지속가능성의 세 가지 요소는 환경적 지속가능성으로 천연자원의 소비 속도와 복구 속도의 균형을 맞추는 것이고 경제적 지속가능성이란, 경제적 소비수요를 충족하는 자원 보장을 의미한다. 사회적 지속가능성이란, 인권 보장과 기본 필수품의 공급이 실현되는 것을 의미한다.

지속가능한 소비와 생산SCP: Sustainable Consumption and Production이란, 서비스와 제품의 전 생애주기에 걸쳐 자연 자원과 유해 물질의 사용 및 폐기물과 오염 물질의 배출량을 줄이기 위한 경제활동을 의미한다. 지속가능한 소비와 생산을 위해서는 기업과 소비자의 사회적 책임을 실천하는 것이 필요하다.

1) 소비와 행복의 역설

경제학적 측면에서 행복 연구를 시작한 이스털린(Esterlin, 1974)은 1970년대 소득수준과 행복감 사이는 정비례 관계라는 것을 밝히고 행복의 첫 번째 구성요소가 경제적 안정이라고 하였다. 그러나 소득수준이 어느 정도 수준 이상이 되면 행복에는 크게 영향을 미치지 않는다는 가설을 발표하였다. 특히 많이 소비할 경우만 행복한 것인지에 대한 의문을 다룬 행복의 역설이론들(Esterlin, 1974)은 소비자에게 욕망의 본질에 대해 새롭게 생각하게 하였고, 어떤 것이 자신의 진정한 욕구이며 욕망인지를 뒤돌아보게 되었다. 소비를 통해 자신의 존재가치와 자아정체성을 나타내거나 신분이나 지위의 우월함을 드러내고자 하는 과시소비와 과잉소비는 이로 인한 불필요한 자원 낭비에 대한 각성이 일어나 환경을 생각하는 소비가 생성되었다. 또한 자원

그림 1-4. 사용을 중심으로 하는 공유경제와 협력적 소비

의 낭비를 적극적으로 해결하는 방안으로 물질의 소유가 아닌 사용을 중심으로 하는 공유경제, 협력적 소비에 대한 새로운 가치와 문화가 소개되기 시작하였다. 이러한 현상은 2008년 세계 금융 위기를 경험한 여러 국가들이 성장 지향적 경제정책을 수정하면서 소비자 문화가 더욱 현실적으로 바뀌기 시작하였다. 많은 국가의 경우에 GDP의 지속적인 성장은 쉽지 않다. 디지털 경제의 특성상 부의 양극화 현상이 일어나는 시점에서 소비와 행복의 역설은 도전받기도 한다. 상대적 소득비교의 범위에서 일정한 소득 이상이 되면 소득과 행복의 비율이 정비례하지 않는다는 이스털린의 역설에 대한 반론도 있으나(Diener at al., 2013), 소비에 대한 가치변화에 대해 생각하도록 하고 있다.

2) 친환경 소비와 이기적 이타주의

이타적 이기주의란 표면적으로는 남을 위한 것 같으나 궁극적으로는 자기를 위한 행동, 이것이 바로 이타적 이기주의이다. 21세기 포스트 컨슈머들은 자원의 지속가능성에 역점을 둔 환경가치를 추구하는 환경소비자일 뿐만 아니라 자원을 함께 공유하며 협력적 소비를 실천하는 협력적 소비자가 돼야 하는 상황이다. 앨런 패닝턴(김선아 역, 2010)은 '과시적 소비'는 이미 과거의 패러다임이며 이제는 진정한 가치가 소비자의 구매양식과 소비패턴을 좌우하게 될 것이라고 공언하고 있다. 과거에는 한정된 재화나 자원을 가지고 서로 선택해야 할 때 타인의 희생을 전제로 하는 선택이었지만 이제는 타인의 희생을 전제하지 않고 자신을 위해 최선을 선택할 수 있도록 바뀌고 있다.

친환경 소비는 나를 위한 것이기도 하지만 동시에 남을 위한 것이기도 하다. 인터넷의 발달로 인해 사람 사이의 소통이 활발해졌으며, 문제를 함께 고민하고 의식을 공유하기가 용이해졌고 사람들이 협력하여 한 목소리를 내는데도 인터넷은 큰 역할을 하게 된다. 환경파괴로 인한 위기, 평균 수명연장, 가치관에 대한 고민 등이 합쳐져 점점 사람들의 인식이 변하고, 웹 기술의 발달 덕분에 사람들 간의 공감대를 형성할 수 있게 하였으며, 이런 공감대가 또 합쳐져 거대한 힘을 가지게 되었다. 그 힘은 빠르고 쉽게 퍼져 인식의 변화를 촉진한다. 이런 변화로 인해 21세기는 탈소비적이다. 탈소비자들은 물건을 사기 전에 나에게 꼭 필요한지 그만한 값어치를 할지 생각하는 것과 함께 물건이 타인과 환경에 피해를 주지 않는 것인지도 생각하며 또한 나 자신을 위해 가장 좋은 것을 하고 싶은 것과 윤리적, 도덕적 기준에 맞춰 살아가는 것 사이에서 균형을 잡아야 하는 이기적 이타주의의 모습이 요구되고 있다.

3) 기업의 사회적 책임 ESG: environmental, social, governance

ESG는 환경environmental, 사회social, 지배구조governance의 약자이다. 환경은 기업이 경영과정에서 환경에 미치는 영향을 말한다. 사용하는 자원이나 에너지, 발생시키는 쓰레기나 폐기물의 양 등이 이에 속하며 기후변화의 주범인 온실가스, 탄소배출량은 물론 자원의 재활용이나 처리 건전성 또한 포함된다. 사회는 기업이 기업으로서 마땅한 사회적 책임을 잘 수행하는지에 대한 항목이다. 주로 인권이나 지역사회 기여와 연결되며 노동자의 처우나 다양성 존중, 기업이 관계 맺은 지역사회나 기관 등에 대한 영향을 포괄한다. 마지막으로 지배구조는 경영의 투명성이다. 의사결정과정이나 기업구조, 인사 또는 경영정책 등이 민주적으로 책임성 있게 운영되는지 판단하는 요소이다.

과거 경영이 1970년대 밀턴 프리드먼(Milton Friedman) 등 신자유주의 경제학자들에 의해 주장된 '주주 자본주의shareholder capitalism'에 기초하여 기업은 주주 이익 극대화를 통해 사회적 책무를 달성한다고 보는 것과는 달리, 'ESG경영'은 '주주 자본주의'가 소득 양극화, 환경파괴 등 여러 가지 문제를 불러일으켰다는 반성하에 기업은 주주뿐 아니라 고객, 공급자, 종업원, 지역사회 등 모든 이해관계자의 이익을 극대화하는 장기적인 가치를 추구해야 한다는 '이해관계자 자본주의stakeholder capitalism'에 기초하고 있다. 이해관계자 자본주의는 1990년대 후반 조지프 스티글리츠(Joseph Stiglitz) 교수를 중심으로 제안되었고, 최근 ESG의 부각과 함께 다시 그 가치가 재조명되고 있다.

승자독식으로 표현되는 디지털 경제에서 소득의 양극화가 심화되고, 플랫폼을 보유한 기업과 그렇지 못한 기업 간의 수익의 양극화가 심화하는 시점에서 '이해관계자 자본주의'의 대두는 상징하는 바가 크다. 전통적인 기업들이 자신이 보유한 자산을 투자해 생산한 물건을 시장에서 판매하는 것과 달리 플랫폼 기업들은 플랫폼을 이용해 소비자의 데이터를 확보하고 그러한 데이터를 기업에 판매함으로써 수익을 올리거나, 수요자와 공급자를 연결하여 수익을 창출하는 사업을 영위하고 있다. 플랫폼 비즈니스 모델에서 소비자는 단순한 소비자가 아니라 기업의 주요 자산으로 인식되고, 공급자는 단순한 부품 제공자가 아니라 플랫폼 서비스의 핵심적 서비스를 제공하는 파트너라고 할 수 있다(전자신문, 2021).

ESG는 기업의 비재무적 성과를 측정하는 지표다. 글로벌 기관과 금융기관들이 ESG 순위를 발표하고 세계 최대 자산운용사인 블랙록blackrock 등 투자기관들이 투자 결정을 내릴 때 기업의 지속가능성과 사회적 책임 등의 요인을 재무 성과와 함께 고려하면서, 국내외 기업들이 'ESG경영'을 강화하고 있다.

생각해보기

1. 자신이 의사결정을 내릴 때 가장 중요하게 여기는 가치에 대해 순차적으로 생각해보자.

2. 가치소비를 위해 기업의 ESG정책은 어떻게 바뀌어야 하는지 기업의 사례를 중심으로 생각해보자.

참고문헌

국내문헌

J. H. Gilmore & B. Joseph Pine I 저, 윤영호 역(2010). 진정성의 힘. 서울: 세종서적.

R. Axelrod 저, 이경식 역(2009). 협력의 진화: 이기적인 개인의 팃포탯 전략. 서울: 도서출판 마루벌.

강병준(2012). 공유경제 시스템의 사회적 기업 적용연구. 2012 한국정책학회 동계학술발표논문집, 107–134.

김기홍(2013). 디지털 경제 3.0. 서울: 법문사.

김난도 · 전미영 · 이향은 · 최지혜 · 이준영(2018). 트렌드 코리아 2019. 서울: 미래의 창.

김난도 · 전미영 · 최지혜 · 이향은 · 이준영(2021). 트렌드 코리아 2022. 서울: 미래의 창.

김문조(2018). 디지털 경제 : 욕구충족의 체제로의 이행. 사회사상과 문화 21(1), 81–105.

김중태(2012). 욕망을 측정하라. 서울: 한스미디어.

김지연(2009). 한국 사회의 명품 소비자 유형과 소비특성: 가치소비로서의 명품소비 심리. 연세대학교 박사학위 논문.

D. Tapscott & A. Tapscott 저, 박지훈 역(2017). 블록체인 혁명. 서울: 을유문화사.

박명희 외(2006). 생각하는 소비문화. 경기: 교문사.

박정자(2021). 로빈슨 크루소의 사치: 다시읽기. 서울: 기파랑.

성소라 · 롤프회퍼 · 스콧맥러플린(2021). NFT 레볼루션. 서울: 도서출판 길벗.

신일순(2005). 디지털 경제학. 서울: 비앰엔 북스.

이금노(2020). 디지털 소비자의 편익. 비용 이슈와 시사점. 소비자 정책동향, 102, 한국소비자원.

A. Fairnington 저, 김선아 역(2011). 이기적 이타주의자. 서울: 사람의무늬.

전지현(2010). 가치소비에 대한 탐색적 연구: 가치와 양면적 의복소비행동과의 관계. 충남대학교 박사학위 논문.

J. Baudrillard 저, 이상율 역(1991). 소비의 사회 그 신화와 구조. 서울: 문예출판사.

허민영(2021). 메타버스 관련 주요 논의 동향과 소비자 이슈. 소비자 정책동향 117, 한국소비자원.

H. Shapira 저, 정지현 역(2013). 행복이란 무엇인가. 서울: 21세기북스.

국외문헌

Adams, W. W.(2010). Nature's participatory psyche: a study of consciousness in the shared earth community. The Humanistic Psychologist, 38(1), 15–39.

Almquist, E., Senior, J. & Bloch, N. (2016). The elements of value. Harvard Business Review, sept.,

46-53.

R. Bostman & R. Roters(2010). Beyond Zipcar: collaborative consumption. Harvard Business Review, 88(10), 30-33.

Diener, E, Tay, L,& Oishi, S.(2013). Rising income and the Subjective Wellbeing of Nations. Journal of Social Phychology, 104(2), 267-276.

Felson, Marcus & Spaeth, Joe L.(1978). Community structure and collaborative consumption. The American Behavioral Scientist, 21(4), 614-624.

G. Zaltmann(2003). How Customers Think?. Essential Insights into the Mind of the Market. Massachusetts : Harvard Business School Press.

Jonathan Tepperman(2009. 6. 4). The Case for Luxury. Newsweek 14.

Easterlin, R. A.(1974). Does economic growth improve the human lot? Some empirical evidence. In Nations and Households in Economic Growth, 89-125.

Mensenburg, T.(2001). Measuring the digital economy. U.S. Beaure of Census, Suitland, MD. https://www.census.gov/content/dam/Census/library/working-papers/2001/econ/umdigital.pdf

Perset, K.(2010). The economic and social role of internet intermediaries. OECD Digital Economy Papers No. 171, OECD Publishing.

Kretschmer, T. (2012) "Information and communication technologies and productivity growth. OECD Digital Economy Papers No.195, OECD Publishing.

Richard, T. (1991). The commodity culture of Victorian England: Advertising and spectacle, London: Stanford University Press.

Williamson,J. (1978). Decoding Advertising. New York: Marison Boyars.

기타자료

다온타임즈(2021.02.08.). 디지털 자산 시대.
http://www.daontimes.com/news/articleView.html?idxno=52
전자신문(2021.06.02.). 민원기의 디지털 경제: 디지털 경제와 이해관계자 자본주의.
https://m.etnews.com/20210602000115

사진자료

그림 1-1 나의 진정한 욕구와 욕망 그리고 우선순위는?

https://www.shutterstock.com/ko/image-photo/portrait-dreaming-girl-looking-into-corner-153653222

그림 1-3 NFT: 소유권의 미래

https://www.shutterstock.com/image-vector/nft-token-crypto-artwork-banner-nonfungible-2087482288

그림 1-4 사용을 중심으로 하는 공유경제와 협력적 소비

https://www.shutterstock.com/ko/image-photo/sharing-economy-collaborative-consumption-concept-key-469243685

CHAPTER 2

시장환경 측면에서
의도된 욕구

2

시장환경 측면에서
의도된 욕구

소비자는 왜 돈을 지출하면서 상품을 사는 것일까? 아마도 소비자에게 무언가 필요하기 때문일 것이다. 소비자가 무엇이 필요하다고 느끼는 이것이 바로 욕구이며 소비의 중요한 동력이 된다. 소비자가 어떤 상품을 소비했다면 이러한 소비 행동을 통해서 추구하고자 하는 욕구들이 무엇이며 이 욕구의 원천이 무엇인지 알아볼 필요가 있다. 소비자는 자생적으로 욕구를 느껴 소비한다고 여기지만 자세히 살펴보면 욕구는 다양한 마케팅 전략들에 의해 끊임없이 부추겨지고 의도되기도 한다. 욕구가 무엇이며 욕구를 의도하기 위한 다양한 마케팅 전략에 대해 살펴보자.

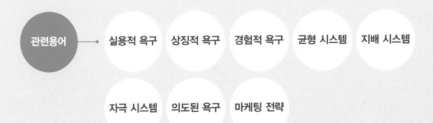

관련용어 → 실용적 욕구 상징적 욕구 경험적 욕구 균형 시스템 지배 시스템

자극 시스템 의도된 욕구 마케팅 전략

새 청바지가 필요할까?

개강을 맞이한 대학생 이구입 씨는 옷장에 여러 벌의 청바지가 있음에도 불구하고 새로운 청바지가 필요하다고 느꼈다. 이미 이구입 씨의 마음속에는 어떤 브랜드와 스타일의 청바지를 살지 정해져 있다. 주말에 친구와 함께 쇼핑하기로 약속을 잡고 기분이 너무 설레었다. 이구입 씨는 쇼핑하기 전에 인터넷으로 청바지 디자인과 가격을 검색하면서 자신이 여러 벌의 청바지를 가지고도 왜 또 다른 청바지를 사고 싶어 하는지를 다시 생각해 보았다. 어떤 것이 필요하다고 느끼고 무언가를 사려고 할 때마다 한 가지 의문에 봉착하게 된다. 어떤 이유에서 이것이 사고 싶어지는 것일까?

▶▶ **Q&A**

Q 여러분도 이구입 씨처럼 새 청바지를 사려고 한다면 사고 싶은 마음이 저절로 들었는지 아니면 사고 싶은 마음이 들게 한 것이 따로 있었는지 생각해보고 새 청바지를 사고 싶은 마음이 들도록 한 것이 무엇인지 설명해보자.

A _____

  _____

  _____

1. 소비자의 욕구

결핍을 느끼는 근원적 필요로서 욕구는 크게 생물학적 존재를 유지하는 본질적 욕구로서 생리적 욕구physiological needs와 인간관계 및 사회적 환경에서 일어나는 상호작용으로 학습되는 심리적 욕구psychological needs로 구분된다. 이 두 기본적 욕구는 소비자의 의사결정에 영향을 미친다. 바람직한 상태(이상적 상태)와 현재 상태의 불균형으로 활성화된 욕구는 결핍을 느끼는 근원적 필요needs를 충족시키고자 하는 욕구에서 출발하지만, 그 충족을 위해 구체적인 무엇(특정 브랜드나 상품)을 원하고 바라want는 욕구로 발전한다. 소비자가 다양한 욕구 충족을 위해 기꺼이 특정 브랜드나 상품을 구매하고자 한다면 시장에서 그에 대한 요구demand가 나타난다.

1) 매슬로우의 욕구이론

인간 행동의 원천인 욕구를 설명하는 가장 대표적인 이론이 매슬로우Maslow의 욕구이론이다. 매슬로우에 따르면 인간의 욕구는 하위단계에서 시작되어, 하위단계가 충족되면 상위단계로 이전된다. 매슬로우 5단계 욕구와 관련 상품을 예시로 나타낸 것은 그림 2-1과 같다.

생리적 욕구는 가장 기본적이고 강한 욕구로서 식욕, 성욕, 수면, 갈증 등 인간의 생물학적인 욕구이다. 이 욕구가 발생하면 다른 모든 욕구는 뒤로 밀려나게 되고, 사람들은 생리적 욕구를 해결하기 위해 음식, 음료수 등을 소비한다. 생리적 욕구가 충족되면 공포 및 불안으로부터 안정을 원하게 된다. 이러한 욕구와 관련된 상품으로는 보험이나 경비 시스템, 은퇴상품, 선크림 같은 종류이다. 다음은 사랑, 우정, 애정, 집단에 대한 소속을 원하는 단계로 회원, 파티, 사교모임, 동창회 등 사회적 관계를 원하는 것이다. 이와 관련된 상품으로는 관계 형성을 위해 소비하는 개인 치장품들, 오락, 클럽 등이 해당하며, 소셜 네트워크 서비스SNS가 활성화된 이유도 이 때문이다.

존중의 욕구는 다른 사람으로부터 인정받는 지위, 우월감, 존경에 대한 욕구이다. 이 욕구는 개인의 유용성 및 성취감에 관련되며 고급 승용차, 유명 브랜드 제품, VIP 회원, 고급 가구, 주류 등이 관련 상품이다. 마지막으로 자아실현의 욕구는 개인이 달성하고자 하는 목표를 달성하고 잠재력을 개발하며 실현하고자 하는 욕구이다. 교육, 취미, 스포츠, 여행, 박물관 등이 관련 상품들로 자신만의 취미를 갖거나 삶을 풍요롭게 하는 즐거운 체험을 원하는 소비를 한다(델버트 호킨스, 데이비드 마더스바우 저, 이호배 외 역, 2014, p.383; 김문태, 2021, p.18). 매슬로우는 최하위의 생리적 욕구가 충족되지 못한 소비자가 최상위 자아실현의 욕구를 추구하지는 않는다고 설명한다.

그림 2-1에 제시된 욕구 계층에 따른 관련 상품들은 절대적이라기보다 소비자가 추구하는 가치에 따라 충족하고자 하는 욕구는 달라질 수도 있다. 이를테면, 배가 고픈 소비자가 눈에 띄는 분식집에 들어가 김밥과 라면으로 배를 채운다면 생리적

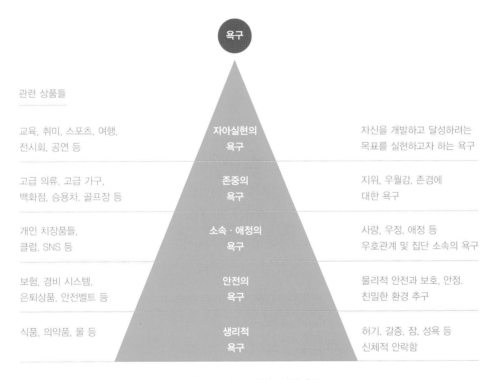

그림 2-1. 매슬로우의 5단계 욕구
자료: Solomon, M. R.(2011). Consumer Behavior, Buying, Having and Being, p.162 재구성

욕구의 충족이지만, 주변 지인들이 모두 먹어 봤지만 나는 먹어 보지 못했던 특정 브랜드에서 김밥과 라면을 먹고 그 경험을 공유하고 싶어 한다면 소속·애정의 욕구 충족을 위한 소비이다. 더 나아가 환경과 윤리를 고려해서 햄이나 고기를 뺀 비건 스타일의 김밥과 라면을 먹었다면, 자아실현의 욕구를 충족하기 위한 상품의 소비로 볼 수 있다. 이처럼 지금과 같은 소비의 사회에서는 소비자가 어떤 가치를 중심으로 소비하느냐에 따라 충족하고자 하는 욕구는 다르게 해석될 수 있다. 자본주의가 발달하고 소득수준이 높은 사회일수록 하위단계의 욕구 충족보다는 상위단계의 욕구 충족을 위해 소비한다.

매슬로우의 욕구이론인 욕구 단계설은 인간의 기본적 욕구와 소비자 행동을 이해하는 데 유용하지만 하위욕구가 충족되어야 상위욕구가 활성화된다는 주장이 문제로 지적되기도 한다. 실제로 상위의 욕구와 하위의 욕구가 동시에 유발되기도 하고 상위의 욕구가 먼저 나타나기 때문이다.

2) 소비를 통해 추구하는 욕구

언제부터인지 소비자들은 상품과 서비스의 가격이나 기능보다 그것을 넘어서는 무언가를 원하고 있다. 냉장고 하나를 사도 디자인을 먼저 보고, 식사하러 가도 음악과 분위기가 좋은 곳을 선호한다. 켈러Keller는 소비를 통해 소비자가 추구하는 효용benefit에 기초하여 소비자의 욕구를 설명한다. 소비자는 단순히 특정 문제를 해결하기 위해 소비하기도 하지만 인정받거나, 즐겁기 위해서도 상품을 소비한다. 소비자가 소비를 통해 어떤 효용을 추구하는지에 따라 실용적(기능적) 욕구, 상징적(사회적) 욕구, 경험적(쾌락적) 욕구로 나누어 볼 수 있다(Keller, 1998, p.100).

첫째, 실용적 욕구functional needs, utilitarian needs는 상품으로부터 기능적인 편익을 추구하고자 하는 욕구를 말하는데, 소비자의 심리적 욕구 및 안전의 욕구 등과 같은 기본적인 동기들과 관련되어 있으며 상품의 기본적 속성과 관련이 있다. 소비자들은 해소하고자 하는 욕구의 기본적인 속성을 잘 반영하는 상품을 구매한다. 자동차의 안전성과 연비를 따지거나 성능이 좋거나 품질이 검증된 상품을 소비자는 구매하려고 한다.

둘째, 자기표현의 상징적 욕구symbolic needs, social needs는 그 재화나 서비스의 소비를 통해 얻을 수 있는 좀 더 부가적인 욕구이며 일반적으로 비상품 관련 속성들, 즉 소비자 이미지와 관련되어 있다. 따라서 소비자들은 브랜드가 자신의 자아상과 어떤 식으로든지 연결된다는 이유로 브랜드의 명성, 유일성, 유행성에 가치를 부여한다. 소비자는 이런 욕구 충족을 위해 명품의류, 대형세단, 고급 레스토랑을 이용한다.

셋째, 경험적(쾌락적) 욕구experiential needs, hedonic needs는 그 상품이나 서비스를 사용하면 어떤 느낌이 드는지에 대한 문제와 관련이 있다. 사용 이미지와 같은 비상품 관련 속성들뿐만 아니라 상품 관련 속성과도 일치할 수 있다. 이러한 이점은 감각적인 즐거움(시각, 미각, 청각, 후각, 느낌), 다양성, 인지된 자극을 통하여 경험적 욕구를 충족시킨다. 영화, 콘서트, 뮤지컬, 여행상품 등이 대표적인 예이다.

소비자는 이러한 욕구를 동시에 충족하기 위해 소비하기도 하지만 시장은 특정한 욕구의 충족, 특히 상징적 욕구를 더욱 강조하는 상품들을 이용하여 소비자를 현혹한다. 소비자들이 왜 비싼 커피를 마시고 명품 브랜드에 열광하며 고급 생수를 마시는지에 대해 이성적으로 설명하기는 힘들다.

3) 욕구의 원천

뇌 과학 분야의 대표 학자인 한스 게오르크 호이젤Hans-Georg Hausel은 신경 마케팅 저서인 《뇌, 욕망의 비밀을 풀다》를 통해 뇌 속에 있는 동기 및 감정 시스템의 구조를 제시하면서 소비자의 욕구를 설명하고 있다. 모든 욕구 및 감정 시스템의 중심부에는 음식, 수면, 호흡 같은 생리적인 생명유지 욕구가 자리 잡고 있으며 이러한 욕구는 변화할 수 없는 것으로 생명을 유지해준다. 생명유지 욕구 이외에도 삶 전체를 규정하는 3가지 거대한 욕구 시스템을 균형 시스템, 지배 시스템, 자극 시스템이라고 지칭하면서 소비자의 욕구에 관해 설명하고 있다(한스 게오르크 호이젤 저, 배진아 역,2009, p.35).

첫째, 균형 시스템(안전함에 대한 욕구)은 뇌 속에서 가장 막강한 힘을 가진 세력으로, 이는 소비자의 마음을 움직여 안전함과 고요함을 추구하도록 만들고, 모든 위험과 불확실성을 회피하도록 하며, 조화를 추구하도록 유도한다.

둘째, 자극 시스템은 새로운 것, 짜릿한 것을 향한 욕구이다. 생물체는 계속해서 새로운 생활환경에 처하게 되고 새로운 영양을 섭취하는 과정에서 새로운 능력과 기술을 습득한다. 그 덕분에 끊임없이 변하는 환경에서 살아남을 가능성이 커진다. 새로운 유행과 기술 혁신, 잠들 줄 모르는 호기심과 새롭고 흥미진진한 체험을 추구하는 것은 모두 자극 시스템 때문이다. 사람들이 다양한 게임, 여행, 라디오와 TV, 모든 유형의 기호식품, 비디오, 음악, 독특한 디자인의 상품을 구매하고 레저 활동을 하는 이유이다.

셋째, 지배 시스템은 권력, 우월하고 싶은 욕구로 이 욕구가 충족되면 사람들은 자부심과 승리감, 우월감을 체험하지만, 욕구가 충족되지 못하면 노여움, 분노, 내적 불안감 등의 반응을 보인다. 값비싼 시계나 향수 혹은 유행패션 등 지위를 상징하는 모든 종류의 상품, 고가의 클럽 멤버십, 고품질 와인, 우월한 전문가적 지식을 상징하는 상품의 소비가 대표적 예이다.

소비자 욕구는 이 3가지로만 설명하기에는 부족함이 있다. 이 욕구들은 서로 독립적이기 때문에 대부분 동시에 활성화되며 욕구 사이사이에 '혼합감정'이 존재한다. 지배 시스템과 자극 시스템이 혼합되어 모험·스릴의 욕구가 나타나며, 균형 시스템과 자극 시스템 사이에는 환상·향유의 욕구가 존재하며, 균형 시스템과 지배 시스템 사이에는 규율·통제의 욕구가 나타난다(한스 게오르크 호이젤 저, 배진아 역, 2009, pp.51-55). 뇌 속에 있는 특수한 감정 및 동기 시스템인 욕구는 상품에 노출될 때마다 소비자는 의식하지 못한 채 활성화되기 때문에 소비자의 동기 및 감정 시스템을 긍정적으로 자극할수록, 자극의 강도가 강할수록 뇌 안에서 강력한 권력을 차지하게 된다.

뇌 과학이 소비자의 뇌를 분석하는 단계로까지 발달하면서 소비자 의사결정과정과 그 결정에 영향을 미치는 방법에 대한 신경 마케팅 기법이 마케팅에 도입되었다. 뇌 작동 메커니즘에 대한 논의된 바가 빙산의 일각이라고는 하지만, 필요하지 않거나 건강에 유익하지 않은 상품을 소비자들이 소비하는 이유가 마케팅 활동을 통해 소비자 욕구가 부채질 되고 욕망이 조장 당하기 때문이라는 것을 부인할 수 없다.

물질적으로 풍요로운 소비사회를 살아가는 오늘날 소비자에게 소비는 타인과 차별성을 드러내기 위한 상품의 상징과 기호에 대한 욕구로 이해되기도 하며 소비는 이러한 상징의 욕구를 충족시키기 위한 수단이다. 보드리야르Baudrillard에 따르면 소비되는 것이 물질이 아닌 문화적 상징과 기호 사이의 관계에 대한 문제로 인식된다면 소비는 물질적 과정이 아니라 관념적인 실천이 되고, 최종적이고 물질적인 충족은 있을 수 없게 되며 욕구 충족에는 도달하지 못할 것이라고 한다(장 보드리야르 저, 이상률 역, 1991, p.328). 소비가 실재하는 욕구의 만족이 아니라 관념적인 실천이 될 때 우리는 점점 더 소비하기를 원하고 소비 욕구는 끝없이 펼쳐지게 된다. 상징은 끊임없이 만들어지고 이에 따라 욕구 역시 무한히 확장되기 때문에 소비에 대한 욕구도 끝이 없게 된다(박명희 외, 2006, p.12).

2. 마케팅 전략에 의한 의도된 욕구

1) 의도된 욕구

현대사회에서 소비자의 욕구는 자생적으로 생기기보다는 재화나 서비스 생산자인 기업의 의도에 따라 소비자 스스로 욕구가 결핍된 것으로 인지하며 생각지도 못했던 욕구가 생기기도 한다. 행동경제학자들은 인간의 욕구가 존재의 내면으로부터 본래 생성되기보다는 상황이나 환경에 따라 체계적으로 반응하며 조작될 수 있고, 자신에게 가장 유익한 것을 원하지도 않고 선택하지 않을 수 있다는 결과들을 내놓고 있다. 대부분 창출된 욕구는 내가 다른 사람보다 부유하며 세련되고 더 괜찮은 사람으로 보이고 싶은 사회적 욕구 및 자아와 관련된 욕구와 관련이 있다.

자본주의 사회에서는 체계의 필요에 따라 개인의 욕구가 구조화된다고 본다(박명희 외, 2006, p.16). 생산된 상품이 판매되어야 하므로 상품의 생산 논리에 따라 욕구를 발전시켜 왔으며, 항상 상품에 대한 열망이 소비자의 욕구로 연결된다. 많은 상품을 판매하기 위해 많은 이미지가 소비자들에게 강요되고, 이러한 이미지 속에서 소비자에게 충족되지 않은 측면을 보여주면서 상품의 세계로 끌고 간다는 것이다. 인간의 욕구는 상품의 이미지로만 경험되고, 이미지로 충족되는 만족은 허구적일 수밖에 없다(장 보드리야르 저, 이상률 역, 1991, p.105).

소비자 욕구를 해결하기 위한 수단이 바로 상품이나 서비스이며 이러한 것을 소비하면서 소비자는 효용benefit을 얻게 된다. 목이 말라 음료를 마셨다면 갈증 해소와 같은 기능적인 효용뿐만 아니라 이를 소비하면서 얻게 되는 심리적 즐거움이나 자신의 이미지 표출과 같은 심리적 효용도 함께 향유한다. 이러한 심리적 효용을 향유하고자 하는 욕구를 기업은 마케팅 활동을 통해 끊임없이 자극하고 조작한다.

인간이 소비하는 근본적인 목적은 욕구의 충족을 위한 것이지만 이러한 욕구는 사회문화적 맥락 속에서 창출되는 것이다. 현대사회의 소비는 소비재의 의미를 이용하여 문화적인 범주와 원리를 사용하고, 사고를 활용하며, 라이프스타일을 창조하고 유지하면서 자아개념을 형성한다. 현대사회에서 소비자는 소비를 통해 인간의 욕구를 충족시키는 생활을 하고 있다. 유행이 바뀌어 기존에 가지고 있던 청바지가 어울리지 않는다고 생각한다면 소비자는 새 청바지를 장만해야겠다고 생각할 것이다.

기존 청바지가 잘 어울리지 않는다는 사실은 현재의 소비자 욕구가 충족되지 않는 상태를 의미하며, 마케팅으로 새 청바지를 장만해야겠다는 생각은 미충족된 욕구를 충족하기 위한 행동의 시작을 의미한다. 욕구 충족을 위한 행동이 활성화된 상태를 마케팅에서는 동기 유발motivation이라고 한다. 기업은 소비자의 충족되지 못한 욕구 활성화를 위한 동기 유발을 위해 다양한 방법으로 마케팅하고 있다. 소비자가 자기 청바지가 유행에 뒤떨어진 진부한 것으로 느껴지도록 계획적으로 상품의 수명주기를 짧게 의도하고 새로운 상품을 소비하도록 유도한다. 이런 점에서 소비자 욕구는 자연적인 것이 아니라 자본주의의 산물로 이해할 수 있다(돈 슬레이터 저, 정숙경 역, 2000, p.92).

밴스 패커드Vance Packard는 1957년《The hidden persuaders》를 통해 마케터와 광

고업체들이 소비자의 마음을 홀리고, 소비하도록 부추기기 위해 활용되는 다양한 심리적 전략과 전술 속에 감춰진 비밀들을 폭로하였다. 그 이후 60여 년이 흐른 오늘날 기업은 어떻게 해야 소비자를 움직일 수 있는지를 패커드가 상상했던 것 이상으로 파악하고 있다. 이미 확보한 첨단 도구와 기술, 소비자 행동, 인지심리학, 신경과학 등 다양한 분야의 새로운 연구성과 덕분에 소비자를 더욱 다양한 방법으로 공략하고 있다. 소비자의 뇌를 스캔하고, 무의식의 가장 깊은 곳에 자리 잡은 두려움과 희망, 취약점과 욕구들을 자극하여 소비하도록 유혹할 수 있는 강력한 마케팅 전략들을 세우고 있다.

2) 마케팅 전략의 이해

(1) 마케팅의 개념

추위를 대비하고자 하는 소비자가 '따뜻한 옷'을 가지고 싶은 것은 당연하지만 '어떤 따뜻한 옷'을 갖고 싶은지는 소비자마다 다르므로 기업은 소비자가 원하는 '어떤' 따뜻한 옷에 소비자가 기꺼이 돈을 지불하게 하는 일련의 과정을 전개하게 된다. 이런 전반적인 과정이 마케팅marketing이다. 다양한 상품과 서비스가 존재하는 시장에서 소비자는 자신의 욕구를 보다 더 잘 충족시켜주는 제품을 선택하고자 하므로 기업은 소비자 욕구를 만족시켜 줄 수 있는 제품을 개발하며 적합한 가격을 결정하고 적절한 유통과정을 통해 소비자에게 제공하고자 노력한다. 마케팅은 제품과 서비스의 개발과 판매를 통해 기업의 이익을 창출해 주는 중요한 활동으로 제품을 판매하여 이익을 달성하고자 하는 기업의 일련 과정이다.

미국 마케팅학회에서는 마케팅을 개인과 조직의 목적을 충족시키는 교환을 이루기 위해 아이디어나 재화와 서비스에 대한 발상, 가격결정, 판매촉진, 유통을 기획하고 실행하는 과정이라고 정의하고 있다. 이런 일련의 활동에서 상품product, 가격price, 유통place distribution, 촉진promotion의 4가지 마케팅 변수들을 마케팅 믹스marketing mix

라고 한다. 서비스 상품의 경우 물리적 증거physical evidence, 사람people, 프로세스process로 마케팅 믹스는 7P로 확장하였다. 어떤 제품을 얼마의 가격으로 어떤 유통채널을 통해 판매할 것이고 어떻게 소비자들에게 제품을 알릴 것인지를 결정하게 되며 이 과정에서 기업은 가장 알맞은 최적의 조합을 찾기 위해 노력한다.

(2) 마케팅 전략의 수립

마케팅 전략marketing strategy이란 군사전략에서 빌려온 용어이다. 군대에서 적을 이기기 위해 여러 가지 수단과 방책이 집행되는 것을 참고하여 기업은 경쟁을 승리로 이끌기 위해서 마케팅 활동을 그러한 방식으로 수행하는 것을 의미한다(김주호 외,

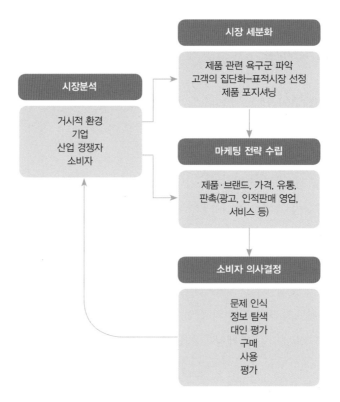

그림 2-2. 마케팅 전략 수립과정과 소비자 의사결정
자료: 델버트 호킨스, 데이비드 마더스바우 저, 이호배 외 역(2014). 소비자 행동론. p.13 재구성

2013, p.431). 기업이 소비자 의사결정과정을 이해하는 것은 마케팅 전략 구축의 기본이라고 할 수 있으며 제품의 개발 과정, 가격책정, 소매관리, 광고 판촉, 서비스 등 거의 모든 마케팅 전략을 수립하는 데 활용하고 있다. 마케팅 전략 수립과정과 소비자 의사결정과정은 그림 2-2에서 제시된 것과 같다.

마케팅 전략은 기업이 관심이 있는 시장에 대한 분석에서 시작된다. 기업의 역량과 경쟁기업의 강·약점, 시장에 대한 상황, 시장 내 현재소비자와 잠재소비자에 대한 세부적인 분석을 요구한다. 소비자 분석을 기반으로 유사한 욕구를 가진 대상을 파악하여 시장을 세분화market segmentation하고 경쟁기업과 비교 후 표적시장을 선택targeting하여, 제품이 소비자의 마음속에 위치하도록 차별화product positioning하기 위해 다양한 마케팅 믹스전략을 수립하는 것을 STP전략이라 한다. 경쟁사보다 더 나은 가치를 소비자에게 제공하고 기업의 이익을 창출할 수 있도록 마케팅 믹스된 총체적 제품이 표적시장에 출시되며, 이것은 소비자 의사결정에 일관되게 관여되거나 유지·강화하여 소비자의 삶에 영향을 미치게 된다.

마케팅 전략을 수립하는 과정에서 기업은 여러 가지 자료와 정보가 필요하므로 소비자 의사결정 전반에 대해 체계적이고 다양한 소비자 조사를 시행하고 수집된 정보를 활용하여 마케팅 및 마케팅 믹스전략을 수립한다.

소비자들은 구매 시 의식적이고 논리적인 심사숙고의 과정을 통해 상품 속성에 대한 개인적 가치평가와 그 속성을 통해 획득할 수 있는 가치의 실현 가능성에 대해 면밀한 검토과정을 거친 뒤 논리적으로 선택한다고 믿었다. 하지만 최근 행동경제학자들은 소비자는 불완전한 의사결정자이며 시장은 영리한 결정과 영리하지 않은 결정, 이성적 선택과 비이성적 선택 모두에 반응하며 진화한다고 주장한다(정성희, 2009, p.23). 일례로 소비자가 새로 청바지를 사는 경우, 착용감이 편한 것은 물론이고, 현재 유행하는 스타일에 섹시하고 세련된 느낌을 주는 브랜드에 대해서도 호의적 태도를 보인다는 것이다. 마케터가 섹시하고 세련된 느낌의 욕구와 열망을 청바지 브랜드로 연결하고 마케팅 전략을 통해 소비자의 욕구로 조작하고 있다는 것을 소비자는 이해해야 한다. 우리의 무의식은 짐작하는 것보다 훨씬 의사결정에서 큰 부분을 차지하며 결정의 70~80% 정도가 무의식적으로 이루어지고, 그 나머지 부분도 생각만큼 의식적이지 않다(피터 우벨 저, 김태훈 역, 2009, p.87). 이 사실은 지금까지 합리적인 선택과 구매를 한다고 가정해온 소비자에게 매우 중요한 시사점을 던진다. 실제로 소비자들이 자신의 머릿속에 충분히 영향력을 행사하지 못하며 무의식 차원에서 이루어지는 사고와 감정에 의해 의사결정이나 구매 행동이 결정된다는 것에 마케터가 주목하고 있음을 소비자는 알아야 한다.

(3) 소비자를 유혹하는 광고

광고는 정보제공, 소비자 설득, 상품회상, 구매 행동 유도의 역할을 기본으로 포지셔닝, 브랜드 충성도 증가 등 마케팅에서 중요한 커뮤니케이션 수단이다. 광고는 소비자에게 구매에 필요한 정보를 다양하게 제공한다. 상품의 특성과 기능을 자세히 알려주기도 하고 비교 광고를 통해서는 다른 상품과의 차이를 알려주기도 한다. 하지만 광고는 기업의 판매에 유리한 정보만을 제공하거나 지나친 설득기능으로 인해 조작성에 대한 논란이 있음을 소비자가 인식할 필요가 있다.

상품의 포장, 판촉, 광고 등은 인위적인 소비 욕구 창출을 위한 장치이자 소비자의 욕구를 동기화시킨다. 광고를 통한 마케팅은 스타일, 이미지 등을 통해 매우 적극적으로 개인의 욕구에 개입한다. 소비자가 스스로 욕구를 발전시키기를 기다리기보다는 지속해서 광고나 마케팅을 포함한 여러 가지 상업적 기획으로 소비자의 욕구를 결정하거나 창출한다(박명희 외, 2006, p.17). 소비제품을 단지 물리적 속성을 지닌 것으로 보지 않고 사랑, 긍지, 지위, 기쁨을 표현하는 주관적 상징물로 보기 때문에 광고의 내용은 정보를 제공하기보다는 상징적 의미를 추구하게 된다. 광고에서 제공하는 상징적 이미지에 반응하여 소비자의 구매 활동이 이루어진다. 광고나 표시, 상품 포장 등 전달되는 내용에는 소비자가 합리적으로 선택하는데 필요한 정보와 함께 상징적 소구를 위한 감정적 요소가 혼합되어 있음을 파악해야 한다.

소비자는 무언가를 표현하기 위해 상품을 구매하거나 사용한다. 수많은 광고가 성적인 매력이나 사회적 지위 상승 같은 것을 약속하고 소비자의 심리를 조작한다. 광고가 소비자를 설득하여 광고제품을 사게 하도록 보통 감성적 소구를 이용한다.

이런 감성적 소구는 더 성적 매력이 있고, 건강하고, 더 성공적으로 보일 수 있다고 소비자에게 확신을 심어주려고 하며 소비자는 이러한 소구로 인해 욕구가 조작되어 적절한 의사결정이 방해된다고 비판한다. 특히 저관여제품의 경우, 제품의 차이가 크지 않기 때문에 가치나 상징과 관련된 광고를 통해 소비자에게 미지의 세계에 대한 환상을 조성하여 구매를 유도하기도 한다.

대부분의 광고는 소비자에게 광고된 제품을 소유하거나 소비하면 더 행복해질 수 있다는 물질주의적 생활방식을 전달하고 있다. 더 좋은 주택, 더 좋은 음식, 더 좋은 옷 등 새롭고 더 좋은 것을 추구하도록 만들기 때문에 물질의 소유와 소비가 삶의 중심이 되도록 한다. 광고는 더 나은 생활better life을 꿈꾸게 하고 소비를 통해 이를 실현할 수 있다고 소비자에게 말한다.

3. 소비자 욕구 의도를 위한 다양한 마케팅 전략

기업은 소비자의 마음속에 내재하여 있는 욕구를 마케팅 전략을 통해 인위적으로 조장하여 새로운 제품을 통해 그 욕구를 충족시키게 하고 제품과 브랜드 충성도를 높이고자 한다. 상품의 포장, 판촉, 광고 등은 인위적인 소비자 욕구 창출을 위한 장치이자 소비자의 욕구 창출에 적극적으로 개입하는 기제로 비판받고 있으며, 광고와 마케팅은 스타일, 이미지 등을 통해 문화적으로 매우 적극적인 태도로 개인의 욕망에 개입한다(박명희 외, 2006, p.17 재인용). 마케터는 다양한 전략을 통해 소비자가 자신의 브랜드에 대해 긍정적이고 우호적인 감정을 가지도록 변화시키고 새로운 관계를 형성시키도록 노력한다. 최근에는 인지적 반응인 실용적 욕구보다 감정적 반응인 상징적 욕구나 경험적 욕구들이 소비자 구매 행동을 더 잘 유도하는 것으로 나타나 마케터들은 유용성과 같은 실용적 효익을 추구하는 상품에서도 감정적 반응을 유도하고자 다양한 마케팅 전략을 적용하여 소비자 욕구를 조작한다(Lagat et al, 2003, p.97; Voss et al, 2003, p.310; Bruner & Kumar, 2005, p.553; Okada, 2005, p.45). 기업은 제품·브랜드, 가격, 유통·소매, 광고, 인적판매, 판촉, 서비스 등 마케팅 믹스를 통해 다양한 마케팅 전략들을 수립하고 있다. 이러한 다양한 전략 중 소비자의 욕구 의도에 중점을 둔 마케팅 전략을 다음과 같이 살펴보고자 한다.

1) 미래 소비자를 선점하는 키즈 마케팅

키즈 마케팅은 말 그대로 어린이를 목표로 하여 소비를 끌어내는 마케팅 기법을 말한다. 기업은 어리고 감수성이 풍부한 소비자들을 브랜드 워시brand wash하기 위해 노력한다. 브랜드 워시는 브랜드나 기업에 대한 소비자의 인식을 완전히 새롭게 창조하려는 시도이다. 어린이와 관련 있는 상품에서부터 어린이와 직접 관련이 없는 기업들도 미래 소비자를 대상으로 기업의 이미지를 높이려는 차별화된 마케팅으로 미래 시장을 선점하고자 한다.

생후 6개월 정도가 되면 아이들은 기업 로고와 마스코트 이미지를 기억할 수 있다(McNeal & Yeh, 1993, p.34). 많은 실험에서 임신 중 혹은 수유 기간 동안 섭취한 음식은 아기의 미각과 후각에 영향을 미친다고 하였다. 기업들은 이러한 연구 결과를 적극적으로 마케팅에 활용하여 경쟁력을 높이고 있다. 엄마 뱃속에서 미리 경험했다는 이유만으로 많은 식품은 아이들에게 친근하며, 업계에서는 첫 4년이 가장 중요한 시기라고 암암리에 말한다(마틴 린드스트롬 저, 박세연 역, 2012, p.27). 아이들에게 상품과 이미지를 일찌감치 심어두면 브랜드 인지도를 높이는 것은 물론 소비자의 장기적 취향을 스스로 형성시킬 수 있다. 줄리엣 쇼어Juliet Schor(2005)는 《쇼핑하기 위해 태어났다》에서 18개월 무렵에 특정 브랜드의 로고를 인식하는 아이들은 커서 그 브랜드를 좋아할 뿐만 아니라 개성, 최신 유행, 강력함, 신속함, 우아함 등 자신이 중시하는 가치와 조화를 이루고 있다고 믿는 경향이 높다고 하였다. 어릴 때 사용했던 브랜드를 성인이 되어서도 지속해서 사용하게 하는, 즉 《The hidden persuaders》에서 말하고 있는 '대물림 현상'을 유도하기 위해 성인용 제품을 살짝 변형한 '키즈 라인',

예를 들면 베이비 갭Baby Gap과 갭 키즈Gap kids, 제이크루J.crew, 할리 데이비슨의 원시 Onesie 등 과 같은 유아와 아이상품을 시장에 내놓는다. 그렇기 때문에 아이들이 보는 채널이나 프로그램에서 성인용 제품이 광고되는 것을 종종 발견할 수 있다.

광고 등을 통한 홍보 활동뿐 아니라 기업들은 어린이 운동경기, 현장 견학, 학술 경연대회 등에 후원하거나 다양한 제휴 프로그램을 통해 어린이들과 부모, 학교를 대상으로 자사의 마케팅 메시지를 전달하기도 하고, 교육 프로그램을 운영하면서 활용하는 모든 수업 교재에는 로고를 새겨두어 기업이미지의 호감도 상승을 의도한다. 또한 어린이 클럽Kids Club은 어린이들을 겨냥하는 하나의 커뮤니케이션 경로 및 마케팅 시장조사를 수행하는 메커니즘의 역할을 한다. 어린이 클럽의 운영을 통해 어린이들과의 지속적인 관계를 유지하고 데이터베이스 축적을 통해 시장 세분화의 자료로 활용한다. 어린이들에게 어떤 조직이나 단체에 소속된다는 아이덴티티를 제공하여 친화감과 소속감을 기업의 충성도로 연결하고자 한다.

그리고 마케터가 아이들에게 마케팅하는 또 다른 이유는 아이들이 부모의 소비 행동에 영향을 미치기 때문이다. 한 명의 아이를 특별하게 키우기 위해 부모를 비롯한 친가와 외가의 조부모 및 삼촌, 이모 등 무려 8명의 어른이 돈을 아끼지 않던 '에잇 포켓eight pocket' 현상이 저출산의 심화로 부모의 지인까지 이 추세에 동조하는 '텐 포켓ten pocket' 현상까지 나타나면서 기업들은 어린이를 위한 특화된 상품과 서비스 시장에 적극적으로 나서고 있다. 최고 상류층을 대상으로 하는 VIP 마케팅을 키즈 Kids산업을 접목시켜 'VIBVery Important Baby 마케팅'이라는 신조어와 함께 전문화, 세분화 및 고급화되어 성인 소비시장과 비슷한 형태를 취하고 있다(전미화, 조재경, 2015). 또한 가족들이 함께 이용하는 업종인 자동차, 외식, 여가 및 호텔산업 등에서는 어린이를 위한 이벤트나 행사를 통해 어린이의 마음을 사로잡아 가족 구성원 전체로 시장을 확대하고자 한다.

2) 소비자의 뇌를 분석하는 신경 마케팅

신경 마케팅neuro marketing은 인간의 뇌 속에서 구매 의사결정이 이루어지는 과정을 연구하고 그러한 결정에 영향을 미치는 방법을 연구하는 것으로 뇌 연구에서 나타난 다양한 인식을 마케팅에 활용하는 것이다(한스 게오르크 호이젤 저, 배진아 역, 2009, p.18). 최근에는 신경과학 및 인지과학의 발전으로 소비자들이 정보를 처리하는 과정을 더욱더 정확히 파악하는 것이 가능해짐에 따라(Gordon, 2002, p.280) 신경과학 방법론들이 소비자 행동을 연구하고 마케팅 전략을 수립하는 데 적극적으로 이용되고 있다(Shiv, et al, 2005, p.375). 렌보이즈 외(Renvoise et al, 2021, p.19)는 마케팅 도구로 신경 마케팅을 활용하여 더욱 설득력 있는 세일즈 프레젠테이션을 할 수 있으며, 판매주기를 단축할 수 있고 더 많은 거래를 성사하면서, 매출 및 수익을 증대시킨다고 하였다. 넓게는 타인에 대한 영향력을 높일 수도 있다고 하였다.

소비자에게 상품이나 광고, 브랜드를 보거나 듣게 한 후, fMRIfunctional Magnetic Resonance Imaging 등의 뇌 분석 기술을 이용해 뇌세포가 활성화되는 모습을 측정하여 소비자 심리나 행동을 분석한다. 소비자 자신도 무엇을 원하는지 정확하게 모르는 소비자의 무의식을 직접 측정하여 숨겨진 정보를 발견하는 것이 가능해져 더욱 정교하게 소비자에게 소구할 수 있다. 반복적인 자극이 쾌락 중추의 활동을 자극한다는 사실을 발견하였고, 같은 이미지를 반복해서 보여주는 방법을 통해 홈쇼핑 광고 등은 충동구매로 이어질 가능성을 높였다. 마케팅 조사, 상품개발, 광고전략, 브랜드 전략을 세우는 과정에서 뇌 움직임을 활용하여 소비자를 끌어들일 수 있는 마케팅 전략을 수립하고 있다. 소비자의 선호가 단순한 편의의 선택인지, 익숙해진 친근함인지, 가슴 설레는 정도인지, 강하게 흥분될 정도의 흡입력인지에 대한 보다 구체적인 정보를 제공할 수 있다. 한 연구에서는 와인의 가격이 다르게 표기되어 있으면 같은 와인을 마시더라도 뇌 활동이 달라지는 것을 관측했다.

소비자들이 구매 결정을 하는 과정은 항상 의식적이고 체계적이며 합리적으로 효용을 극대화하는 과정이 아니다. 오히려 무의식적인 자극과 욕구 때문에 구매 결정이 이루어진다. 기업으로서는 이러한 무의식적인 자극과 함께 얼마나 다양하면서도 강력한 연결고리를 소비자에게 제공하는지가 매우 중요하다. 블라인드 테스트에서 펩시콜라가 코카콜라보다 선호도가 높았지만, 실제 상품을 선택할 때는 소비자들이 코카콜라를 선택했다는 유명한 연구에서 소비자의 뇌를 탐색한 결과에 의하면 코카콜라 브랜드가 뇌 속의 쾌락 중추를 활성화하는 것으로 나타났다. 브랜드가 특유의 감정을 활성화하기 때문에 사소한 자극만으로도 소비자에게 유리한 고지를 점하게 된다는 것이다. 페이스북과 인스타그램 이용자들은 마치 슬롯머신의 레버를 당기듯 페이스북의 뉴스피드를 스크롤 한다. 이 과정에서 재미있는 영상을 보거나 좋아하는 친구의 새로운 소식을 알게 되기도 하지만, 어떤 글은 불쾌감을 주기도 하고 어떤 글은 스트레스를 유발하기도 한다. 그런데도 우리가 계속해서 스크롤하며 멈추지 못하는 것은 가능한 한 많은 시간과 관심을 그 안에서 최대한 소비하는 것에 초점을 두고 플랫폼을 설계했기 때문이다. 무의식중에 하는 행위라고 생각하기 쉽지만 사실 우리의 뇌가 보상인 도파민 분비를 기다리며 하는 행위이다.

소비자는 물건 하나를 사더라도 자유롭게 선택한다고 하지만 선택의 이면에는 무의식으로 작용한 마케팅 전략이 존재한다. 브랜딩을 통해 특정 브랜드와 메시지를 같다는 연상이 자연스럽게 일어나며 뇌 의미망 구조는 바뀌게 된다. 뇌는 현실이나 경험을 객관적으로 파악하기 보다는 주관적으로 인지하기 때문에 이러한 뇌의 성향을 활용하여 익숙하고 친근한 개념과 연결 짓거나 고정관념을 깨는 파격적인 연상을 통해 뇌리에 스며들도록 한다(매트 존슨, 프린스 구먼 저, 홍경탁 역, 2021, p.19-34). 기업은 뇌를 측정하고 분석하는 것이 소비 행동에 대한 정확한 예측이나 설계가 아니라 옆구리를 찌르는 넛지Nudge 정도라고 주장하지만, 빅 데이터와 결합한 신경 마케팅 전략은 강력할 수밖에 없으며, 매우 전략적으로 접근하기 때문에 소비자가 무의식을 통제하고 의식적이고 합리적으로 소비 행동을 하는 것이 쉽지 않다.

3) 행복의 기준점을 만드는 감성 마케팅

감성 마케팅은 소비자의 기분과 감정에 영향을 미치는 감성적인 자극을 통해 브랜드와 유대관계를 강화하는 마케팅 전략이다. 기업의 기술력을 바탕으로 소비자의 감성에 호소하는 마케팅을 전개하며 소비자는 그 브랜드에 대해서 자기만의 가치를 느끼고 브랜드 충성도를 계속해서 높여간다. 소비자는 자신이 소중하게 여겨지고 배려 받는다고 느끼게 되므로 충성도를 갖게 된다. 일찍이 광고 대행사들은 소비자의 감성, 즉 사랑이나 공포, 자존심, 질투, 기쁨과 같은 감성에 호소하는 전략이 효과가 있음을 발견하였다. 소비자는 그 상품 자체를 사는 것이 아니라 아름다워지고 싶은 꿈, 경험, 즐거움, 자부심, 인간적인 정 등을 사는 것이므로, 소비자의 감성을 효과적으로 공략할 수 있는 감성 마케팅 전략의 구축이 기업으로서는 필수적이다(이상호, 김경숙, 2018). 감성 마케팅은 알리고자 하는 감성의 특성을 상품에 직접 넣거나 유통, 판매촉진 활동에 특성을 첨가하는 경우를 말한다. 소비자가 어떠한 브랜드에 충성도를 형성하여 구매 행동을 하는 것은 어쩌면 감성 마케팅을 통해 형성된 감정을 구매하는 것일 수도 있다. '마음을 나눠요'라는 메인 카피로 소비자들의 감성을 건드리며 국민 간식으로 초코파이가 지금까지 사랑받고 있는 것이 감성 마케팅의 대표적인 예이다. 소비자의 감성 자극을 위해 디자인이나 스토리 뿐 아니라 청각, 시각, 촉각, 미각, 후각 등 오감을 자극하는 다양한 마케팅 전략들도 음악 마케팅, 컬러 마케팅, 공감각 마케팅, 체험 마케팅 등의 영역으로 발전해왔다.

① 음악 마케팅

음악 마케팅은 소비자와의 상호작용에서 청각이나 소리, 음악에 중점을 두어 고객의 감성요소를 자극하는 마케팅 전략으로, 상업공간의 콘셉트에 어울리는 배경 음악 BGMbackground music으로 브랜드 이미지를 디자인하고, 구매 욕구를 향상하는 것이 목적이다. 음악은 소비자의 생활에서 매우 밀접한 관계를 맺고 있으므로 실제 기업에서는 소비자의 감성을 자극해 소비를 촉진하는 방식으로 1920년대부터 음악을 활용해 왔다. 쇼핑몰에 가면 흥겨운 음악이 흘러나오고, 레스토랑에 가면 조용한 클래식 음악이 흘러나오는 이유는 매출과 관련이 있기 때문이며, 상품을 상징하는 로고송은 상품의 이름이나 느낌을 떠올릴 수 있게 한다. 호텔, 백화점 등 한정된 공간에서만 활용하던 것이 레스토랑, 카페, 쇼핑몰, 병원, 미용실, 피트니스 클럽 등 상업적 공간 전반으로 확장되었다. 음악 장르 또한 클래식부터 팝, 록, 재즈, 댄스에 이르기까지 다양해졌다. 이러한 변화는 매장 음악만을 전문으로 다루는 음악 마케팅 서비스 업체도 탄생시켰다.

② 컬러 마케팅

컬러 마케팅은 색상으로 소비자의 구매 욕구를 자극하는 마케팅 기법이다. 기업의 제조기술이 평준화되면서 디자인 중에서도 색상에 따라 상품선택을 결정하기도 한다. 사람은 색채에 대해서 감성적인 반응을 보이므로 이것이 상품선택 시의 구매력을 증가시키는 주요한 요소로 나타났다. 1950년대 중반부터 색상을 중요시하는 컬러 마케팅이 상품기획의 중심이 되어 식음료를 비롯한 가구, 자동차, 가전제품 등 소비재 전 분야에 걸쳐 활성화되고 있다. 광고에서도 제품과 가장 잘 어울리는 하나의 색만을 사용하여 광고와 브랜드 간의 일치된 색을 통해 더욱 효과적으로 메시지를 전달하여 매출을 증대시켰다. 뇌 속에 있는 동기 및 감정 시스템의 구조를 통해 색깔이 가지는 감정적인 의미를 살펴보면, 빨간색과 검은색은 지배를 상징하고, 파란색은 규율과 통제를 상징하며, 노란색은 자극을, 초록색과 갈색은 균형을 나타낸다(한스 게오르크 호이젤 저, 배진아 역, 2009, p.271). 커피 세계 1위 기업 스타벅스는 브랜드 전반에 편안하고 안정된 느낌의 초록색을, 블루보틀은 시원하면서도 신뢰감을 주는 파란색을, 비엔나커피하우스는 강렬하고 경쾌한 빨간색을, 메가커피는 노란색을 활용하고 있다.

③ 공감각 마케팅

시각과 미각이 동시에 활성화하거나 혹은 청각과 후각이 동시에 활성화하는 등 오감을 복합적으로 자극해 소비자에게 새로운 경험을 선사하는 것이 공감각 Synesthesia 마케팅이다. 소비자가 공감각적 상황을 경험하면 해당 제품에 대해서 예술가들의 상상력처럼 훨씬 더 풍부한 감정을 느끼게 되므로 다각적인 오감을 자극하는 마케팅을 한다.

공감각 마케팅의 대표적인 사례가 스타벅스 커피로, 소비자들이 오감 전체로 커피에 대한 경험을 즐겨야 한다는 철학을 실천하기 위해 맛, 소비, 향기, 색상, 서체 등을 선정하고 전 세계 매장에 관련 매뉴얼을 제공하여 소비자에게 일관된 감각적 경험을 제공하고 있다. 또한 던킨도너츠는 시내버스에서 던킨도너츠 라디오 광고가 흘러나오면, 이 버스에 설치된 방향제에서 던킨도너츠의 독특한 커피향기가 나오도록 했다. 해당 마케팅이 진행되는 기간 동안 매장 방문객 수가 16%, 판매는 29% 증가했다고 한다. LG전자 휘센 4D 입체 에어컨은 설악산의 가장 쾌적한 곳의 바람과 구상나무에서 채취한 특유의 자연 향을 담아 촉각과 후각을 자극하도록 했다. 특히 인공적인 바람을 싫어하는 사람들에게 설악산의 자연향기와 숲속 바람으로 피로 해소와 스트레스까지 감소시켜주는 효과까지 나타났다고 한다.

④ 체험 마케팅

단순히 상품의 특징이나 상품이 주는 이익을 나열하는 마케팅보다는 잊지 못할 체험이나 감각을 자극하고 마음을 움직이는 서비스를 제공하여 소비자에게 상품과 브랜드를 심어주어 충성도를 높일 수 있다는 체험 마케팅 전략 또한 구사하고 있다. 체험 마케팅은 번트 슈미트Bernd H Schmitt가 제시한 개념으로 소비자의 감성과 감각을 자극하는 마케팅으로 직접 경험하고 느낌으로써 체험적 관계를 통해 고객의 마음속에 상품 또는 브랜드의 이미지를 각인시켜 소비 활동을 유도하는 것이다. 마케터는 감각적 체험sene, 감성적 체험feel, 인지적 체험think, 신체적 체험act, 사회 관계적 체험relate 일부 또는 전부를 조합해 마케팅 전략을 구축한다(번트 슈미트 저, 윤경구, 금은영, 신원학 역, 2013, p.99-101; 이목영, 정재윤. 2021). 체험 마케팅은 기업이 소비자에게 전달하는 일방향 커뮤니케이션이 아닌 쌍방향 커뮤니케이션 형태로 소비자가 느끼는 제품에 대한 가치를 높게 느껴 합리적인 구매를 한다는 생각을 만들도록 하는 전략이다. 현대카드는 신용카드 회사지만 다양한 문화콘텐츠, 공간의 가치를 살린 장소를 만들어 소비자와 접점을 시도하고 있다. 소비자에게 공감각적인 체험을 할 수 있는 공간으로 여행, 요리, 음악 등의 콘셉트별 공간을 만들어 지속가능한 마케팅을 진행하고 있다. 코스메틱 브랜드 이니스프리도 자연의 싱그러움을 콘셉트로 한 제품의 안전성, 콘셉트 등을 알리기 위해 제주도 이니스프리 하우스를 운영하며 제주 여행자들의 대표 여행지가 되었다. 체험 마케팅은 정보통신기술 발달에 따라 가상현실인 VR 체험으로 확대되고 있다. 삼성전자는 미국항공우주국NASA과 우주 체험관을 선보여 VR 헤드셋을 쓰고 달 체험을 할 수 있는 프로그램을, 아웃도어 브랜드 머렐Merrell은 하이킹 신발 출시를 맞이하여 제품을 신고 하이킹하는 스튜디오를 구성해 가상에서 좀 더 현실적으로 체험할 수 있도록 이벤트를 진행하였다.

체험 마케팅을 통하여 소비자들에게 다양한 경험을 제공하여 제품이나 서비스에 대한 호응을 불러일으키고, 나아가 장기적인 고객관계를 유지함으로써 부가 수익을 창출할 수 있다. 기술의 발달에 따라 소비자들이 고품질은 당연한 것으로 여기기 때문에 기업은 서비스나 이벤트 등 체험을 제공하여 소비자 감각의 자극을 통해 욕구를 창출할 수 있다고 마케팅적으로 접근한다.

4) 유명인을 내세운 스타 마케팅

스타 마케팅은 스타나 유명인의 매력을 이용하여 소비자의 욕구를 만족시키고 유명인의 이미지를 이용하여 상품의 홍보나 판매를 촉진하는 방법이다. 스포츠 스타, 연예인, 대중문화의 인기인, 기업의 최고 경영자, 특정 분야의 전문가에 이르기까지 다양하고 넓은 범위에서 스타를 활용한 마케팅이 활용되고 있다. 스타를 이용한 광고는 소비자 시선 사로잡기, 제품 판매촉진, 기업이미지 향상 등을 끌어내며, 다른 마케팅에 비해 영향력과 파급력이 크다(김우성, 2010; 정소정, 이영주, 2017). 광고모델을 선정할 때 마케터는 상품과 관련하여 진실성이 느껴지고 전문적으로 느껴지는 모델을 선정하며, 특히 오랫동안 해당 광고에 출연해왔던 모델이라면 소비자에게 신뢰를 준다고 판단한다. 또한 신체적 매력성뿐만 아니라 친밀감과 경외감, 유사성을 소비자에게 느끼도록 해주는 정보원천을 활용하는 것이 소비자를 더욱 잘 설득하여 구매에 이르게 한다(김문태, 2021, p. 240-244; 김주호 외, 2013, p. 268-270).

스타나 유명인들이 광고 메시지를 전달하는 정보원천으로 신뢰성과 매력성을 두루 갖춘 상당히 매혹적인 도구라고 마케터들은 판단하고 있다. 그 밖에 가수, 영화배우, 탤런트 등 인기 연예인을 내세우기도 한다. 스타의 이미지와 상품의 이미지를 동질화하여 소비자의 구매 욕구를 자극하고, 큰 비용을 들이지 않고 높은 광고효과를 올릴 수 있다. 스타의 인기 상승과 함께 상품 판매량도 늘어나기 때문에 영화나 스포츠 산업이 발달한 대부분의 나라에서는 주요한 마케팅 전략이다. 스타는 소비자의 주의를 끄는 지각에서만 역량을 발휘하는 것이 아니라 스타의 이미지를 브랜드의 속성과 결부시켜 특정 유형의 소비자 정서를 발생시킨다. 소비자에게 긍정적 감성을 반복적으로 자극하므로 스타의 이미지를 상품의 속성으로 인식시키는 것이다. 상품과 연합된 소비자 정서가 스타의 다양한 상징으로 상상을 증폭시켜 브랜드 상품의 소비로 이어지게 된다. 최근에는 가상 인간인 '버추얼 인플루언서virtual influencer'가 자신의 SNS 계정을 통해 맛있는 음식 사진을 올리거나, 휴가를 보내는 일상을 공유하기도 하고, 네티즌이 작성한 댓글에 일일이 댓글을 달며 소통하는 모습도 보인다. 인간이 아닌 가상 존재인 버추얼 인플루언서도 소비자의 구매 의도에 영향을 미치는 것으로 확인되었다(왕김남 외, 2021). 소비자 입장에서는 스타에 현혹되기보다는 구매하고자 하는 상품의 본질적 기능과 속성에 좀 더 집중하여 구매하도록 노력해야 한다. 스타가 출연하는 광고는 스타의 이미지를 소비자와 동일시하게 하여 그 상품을 구매하게 만드는 하나의 전략임을 소비자는 이해해야 한다.

5) 자연스럽게 자극하는 PPL

영화나 텔레비전 드라마에서 가구나 의상, 자동차 등은 주인공들과 함께 자연스럽게 등장하는데, 소비자에게 광고라는 인식을 주지 않으면서 무의식 속에서 상품의 이미지나 브랜드를 심어 간접광고의 효과를 노리는 것이다. PPLproduct placement은 주인공의 사회적 지위나 성격 또는 분위기를 연출하는 소품으로 쓰이면서 간접광고의 효과를 노리는 마케팅 기법이다. PPL은 간접적인 광고효과를 목적으로 행하는 것으로 수용자에게 영향력을 행사하고자 한다. 상품을 프로그램 내에 노출해서 소비자들에게 보다 호의적인 태도를 갖게 하고 더 나아가 소비 욕구를 불러일으킨다.

PPL은 직접광고 이상의 광고효과를 보여준다. 영화나 텔레비전 드라마에서 특정 상품이나 상표가 반복적으로 노출된다면 기업이 의도하는 상품의 이미지를 소비자가 습득하게 된다. PPL은 소비자의 소비 욕구를 자극하고, 궁극적으로 상품을 구매하도록 유도한다. 소비자가 광고에 노출되고 나면, 상품 및 상표에 대한 인지와 태도가 동시에 형성되고 그 결과 소비자에게는 새로운 소비 욕구가 생기게 되며 실제 구매로 연결된다(이희욱, 이경탁, 2001, p.103). PPL이 문제시 되는 가장 큰 이유는 PPL 형식 자체에서 오는 간접적인 광고효과 때문이다. 요즘 드라마 속에 커피숍이 나오는 장면들은 대부분 브랜드 커피숍 매장이며, 이것이 PPL이라고 인지하는 소비자들도 있다. 하지만 대부분 소비자는 자신이 시청한 영화나 텔레비전 프로그램에서 눈길을 끌었던 제품들에 대해서 궁금하게 여기고 심지어 직접 그 상품에 관해 이야기를 나누거나 정보를 검색해보기도 한다.

또한 기존 대중매체인 영화나 텔레비전을 넘어 인터넷 미디어인 SNS, 유튜브, 심지어 웹툰까지 PPL의 영역은 더욱 확대되고 있다. 연예인이 아니더라도 사람들에게 영향력을 행사할 수 있는 개인인 소위 인플루언서Influencer의 영향력이 막강하다. 소비자들은 콘텐츠보다 인플루언서를 더욱 신뢰하는 경향이 있다. 실제 미국 소비자들을 대상으로 조사한 결과 92%의 소비자들은 심지어 잘 알지 못하는 사람일지라도 브랜드 자체의 콘텐츠보다 다른 이의 추천을 신뢰한다(Morrison, 2015, p.3). 광고주로부터 협찬과 같은 경제적 지원을 받아 게시물을 작성한 광고임에도 이러한 표시를 미흡하게 하거나, 제품의 성능에 대해 거짓 과장하여 설명하는 광고가 여전히 상당히 존재하고 있는 것이 현실이므로 인플루언서에 대한 소비자의 판단이 요구된다.

소비자는 소비자 욕구를 의도하는 기본적인 마케팅 전략을 이해하고 소비자를 둘러싼 시장환경을 이해하여 방어 능력을 갖추어야 할 것이다. 기업이 상품의 포장, 판촉, 광고 등을 활용하여 소비자의 욕구 창출에 적극적으로 개입하고 있음을 이해하고 소비자가 스스로 의도된 욕구에 적극적으로 대응하고자 노력해야 한다.

6) 친환경으로 위장한 그린워싱과 ESG워싱

그린워싱Greenwashing은 본질적인 문제를 가리기 위해 덧칠한다는 의미인 화이트워싱Whitewashing에서 가져온 개념에서 응용되어 Green(녹색)과 Whitewashing(범죄 또는 불쾌한 사실을 숨기는 현상)의 합성어로 상품의 환경적 속성 또는 효능에 관한 표시·광고가 허위 혹은 과장되어, 단지 친환경 이미지만으로 기업이 경제적 이익을 추구하는 마케팅을 뜻한다(Visser, 2013). 친환경과 지속가능성이 하나의 라벨처럼 작용하고, 다양한 분야에서 의무사항이자 경쟁력 강화 수단이 되면서 이른바 친환경으로 위장된 상품으로 소비자를 현혹하고 있다. '친환경' 또는 '녹색' 관련 표시를 이용해 제품의 환경성을 과장함으로써 소비자들의 녹색구매를 방해하고, 친환경 시장을 왜곡시킨다. 그린워싱은 환경을 보호하는 것이 아니라 오히려 더욱 환경을 오염시키고 파괴하며, 친환경 제품에 대한 소비자들의 혼란을 야기하고 친환경적인 기업과 시장에 대한 불신을 초래할 수 있다. 환경문제의 심각성은 끊임없이 대두되고 친환경 재화에 대한 소비자 관심이 지속해서 증가하는 현시점에서 그린워싱은 명백히 소비자를 기만하는 행위이다.

친환경 기업인 테라초이스TerraChoice가 제안한 '그린워싱의 7가지 죄악들The Seven Sins of Greenwashing'이 다양한 연구에 활용되고 있다(이자림, 2022). 그린워싱을 판단하는 기준은 다음과 같다.

- 상충 효과 감추기Hidden Trade-Off: 작은 속성에 기초하여 친환경적이라고 라벨링.
- 증거 불충분No Proof: 친환경적이라고 주장하지만 이를 뒷받침하는 구체적인 정보 또는 증거를 찾을 수 없거나 부족함.
- 애매모호한 주장Vagueness: 상품의 친환경성을 광고하는 문구가 너무 광범위하거나 제대로 이해할 수 없는 용어 사용. 예를 들어 '화학성분이 없는', '순(純)자연성분', '무독성' 등의 접두어를 사용하여 소비자에게 오해를 초래하는 경우.
- 관련성 없는 주장Irrelevance: 친환경적인 제품을 찾을 때 기술적으로는 사실이지만 공급자와 소비자 사이의 정보의 비대칭성을 이용하여 교묘한 방식으로 친환경적인 것처럼 둔갑하여 소비자를 현혹. 예를 들어 오존층 파괴 물질로 국제 사회에서 이미 사용이 금지된 염화불화탄소Chlorofluorocarbon, CFCs와 같은 첨가물을 상품에 쓰지 않는다는 점을 강조함.
- 유해 상품 정당화Lesser of Two Evils: 상품에 일정 부분 친환경적인 요소가 포함된 것은 맞지만 실제로는 환경에 해로운 제품에 적용되어 제품의 본질적인 측

면을 덮어버리려는 의도로써 유해 상품을 정당화 시키는 경우.

- 거짓말Fibbing: 상품의 성분을 속이거나 공인되지 않은 자체 환경 인증마크나 슬로건을 제품 광고나 홍보에 활용하여 마치 공신력 있는 기관의 인증을 받은 것처럼 광고.
- 허위 라벨 부착Worshiping False Labels: 허위 인증 라벨 사용을 통하여 실제로 존재하지 않는 제3자 검증 또는 인증을 가진 제품을 암시.

지속가능성에 대한 관심의 증가로 친환경 소비에 대한 소비자 욕구가 상승하고 기업의 ESG(환경·사회·지배구조 투명경영)경영이 주목받으면서 과장·허위 홍보로 기업이미지를 위장하고 있는 ESG워싱도 나타나고 있다. 소비자들은 ESG워싱을 행한 기업이 ESG경영을 잘하는 것으로 착각하여 그 기업을 지지하고 더 나아가 제품 구매와 투자를 할 수도 있다. 그러나 거짓 정보로 투자자나 이해관계자에 손해를 입힌 기업은 평판에 손상을 입는 정도가 아니라 경제적 손실을 각오해야 한다. 파리기후 협정 이후 기후변화 대응에 대한 국제적 노력이 강화되고 최근 코로나19 팬데믹 발생과 각국의 탄소중립 목표선언, 그린(뉴)딜 정책 수립 등이 이뤄지면서, 환경위기에 대해 높아진 관심으로 ESG 투자 규모도 크게 확대되고 있다. 기업들이 CSR(기업의 사회적 책임)활동을 하면서 CSR 본질보다 기업홍보 수단으로 활용해 왔던 습관과 경험을 ESG경영에도 접근하여 ESG워싱을 한다면 자본시장에서의 신뢰 상실 및 주가 폭락, 소송에 직면할 가능성도 있다.

지금까지 마케팅은 정교한 마케팅 믹스전략을 토대로 다양한 마케팅 전략을 세워 소비자의 지성과 감성에 소구하였지만, IT 기술의 진보와 적극적 참여자이면서 창의적인 소비자인 프로슈머로 탈바꿈한 소비자의 등장으로 마케팅 전략이 소비자 가치consumer value, 소비자 비용consumer cost, 편의성convenience, 커뮤니케이션communication을 고려하는 4C's를 전략으로 확장되었다. 코틀러Kotler는 소비자 가치가 주도하는 지금은 인간의 가치를 포용하고 반영하는 제품과 서비스, 기업문화를 창조할 수 있는 마케팅의 시대이며, 4차 산업시대의 도래로 전통적 마케팅과 디지털 마케팅의 융합을 주장한다(필립 코틀러, 허마원 카타자야, 이완 세티아완 저, 이진원 역, 2017, p.16-21). 이러한 마케팅 환경의 변화는 더 강력하게 소비자에게 소구되겠지만 결국은 소비자 추구하는 가치가 시장의 변화를 주도한다는 것을 의미하기도 하므로 소비자는 의도된 욕구가 아닌 소비자 가치에 대해 집중해야 한다.

생각해보기

1. 매슬로우의 5단계 욕구설을 기준으로 욕구수준에 따라 욕구 충족을 위해 자신이 필요하다고 여겨지는 상품을 제시해보자.

2. 키즈 마케팅, 신경 마케팅, 감성 마케팅, 스타 마케팅, PPL 등의 최신 마케팅 전략 사례들을 찾아보자.

3. 그린워싱과 ESG워싱의 사례를 조사해보고, 어떤 점을 중심으로 소비자에게 소구하고 있는지 분석해보자.

참고문헌

국내문헌

김문태(2021). 마케팅 아이디어 창출을 위한 소비자행동의 이해. 서울: 청람.

김우성(2010). 스타마케팅의 효과와 메커니즘. 마케팅 44(1), 51-56.

김주호, 정용길, 한동철(2013). 소비자 행동. 서울: 이프레스.

델버트 호킨스, 데이비드 마더스바우 저, 이호배, 김학윤, 김도일 역(2014). 소비자행동론. 12차 개정판.
지필미디어.

돈 슬레이터 저, 정숙경 역(2000). 소비문화와 현대성. 서울: 문예출판사.

마틴 린드스트롬 저, 박세연 역(2012). 누가 내 지갑을 조종하는가. 경기: 웅진지식하우스.

매트 존슨, 프린스 구먼 저, 홍경탁 역(2021). 뇌과학 마케팅-인간의 소비욕망은 어떻게 만들어지는가.
경기: 21세기북스.

박명희, 송인숙, 손상희, 이성림, 박미혜, 정주원(2006). 생각하는 소비문화. 경기: 교문사.

번트 슈미트 저, 윤경구, 금은영, 신원학 역(2013). 번 슈미트의 체험 마케팅 감각 감성 인지 행동 관계
모듈을 활용한 총체적 체험의 창출. 서울: 김앤김북스.

왕김남, 배승주, 이석호, 이상호(2021). 패션 버추얼 인플루언서의 시각적 요소가 팔로워 행동의도, 중독
에 이르는 영향요인 연구. 한국융합학회논문지 12(12), 213-222.

이목영, 정재윤(2021). 체험 마케팅을 적용한 메종 플래그십 스토어의공간 표현특성에 관한 연구. 한국
공간디자인학회 논문집 16(8), 37-48.

이상호, 김경숙(2018). 호텔기업의 감성마케팅이 이미지, 고객만족 및 재방문의도에 미치는 영향. 호텔
리조트연구 17(4), 25-46.

이자림(2022). 패션산업의 그린워싱(Greenwashing)의 문제점과 해결방안 제안-경제적 측면과 규제적
측면 중심으로-. 브랜드디자인학연구, 20(1), 67-80.

이희욱, 이경탁(2001). 제품배치에 관한 이론적 고찰. 광고연구 52. 91-111.

장 보드리야르 저, 이상률 역(1991). 소비의 사회 그 신화와 구조. 서울: 문예출판사.

전미화, 조재경(2015). 국내호텔의 골드키즈 서비스 마케팅 사례 연구. 상품학연구 33(3), 59-68.

정성희(2009). 무의식마케팅. 서울: 시니어커뮤니케이션.

정소정, 이영주(2017). 광고모델 속성과 스타마케팅의 관계에 대한 연구- 제품관여도와 패션 라이프스
타일을 중심으로 -. 패션과 니트 15(3), 38-48.

줄리엣 쇼어 저, 정준희 역(2005). 쇼핑하기 위해 태어났다. 경기: 해냄출판사.

피터 우벨 저, 김태훈 역(2009). 욕망의 경제학. 경기: 김영사.

필립 코틀러, 허마원 카타자야, 이완 세티아완 저, 이진원 역(2017) 필립 코틀러의 마켓4.0 4차 산업혁명이 뒤바꾼 시장을 선점하라. 서울: 더퀘스트.

한스 게오르크 호이젤 저, 배진아 역(2009). 뇌, 욕망의 비밀을 풀다. 서울: 흐름출판.

국외문헌

Bruner II, G. C., & Kumar, A.(2005). Explaining consumer acceptance of handheld Internet devices. Journal of Business Research 58(5), 553–558.

Gordon, W.(2002). The darkroom of the mind: what does neuropsychology now tell us about brands?. Journal of Consumer Behaviour 1(3), 280–292.

Keller, K. L.(1998). Strategic Brand Management. New Jersey: Prentice–Hall.

Morrison, K.(2015). Why Influencer Marketing is the New Content King. Adweek, https://www.adweek.com/performance–marketing/why–influencer–marketing–is–the–new–content–king–infographic/

Lageat, T., Czellar, S., & Laurent, G.(2003). Engineering hedonic attributes to generate perceptions of luxury: consumer perception of an everyday sound. Marketing Letters 14(2), 97–109.

McNeal, J., & Yeh, C.(1993). Born to Shop. American Demographics. June, 34–39.

Okada, E. M.(2005). Justification effects on consumer choice of hedonic and utilitarian good. Journal of Marketing Research 42(1), 43–53.

Renvoise, P., Morin, C., & Taylor, A.(2021). Neuromarketing: understand the buy button in Your Customer's Brain. Nashville: HarperCollins Focus.

Shiv, B., Bechara A., Levin, I., Alba, J. W., Bettman, J. R., Dube, L., Isen, A., Mellers, B., Smidts, A., Grant, S. J., & Mcgraw, A. P.(2005). Decision neuroscience. Marketing Letters 16(3/4). 375–386.

Solomon, M. R.(2011). Consumer Behavior, Buying. Having and Being. 10th. London: Pearson Education.

Visser, W.(2013). CSR 2.0: Transforming Corporate Sustainability and Responsibility. London: Springer.

Voss, K. E., Spangenberg, E. R., & Grohmann, B.(2003). Measuring the hedonic and utilitarian dimensions of consumer attitude. Journal of Marketing Research 40(3), 310–320.

CHAPTER 3

의사결정과정이론

3

의사결정과정이론

일생동안 우리는 수많은 의사결정을 행하며 소비생활을 영위하고 있다. 어떤 음료수를 마실지에 대한 작은 선택에서 어떤 승용차와 집을 사야 할지에 대한 중요한 선택까지 소비자는 다양한 소비 경험을 하며, 만족스러운 결과에 행복해하기도 하지만 만족스럽지 않은 결과에 불편함을 느끼기도 한다. 점점 복잡하고 다양해지는 현대 시장환경 속에서 소비자는 의사결정의 여러 문제에 부딪히며 의사결정의 어려움과 중요성을 느끼게 된다. 소비자 의사결정은 개인 소비자의 만족을 결정짓는 중요한 행동일 뿐만 아니라 소비사회를 건강하게 발전시키는 핵심 부분이라 할 수 있다.

이 장에서는 소비자 의사결정과 관련된 제반 이론들의 전개 과정과 특징을 살펴보고, 소비자 의사결정과정 유형과 각 단계들에 대해 알아보고자 한다.

관련용어 → 경제학적 접근 · 심리학적 접근 · 행동주의적 접근 · 확장적 의사결정 · 제한적 의사결정 · 습관적 의사결정

문제 인식 · 정보 탐색 · 대안 평가 · 구매 · 구매 후 평가

어떻게 노트북을 구매할까?

대학교 신입생이 된 김아코 학생은 노트북을 구매할 계획이다. E-book 교재를 보며 강의 필기를 하고, 과제도 책임져줄 노트북을 선택하려니 고려해야 할 사항이 많아 고민 중이다. 노트북의 무게가 무거우면 학교에 도착하기도 전에 피로가 쌓일 것이고, 무게가 가벼우면 가격이 비싸지기 때문이다. 적당히 게임을 즐기는 편이라 그리 높은 사양의 처리 속도나 저장 공간은 필요하지 않지만, 브랜드 이미지와 A/S는 중요한 문제로 여겨진다. 개강이 다가오고 있어 인터넷을 통해 정보도 찾고 주변 지인들의 의견을 들으며 알아보고 있다.

▶▶ Q&A

Q 여러분이 김아코 학생이라면 노트북을 구매하기 위해 어떠한 의사결정과정을 거치겠는가? 그 과정들에 대해 자세히 이야기해보자.

A _____

_____

_____

1. 소비자 의사결정에 관한 이론

소비자는 소비 과정에서 무엇을, 얼마만큼, 어떻게 소비할 것인지에 대한 여러 문제를 접하게 된다. 이와 같은 소비자 의사결정 문제에 대한 학문적 관심은 주로 경제학자들에 의해 시작되었으며, 소비자가 시장에서 궁극적으로 추구하는 가치에 대한 관심 및 의사결정의 이론적 확립에 대한 노력은 여러 학문 분야에서 진행되었다. 시장경제 체제하에서 소비자 의사결정을 충분히 이해하기 위해서는 이와 관련된 다양한 이론적 접근에 대해 살펴볼 필요가 있다. 여기에서는 소비자 의사결정을 설명하는 이론적 접근의 전개 과정에 대해 살펴보고, 대표적인 몇 가지 이론에 대해 살펴보고자 한다.

1) 소비자 의사결정이론의 전개 과정

소비자 의사결정을 이해하기 위한 이론적 접근은 경제학, 심리학, 사회학 등 다양한 학문 분야에서 시도되었다. 초기 소비자 의사결정에 대한 이론적 설명은 경제학에 따라 주도되었는데, 제품에 대한 소비자 수요 분석에 초점을 두고 효용 극대화를 위한 대안 선택을 전제로 하였다. 경제학에서 개발된 소비자 의사결정 모델은 전반적인 수요 추세의 예측에는 유용하나, 의사결정에 대한 포괄적인 분석에는 한계가 있었다. 즉, 경제학적 접근은 개별 소비자들의 소비선택(수요행위)을 논리적으로 잘 설명하고 있으나 소비자들의 구매동기, 의사결정과정 등을 포괄적으로 설명하지 못하여 마케팅 전략 수립에는 적용하기 어렵다는 비판이 제기되었다. 그 결과 1950년대 심리학적 접근이 제기되었으며, 1960년대 후반부터는 경제학, 심리학과 같은 단일학문이 복잡한 소비자 행동을 설명하는 것에 한계가 드러나면서 여러 개념과 이론들을 종합한 행동주의적 모델이 개발되기에 이르렀다.

2) 소비자 의사결정의 이론적 접근

소비자 의사결정을 설명하는 대표적인 이론은 크게 3가지 측면, 즉 경제학적 접근과 심리학적 접근, 그리고 행동주의적 접근으로 나누어 볼 수 있다. 경제학적 접근은 미시경제학자들에 의해 제기되었으며, 합리적 선택에 의한 효용 극대화를 전제로 하는 소비자수요이론consumer demand theory이 대표적이다. 또한 제품 자체가 아닌 제품의 특성으로부터 효용이 발생한다는 특성이론characteristic theory이 있다. 그러나 경제학적 접근은 소비자의 합리성과 이성적 판단 능력을 전제로 하여, 경제적 요인만을 강조해서 바라보았으므로 비합리적 의사결정 행동을 포괄적으로 설명하지 못한다는 지적이 제기되었다. 경제학 이론의 한계점을 지적한 제도학파는 소비자 의사결정이 경제적 요인 이외에 소비자가 속한 사회·문화·심리적 측면 등 비경제적 요인에 의해 영향을 받는다는 점을 강조하였다.

경제학적 접근의 한계점에 대한 지적이 계속되면서 소비자의 심리적 요인이나 심리적 환경을 강조하는 심리학적 접근이 대두되었다. 심리학적 접근은 경제학자들이 주장하는 것처럼 소비자가 언제나 효용에 근거한 합리적 선택을 하지 않는다는 점을 언급하며, 심리적 작용의 중요성을 강조하였다. 심리학적 접근은 소비자들의 비합리성, 즉 실제 소비 행동을 포괄적으로 설명하였으나 논리적 체계나 구체적인 모델 설정이 수립되지 않아 한계점이 나타났다. 이에 소비자 행동을 보다 통합적이고 체계적으로 설명하고자 여러 개념과 이론들을 종합한 행동주의적 모델이 개발되었다(김영신 외, 2016, pp.47-49).

(1) 경제학적 접근

① 소비자수요이론

경제학자들은 제품에 대한 소비자의 소비선택은 효용 극대화를 추구하기 위한 행동이라고 보았다. 인간의 무한한 욕망에 비해, 이를 충족시켜 줄 수 있는 경제적 자원은 한계가 있기 때문이다. 따라서 소비선택을 설명하는 경제학적 모델은 예산 제약budget constraint과 선호preference 체계에서 출발한다.

소비자수요이론consumer demand theory에 따르면 소비자는 주어진 예산 제약하에서 자신의 효용을 최대로 충족시켜 주는 선택, 즉 합리적 선택을 한다고 전제한다. 소비자수요이론에서는 예산 범위에서 소비자가 구입 가능한 선택안을 제안하고 어떤 상품을 더 구매하면 다른 상품의 구입을 어느 정도 포기해야 하는 기회비용opportunity cost 개념을 제시한다. 그리고 구입 가능한 상품묶음에 대한 선호체계를 설명하기 위해 만족감의 정도를 수식으로 표현하고, 소비자의 동일한 만족을 나타내는 점을 연결하여 무차별곡선을 도출하였다. 소비자의 효용을 극대화하기 위한 최적선택은 예산제약선과 무차별곡선이 만나는 접점이 된다.

소비자수요이론은 신고전 경제학파의 미시경제학적 접근인데, 소비자는 완전한 정보와 일관성 있는 선호를 가지고 주어진 예산하에서 최적의 선택을 한다고 전제한다. 이러한 전제조건은 몇 가지 측면에서 문제가 지적되었다(김영신 외, 2016, p.50).

첫째, 소비자가 효용을 극대화하기 위해 항상 합리적이고 이성적인 판단을 하지 않는다는 것이다. 둘째, 경제학적 분석은 소비자들이 무엇을 소비해야 하고 어떻게 소비해야 하는지에 대해 관심을 두지 않는다. 단지 소비 현상 자체에 대해 설명할 뿐이지 소비가 왜 일어나는지에 대한 설명은 하지 않는다. 마지막으로 소비자가 사회환경, 문화적 배경, 사회·심리적 측면에 영향을 받지 않는다는 전제조건이 한계점으로 나타났다.

그러나 소비자수요모델은 개별 소비자들의 일반적인 소비선택 행위를 이해하는 데 도움이 되며, 소비자가 특정 재화의 구입을 증가시킬 것인지 아니면 감소시킬 것인지를 이해하고 예측하는 데 유용하게 활용되었다.

② 특성이론

특성이론characteristics theory은 제품 자체가 아닌 제품의 특성으로부터 효용이 창출되어 소비자의 선택이 이루어지는 것이다. 특성이론에 따르면 소비자는 제품으로부터 만족을 얻는 것이 아니라 제품의 특성으로부터 만족을 얻는다고 전제하고 있다(Lancaster, 1971).

예를 들어 구두를 구매한 경우 소비자는 구두 그 자체로부터 만족감을 얻는 것이 아니라, 구두를 착용하여 얻을 수 있는 특성인 편안한 착용감, 멋스러운 디자인, 신장이 커 보이는 효과 등으로부터 만족을 느낀다는 것이다. 따라서 소비자가 구두를 구입하는 이유 또한 구두가 제공하는 다양한 특성에 기인한다고 볼 수 있다. 각기 다른 브랜드의 구두가 제공하는 특성이 다르므로 소비자는 주어진 예산 조건에서 최대 효용을 창출하기 위해 자신이 바라는 특성을 가진 제품을 선택한다.

특성이론은 소비자수요이론과 함께 효용의 개념을 사용하여 소비자 의사결정을 설명하고 주어진 예산 조건에서 최적의 선택을 하는 경제 논리를 적용한다는 점에서 공통점이 있다. 그러나 각 제품의 다양한 특성을 규정하고 측정해야 하는 어려움이 특성이론의 한계점으로 제기되었다. 복잡한 특성을 객관적이고 간단하게 분류하고 측정하는 것이 결코 쉬운 일은 아니기 때문이다.

③ 가계생산이론

가계생산이론household production theory은 수요이론이 다루지 못한 2가지 측면에 대해 언급하고 있다. 제품은 결합하여(예: 음식과 식사 도구) 사용된다는 것과 소비를 위해 시간이 필요하다는 것이다. 이 이론은 '시장에서 구입한 제품이 조합되어 가계 내에서 내구재로 사용되거나 가계원의 시간이 투입되어 가계에서 소비되는 가계생산물household commodity을 생산하는 과정'을 핵심으로 다루고 있다.

가계생산이론은 소비자 선택의 문제를 시장 영역은 물론 가정 영역에까지 확장하여 보았다. 시장에서 구매한 제품에 가사노동 시간이 투입되어 가계생산물이라는 효용이 창출된다고 전제하여, 단지 제품으로부터 효용이 창출된다는 기존 전통적 이론과는 다른 접근법을 제시하였다.

예를 들어 저녁으로 미역국을 준비한다면, 시장에서 미역을 사서 그대로 식탁에 올리는 것이 아니라 손질하고, 썻고, 끓이는 과정을 거쳐 맛있는 요리를 만들어낸다. 여기서 미역은 시장에서 구매한 재화인데, 이것이 바로 효용을 주는 것이 아니라, 가사노동 시간이 투입되어 미역국 요리가 되어야 마침내 효용을 창출하게 된다. 미역국 요리가 가계생산물이 되는 것이다. 가계생산물은 시장가격이 없으므로, 시간비용에 해당하는 잠재가격shadow price을 가지게 되고, 이 잠재가격은 가계생산물 생산에 투입된 시간의 가격과 제품의 가격을 합한 것으로, 곧 가사노동의 가치를 평가하는 개념으로 널리 활용되었다(정순희, 2007, p.388).

가계생산이론은 기존 전통적 모델에서 제외된 가사노동 영역과 시간 개념을 도입하면서 제품과 시간과의 관계, 가사노동에 대한 가계 행동 등에 새로운 통찰력을 제공하였다.

(2) 심리학적 접근

심리학적 접근에서 소비자는 언제나 효용에 근거한 합리적 선택을 하지 않으므로 소비선택이나 구매 행동의 이해를 위해 심리적 요인을 고려해야 한다는 시각이 제시되었다. 소비자 의사결정을 이해할 때 심리적 요인에 대한 중요성은 카토나Katona에 의해 제기되었는데, 그는 미국 소비자를 대상으로 20년간 자료를 분석한 결과 절대소득가설의 '저축은 소득의 함수이다'라는 기본 전제가 실제 상황에 맞지 않는 것을 발견하였다. 사람들의 저축수준은 소득수준에 의해 결정되는 것이 아니라 미래에 대한 예측, 즉 낙관적이거나 비관적인 심리적 요인에 의해 결정된다고 주장하여 심리적 요인의 중요성을 제안하였다(김영신 외, 2016, pp.55-56).

심리학적 접근은 소비자 선택 및 소비자 동기 등을 이해하는 데에는 유용하나 소비자 행동에 대한 논리적이고 명확한 체계를 제공하지 못하는 한계점이 있다.

심리학적 접근과 관련된 이론에 대해 알아보도록 하자.

① 인지일관성이론

소비자는 심리적인 조화를 이루기 위해 개인의 사고, 신념과 같은 인지적 요소들을 일관성 있게 유지한다. 인지적으로 비일관성이 존재할 경우, 소비자는 심리적 불편함을 느끼게 되고 이를 해결하기 위해 자신의 태도를 수정하여 인지의 일관성을 유지하고자 한다. 인지일관성이론에는 균형이론, 인지부조화 이론 등이 있다. 균형이론에 의하면, 제품에 대한 소비자의 태도는 자기 자신(소비자), 타인(모델), 대상(상표)

간의 관계에서 균형을 이루고자 하는 방향으로 형성된다. 만약 소비자가 광고 모델을 좋아하면 모델이 광고하는 상표에 대해 균형상태를 이루기 위해 호의적인 태도를 형성하게 되는 것이다(이은희 외, 2020, p.37). 인지부조화이론에 대한 구체적인 설명은 소비자 의사결정 구매 후 평가단계에 제시되어 있다.

② 귀인이론

귀인이론attribution theory은 겉으로 드러나는 행동을 보고 그렇게 행동하는 이유에 대한 추론 과정을 연구한다. 소비자가 어떤 행동을 할 때, 원인은 크게 2가지로 설명할 수 있다. 하나는 소비자가 그러한 행동을 할 수 밖에 없는 상황에 있었다는 것이고, 다른 하나는 소비자가 그 행동을 할 만한 인적 특성을 가지고 있다는 것이다. 즉, 행동의 원인을 외적인 것 혹은 내적인 것으로 구분할 수 있는데 귀인이론은 이러한 행동의 내적·외적 원인을 규명하고 연구하는 것이다. 이러한 귀인이론은 소비자학, 심리학, 사회학 등의 학계에서 관심의 대상이 되었다(정순희, 2007, p.411).

③ 피시바인의 다속성 태도 모델

피시바인Fishbein의 다속성 태도 모델은 소비자가 제품을 구매할 때 어떤 대안이 평가되는 기준, 즉 속성이 하나 이상의 다수이며 소비자는 다수의 속성을 동시에 고려하여 대상에 대한 태도를 형성하게 된다는 것이다. 이러한 평가를 통해 소비자는 대상들에 대한 전반적인 선호 태도를 파악하게 된다. 어떤 대상에 대한 전반적인 태도는 여러 가지 속성에 대한 신념과 소비자의 욕구 기준을 반영하는 가중치의 결합에 결정된다. 다속성 태도 모델에 대한 보다 구체적인 내용은 소비자 의사결정 대안 평가단계에서 살펴보도록 하자.

(3) 행동주의적 접근

소비자 의사결정에 대한 경제학적, 심리학적 접근이 시도되었으나 소비자 행동을 포괄적으로 설명하는 것에 한계가 나타나면서, 이를 극복하기 위하여 여러 개념과 변수들을 하나의 이론적 틀로 체계화시킨 다변수 모델인 행동주의적 접근이 시도되었다. 행동주의적 접근은 지나치게 경제적 측면만을 강조하고 소비자의 비합리성을 배제하는 논리의 한계를 넘어, 여러 기초 행동과학으로부터 소비자 의사결정 연구에 적절한 다수의 개념과 이론들을 도입·종합하여 그 가치를 인정받고 있다.

　행동주의적 접근에 근거한 대표적인 소비자 의사결정 모델은 니코시아Nicosia 모델, 하워드-쉐스Howard-Sheth 모델, 엥겔-블랙웰-미니아드Engel-Blackwell-Miniard 모델 등이 있다. 이 중 엥겔-블랙웰-미니아드 모델은 다른 두 모델의 한계점을 보완하고 정교하게 제시되어 관심을 받게 되었으며, 모델의 구성요소는 투입, 정보처리과정, 의사결정과정, 의사결정의 영향요인(환경적 요인, 개인적 요인)으로 이루어져 있다.

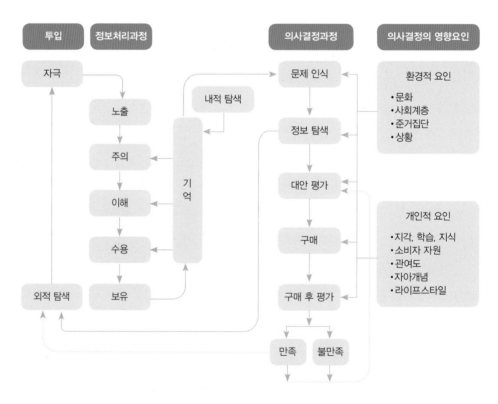

그림 3-1. 행동주의적 접근 엥겔-블랙웰-미니아드Engel-Blackwell-Miniard 모델

자료: Blackwell, Miniard & Engel, 2006, p.154. 재구성

첫째, 투입 요소는 자극을 의미하며 시장에서의 자극은 주로 광고, 판매원의 권유, 디스플레이, 판매촉진을 포함한다.

둘째, 정보처리는 외부로부터 자극을 받아들이는 것으로 5단계의 정보처리과정으로 이루어진다. 외부 자극에 대한 노출exposure, 외적 자극이 의식적 인지에 받아들여지는 주의attention, 자극을 파악하는 이해comprehension, 참고하기 위한 수용acceptance, 기억이나 저장으로 넘어가는 보유retention의 과정을 거친다. 이 과정에서 소비자의 개성, 과거 경험, 제품에 대한 평가 기준과 태도 등도 정보처리과정에 작용하여 의사결정의 첫째 단계인 문제 인식에 영향을 미친다.

셋째, 의사결정과정은 문제 인식need recognition, 정보 탐색search for information, 구매전 대안 평가pre-purchase alternative evaluation, 구매purchase, 소비consumption, 구매 후 대안 평가post purchase alternative evaluation, 처분divestment으로 구성된다. 이 구성 틀을 바탕으로 일반적인 의사결정과정은 5단계(문제 인식, 정보 탐색, 대안 평가, 구매, 구매 후 평가)로 제시되고 있다(그림 3-1). 의사결정의 영향요인으로 문화, 사회계층, 준거집단, 상황 등의 환경적 요인이 의사결정과정의 각 단계에 작용하고, 지각, 학습, 지식, 소비자 자원, 관여도, 자아개념, 라이프스타일 등의 개인적 요인이 영향을 끼친다(Blackwell, Miniard & Engel, 2006, p.154).

행동주의적 접근 모델은 소비자 의사결정을 일련의 연속적 과정으로 이해하고, 많은 내적·외적 요인들이 소비자 의사결정에 영향을 미치며 서로 상호 영향을 받는다고 전제한다. 이 모델이 지금까지 제시된 것 중 가장 포괄적이고 설득력 있다는 평가를 받고 있으나, 연구의 역사가 짧고 소비자 의사결정을 설명할 수 있는 확실한 법칙은 한정적이므로 다양한 견해와 모델이 지속적으로 개발되어야 할 것이다. 지금까지 살펴본 소비자 의사결정이론의 경제학적 접근, 심리학적 접근, 행동주의적 접근을 정리하면 표 3-1과 같다.

한편, 경제학적인 합리성에 의문을 제기하며 소비자의 비합리성에 관한 다양한 심리적 실험을 통해 소비자 의사결정을 밝힌 행동경제학이 나타났다. 이는 5장에서 살펴보기로 한다.

표 3-1. 소비자 의사결정에 관한 제 이론

구분	특징	한계점	주요 이론
경제학적 접근	소비자는 완전한 정보, 일관성 있는 선호를 가지고 예산 제약 하에서 최적의 선택을 한다고 전제함	소비자의 비합리적 행동이나 의사결정을 포괄적으로 설명하지 못함	소비자수요이론, 특성이론, 가계생산이론 등
심리학적 접근	소비자 의사결정 연구에 심리적 요인이나 심리적 분석을 적용	논리적이고 명확한 체계를 제공하지 못함	인지일관성이론, 귀인이론, 피시바인(Fishbein) 다속성 태도 모델 등
행동주의적 접근	다수의 개념과 이론들을 도입, 종합적으로 소비자 의사결정 파악	다양한 견해와 모델 개발에 제한적	니코시아 모델, 하워드-쉐스 모델, 엥겔-블랙웰-미니아드 모델

2. 소비자 의사결정의 유형

의사결정과정으로 살펴보면, 소비자가 구매 욕구를 느끼게 되면 제품에 대해 가능한 정보들을 신중하게 탐색하고, 각 대안들의 장단점에 대해 세밀히 따지며 자신에게 적합하다고 생각하는 하나의 대안을 선택한다. 그러나 모든 소비자가 구매의 필요성을 느낄 때마다 전체 과정을 거치지는 않는다. 제품 종류나 관여 수준, 구매 경험 등의 개인적 요인과 재무 제약 및 시간 압박과 같은 상황적 요인에 따라 의사결정은 달라진다. 소비자 의사결정은 크게 확장적 의사결정, 제한적 의사결정, 습관적 의사결정으로 나뉜다(박명희 외, 2005, pp.75-76).

1) 확장적 의사결정

확장적 의사결정EPS: extended problem solving은 소비자가 의사결정의 모든 단계를 거치며 신중하게 구매 결정을 내리는 것이다. 이 의사결정은 소비자가 제품에 대해 고관여되어 잘못된 구매에 대한 인지된 위험이 크고, 선택하고자 하는 대안이 세분되어 있으며, 상대적으로 시간적 압박이 적을 때 주로 이루어진다.

그림 3-2에 나타나듯이 확장적 의사결정을 할 때, 소비자는 문제 인식 후에 기억(내적 탐색)과 외부 정보원천(외적 탐색) 모두를 통해 가능한 한 많은 정보를 수집하려고 노력한다. 그런 다음 다양한 대안들에 대해 많은 속성(평가 기준)을 가지고 복잡한 결정방법을 거쳐 신중하게 평가하여 하나의 대안을 구매한다. 구매 후에는 자신의 선택에 대한 부조화를 느끼며 구매에 대한 평가를 다시금 세밀하게 한다.

소비자는 대체적으로 노트북, 승용차, 전자제품 등과 같은 고가품을 구매할 때나, 결혼 준비와 주택 구매 등 사회적 평가에 많이 기대하는 경우, 그리고 구매를 되돌리기 어려운 경우에는 모든 단계를 거치며 신중하게 의사결정을 한다. 즉, 소비자가 의

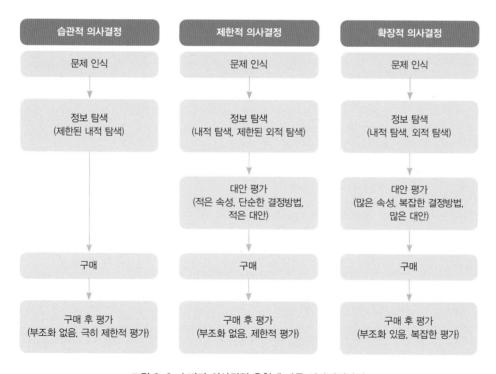

그림 3-2. 소비자 의사결정 유형에 따른 의사결정과정

자료: 박명희 외(2005). 토론으로 배우는 소비자 의사결정론. p.83. 재구성

사결정에 중요성을 부여하고 결정 여부에 따라 소비 결과의 위험도가 크다고 인지할 경우에 더욱 꼼꼼하게 의사결정을 하게 된다.

2) 제한적 의사결정

제한적 의사결정LPS: limited problem solving은 확장적 의사결정에 비해 상대적으로 동기 수준이 낮은 것으로 적은 정보 탐색과 대안 평가를 하는 것이다. 이는 소비자가 제품에 대해 저관여 수준이며, 잘못된 구매로 인한 인지된 위험이 적을 때 나타나는 행동이다. 그리고 제품 관련 대안이 비슷하거나 정보처리의 시간이 제한적일 경우에 해당된다.

제한적 의사결정 시 소비자는 문제 인식 후에 기억을 통한 내적 탐색과 함께 외부 정보원천에서 제한된 정보를 수집한다. 그런 다음 소수의 대안에 대하여 적은 속성(평가 기준)을 가지고 단순한 결정방법을 이용하여 하나의 대안을 선택한다. 구매 후 소비자는 부조화를 느끼지 않고 간략히 제한된 평가를 한다. 이 의사결정은 간단한 주방기구나 내의류, 식료품 등을 구매하는 경우, 점포 내 진열된 제품 간의 가격이나 품질, 디자인 등을 비교하여 하나의 제품을 구매하는 경우에 나타난다.

3) 습관적 의사결정

습관적 의사결정RPS: routinized problem solving은 소비자가 반복적으로 구매를 할 때 이루어지는 것으로, 거의 의식적인 노력 없이 선택을 하는 의사결정이다. 이 구매 형태는 주로 저관여일 때 일어나며 구매를 바꿀 특별한 이유가 없는 한 상표 전환이 이루어지지 않는다. 소비자가 이미 반복적인 구매로 인해 제품에 대해 정보를 가지고 있으며, 특별히 불만을 가지지 않는 한 기존 제품을 계속 유지하고자 하는 경향이 있기 때문이다.

그러므로 습관적 의사결정 시 소비자는 문제 인식 후에 특별한 외적 탐색 없이 기억 속 내적 탐색을 통해 일상적으로 만족을 주던 제품을 반복 구매한다. 구매 후에도 소비자는 부조화를 느끼지 않으며, 극히 제한된 평가를 한다. 주로 일상에서 반복적으로 사용하는 비누, 치약, 휴지 등의 구매 시 습관적 의사결정이 행해진다.

3. 소비자 의사결정의 과정

소비자 의사결정과정은 EBMEngel, Blackwell, Miniard의 통합 모델을 준거틀로 하여 일반적으로 문제 인식, 정보 탐색, 대안 평가, 구매, 구매 후 평가의 5단계로 이루어지며, 이는 확장적 의사결정 유형에 해당된다. 그러나 의사결정의 5단계는 모든 상황에서 모든 소비자에게 동일하게 적용되지는 않는다. 소비자마다 제품에 대한 관여도가 차이나며, 경제적·사회적·시간적 제약이 다르기 때문이다. 소비자 의사결정과정의 각 단계를 살펴보도록 하자.

1) 문제 인식

문제(욕구) 인식problem recognition은 의사결정의 첫 번째 단계로서, 소비자가 해결해야 할 문제 또는 충족이 필요한 욕구를 인식하는 것에서 시작된다. 문제 인식은 현재 상태와 그렇게 되길 바라는 이상적인 상태가 불일치할 때 일어난다. 이러한 불일치는 2가지 경우에 의해 일어날 수 있는데, 하나는 현재 상태의 하락으로 인해 이상적인 기대와 불일치가 발생하는 경우이며, 또 다른 경우는 현재 상태의 변화가 없는데 이상적인 기대가 상승하여 불일치가 발생하는 경우이다. 그림 3-3에서 나타나듯이 현재 상태와 이상 상태의 차이GAP가 많지 않을 때 소비자는 문제를 인식하지 않는다.

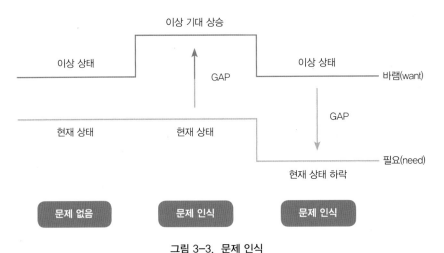

그림 3-3. 문제 인식

자료: 마이클 솔로몬 저, 황장선 외 역(2022). 소비자 행동론. p.350 재구성.

그러나 현재 상태가 하락하거나 이상 상태가 상승하게 되면 기존 평형이 깨지면서, 소비자는 현재 상태와 이상 상태의 차이를 느끼며 문제를 인식하게 된다.

현재 상태의 하락으로 인한 문제 인식은 사용하던 제품의 기능이 소진되었거나, 욕구를 적절히 충족시키지 못하는 제품을 사는 경우에 나타날 수 있다. 예를 들어 노트북의 배터리 소모가 빨리 되는 경우, 소비자는 현재 상태의 질적 하락을 경험하며 문제를 인식하게 된다. 반면에 새로운 경험을 하거나, 더 좋은 품질의 제품이나 광고에 노출이 될 경우, 소비자는 이상적 상태에 대한 기대를 높이게 되고 이것이 문제 인식을 일으킨다. 예를 들어 친구들의 고급 새 노트북을 보거나, 광고나 매장에서 최신 노트북을 접하게 되는 경우에 소비자는 소유하고 있는 현재 노트북보다 더 높은 사양의 새로운 노트북을 갈망하며 문제 인식을 하게 된다.

(1) 문제 인식 발생 요인

소비자는 다양한 경우에 문제를 인식하게 되는데, 그 발생 요인은 소비자 내적인 측면과 외적인 측면으로 나누어 볼 수 있다.

① 소비자 내적 요인

소비자의 내적 요인에 의한 문제 인식은 다음과 같은 상황에서 일어난다(박명희 외, 2005, pp.78-79).

첫째, 생리적 욕구에 의한 문제 인식이다. 소비자가 식욕과 갈증으로 인해 음식과 음료를 찾게 되는 것이 그 예이다. 둘째, 제품의 고갈이나 성능 저하로 인한 문제 인식이다. 사용하던 화장품을 다 사용한 경우나 오래된 노트북의 성능이 저하되어 구매 욕구가 나타나는 경우이다. 셋째, 소비자 개인의 상황적 변화에 의한 문제 인식이다. 자녀 출산, 입학 등과 같은 가정생활 주기상의 변화, 사회적 지위의 변화, 그리고 재정적 상태의 변화 등이 구매 욕구를 일으키게 한다.

② 소비자 외적 요인

외적 요인에 의한 문제 인식은 다음과 같은 영향 요인에 의해 자극을 받아 일어난다.

첫째, 가족 및 준거집단 등에 의한 영향으로 문제 인식이 발생한다. 친구가 가지고 있는 가방이나 신발을 보고 구매 욕구가 일어나는 경우이다. 둘째, 광고나 판매원의 판촉활동 등 기업의 마케팅 전략에 의한 영향으로 문제인식이 일어난다. 셋째, 다른 구매 결정과 관련된 영향에 의해 문제인식이 일어난다. 예를 들어 새 집으로 이사를 간 후 새로운 물건에 대한 필요성을 인식하게 되는 경우이다.

(2) 문제 인식 후 행동

소비자가 문제 인식을 하게 되면 이를 적절히 해결하기 위해 일련의 의사결정과정을 실행하게 된다. 그러나 모든 소비자가 문제를 해결하는 것은 아니며, 어떤 소비자는 아무런 조치를 취하지 않는 경우도 나타난다. 소비자가 인식하는 문제의 심각성 정도가 일정 수준 이상인 식역threshold을 넘어야 하기 때문이다.

한편, 소비자가 식역 수준을 넘어서 문제를 심각하게 인식하더라도 그 당시 제약조건(예: 집단규범과의 갈등, 가족들의 반대, 경제적 자원의 부족, 시간 부족)으로 인해 문제를 해결하고자 하는 의사결정 행동이 뒤따르지 않는 경우도 있다.

2) 정보 탐색

소비자가 문제(욕구)를 인식하게 되면 구매의 불확실성을 감소시키기 위해 필요한 정보를 찾아가게 되는데, 이러한 과정을 정보 탐색information search 과정이라고 한다. 소비자 정보는 다양한 대안 중에서 결과를 보다 정확하게 예측할 수 있도록 도움을 준다. 소비자는 먼저 과거의 경험을 통해 자신의 기억 속에 남아 있는 정보와 지식을 연관시켜보는 행동을 하는데, 이를 내적 탐색이라고 한다. 이것은 기억에 저장된 정보를 회상하고 검토하는 심리적 과정이다. 소비자의 기억 속에는 자신의 구매 경험이나 기업의 마케팅 활동 등에 의하여 능동적 혹은 수동적 과정을 거친 정보가 저장되어 있으며, 소비자는 필요한 시점에 저장된 정보를 회상하여 활용한다. 일반적으로 과거의 구매 결과가 만족스러웠거나, 반복적으로 구매하는 경우, 그리고 신제품 개발이 느리고 제품변화가 크지 않은 경우에 소비자는 내적 탐색에 의존할 가능성이 높다.

그러나 내적 탐색을 통해서 구매와 관련된 불안이나 의문점이 모두 해소되지 않을 경우 소비자는 추가적인 정보 탐색을 하게 되는데, 이를 외적 탐색이라고 한다. 이것은 소비자가 현재 가지고 있는 정보가 부족하다고 느낄 경우 새로운 정보를 추가로 획득하는 과정을 말한다. 주로 노트북이나 승용차 등과 같이 고가이면서 가시적인 제품, 오랫동안 사용하는 제품, 그리고 인지된 위험도가 높은 경우에는 외적 탐색을 하게 된다.

(1) 정보 탐색 정도

그렇다면 소비자는 어느 정도의 정보 탐색을 행하게 되는가? 정보 탐색 정도는 탐색을 통해 얻게 될 정보의 이득과 정보를 얻을 때 소요되는 비용 간의 차이에 따라 달라진다. 소비자가 정보 탐색에 따르는 비용에 비해 얻게 되는 정보의 이득이 크다고 인지하면 보다 적극적으로 정보 탐색을 하게 된다. 정보 탐색의 이득에는 가격 절감과 같은 경제적 이득뿐만 아니라 구매위험도의 감소나 자신감과 같은 심리적 이득이 포함된다. 정보 탐색의 비용에는 경제적 비용뿐만 아니라 탐색에 소요된 시간과 노력의 기회비용과 구매 결정 지연으로 인한 갈등과 부담감 등의 심리적 비용이 포함된다. 대체로 소비자는 구매 결정이 중요하거나 구매 결과가 불확실할 경우, 즉 외적 탐색의 경우처럼 고가품, 내구재, 가시적 상품, 안전성이 요구되는 제품 구매 시에 더 많은 정보 탐색을 수행하는 경향이 있다.

(2) 정보의 원천

소비자가 정보를 얻는 원천은 크게 정보공급 채널에 따라 오프라인과 온라인으로 나눠지며, 정보 특성을 기준으로 마케터 주도적 정보원천, 중립적 정보원천, 소비자 주도적 정보원천으로 분류할 수 있다. 오프라인 채널에서 소비자는 광고나 제품설명서 또는 판매원의 설명과 같은 기업들이 제공하는 정보를 취하게 되나, 마케터 주도적 정보는 소비자에게 필요한 정보가 누락될 가능성이 있으며, 제품에 대한 장점 위주의 정보제공이 이루어지게 되어 피상적이고 신뢰성이 결여될 수 있는 문제점이 있다. 소비자는 가족과 친구 등의 조언에 의한 소비자 정보원천이나 신문기사 및 중립적 간행물과 같은 중립적 정보원천을 이용하기도 하는데, 정확성이나 적시성 측면에서 완벽한 정보라고 할 수 없다.

온라인상에서 기업들은 자사 홈페이지, 세일즈 프로모션, 온라인 쇼핑몰 등을 통해 자체적으로 정보를 제공하고 있다. 중립적 정보로는 인터넷 신문과 뉴스, 소비자원의 스마트 컨슈머 제품평가 사이트, 가격비교 사이트 등의 객관적 정보가 제공되고 있어 소비자의 정보 탐색에 도움을 주고 있다. 소비자 주도적 원천으로는 제품 사용 경험자의 의견이 실린 제품 비교 사이트, 온라인 쇼핑몰의 후기, 각종 지식검색, 그리고 제품 사용자들의 커뮤니티 등이 있다. 특히 제품 사용자들의 SNS 등을 통한 제품구입과 사용에 대한 경험 전달은 시간, 장소, 인원의 제한 없이 자유롭게 제공되므로 소비자에게 중요한 정보원이 되고 있다(박명희 외, 2005, p.81). 이와 같이 온라인 채널을 통해 전달되는 소비자 정보는 지속성, 유연성, 연결성, 소통성, 이동성의 측면에서 긍정적으로 평가되나, 정보의 과부하를 초래할 수도 있으므로 신뢰할 수 있는 정확한 질적 정보의 제공이 요구된다.

3) 대안 평가

대안 평가alternative evaluation란 소비자가 문제해결(욕구 충족)을 위해서 정보를 탐색한 결과, 제시된 몇 가지 대안의 각 장단점을 비교·분석하여 소비자의 욕구에 가장 부합하는 특정 대안을 선택하는 과정이다. 소비자는 획득한 정보를 기초로 대안에 대한 평가와 선택을 수행하는데, 이 과정에서 많은 대안 중 자신에게 바람직하다고 생각되는 대안들을 걸러내어 '선택 집합choice set'을 구성해 나간다.

(1) 대안 평가 과정

대안 평가 과정은 신념 → 태도 → 의도 과정의 3단계를 거쳐서 선택 및 구매에 이른다. 소비자의 신념에 따라 대안을 비교·평가할 기준을 선정하고, 이 기준에 따라 각 대안들의 장단점을 비교·평가한 후, 평가에 따라 각 대안들에 대한 태도가 형성 혹은 변경되고, 마지막으로 특정 대안에 대한 구매 의도가 이루어진다.

① 신념

신념belief은 평가 기준의 측면에서 각 대안이 가지고 있는 특성에 대해 소비자가 인지하고 있는 주관적인 믿음을 의미한다. 소비자의 장기기억에 저장된 정보는 신념의 한 요소로 작용하며, 이렇게 형성된 주관적 믿음은 상표 이미지로 언급되기도 한다. 신념은 외적 탐색을 하며 축적된 정보에 의해 나타나기도 하고 추리 과정의 결과에 의해 형성되기도 한다.

② 태도

태도attitude란 일반적으로 어떤 대상에 대한 전반적인 긍정적(혹은 좋아함) 또는 부정적(혹은 싫어함) 평가를 의미한다. 여러 선택 대안들에 대한 평가 기준과 이에 대한 신념은 각 대안들에 대해 소비자가 호의적 또는 비호의적인 일관된 반응을 하게 한다. 태도는 소비자가 특정 대안에 대해 일관된 방향으로 지각하고 행동하도록 만드는 경향이 있다.

③ 의도

의도intention는 특별한 행동이 한 개인에 의해 수행될 것이라는 주관적 가능성을 의미한다. 여기에서 의도를 보다 정확하게 언급하자면 구매 의도purchase intention로 나타낼 수 있다. 구매 의도는 소비자가 최종적으로 선택한 대안을 구매하기로 결심한 상태로써 실제로 구매할 의향이 있는지를 나타낸다. 그러므로 하나의 대안에 대해 소비자가 신념에 의한 태도가 형성되고 의도가 있다면 그 대안을 구매할 가능성이 높다는 뜻이다. 이처럼 의도가 소비자의 태도와 행동을 연결하는 매개체이므로 소비자의 실제 구매 행동 여부는 태도보다 의도에 의해 보다 정확한 예측이 가능하다. 그러나 구매 의도가 반드시 구매 행동으로 연결되는 것은 아니며 구매 시의 시간 간격 발생, 예상하지 못한 사건 등에 의해 구매가 달라지기도 한다.

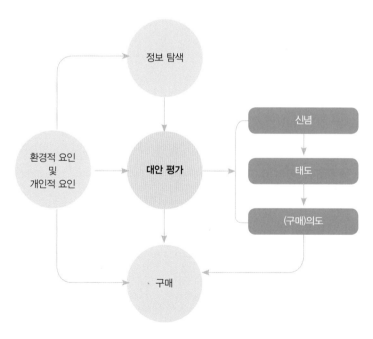

그림 3-4. 대안 평가 과정
자료: 박명희 외(2005). 토론으로 배우는 소비자 의사결정론. p.83.

(2) 평가 기준

소비자는 선택 대안들이 가지고 있는 속성 중에서 자신이 중요하다고 생각하는 속성을 평가 기준으로 선정한다. 평가 기준evaluative criteria은 소비자가 제품을 평가하는 데 사용하는 표준standards 내지는 명세specifications라고 할 수 있다. 평가 기준은 객관적이고 주관적일 수 있으며, 소비자의 구매 목적과 동기 및 상황에 따라 달라진다. 예를 들어 소비자가 승용차를 구매할 경우 안전성, 경제성과 같은 객관적인 기준은 물론 승용차의 사회 계급적 이미지와 같은 주관적인 기준을 함께 사용할 수도 있다. 이 기준들은 소비자의 구매 목적과 상황에 따라 가중치가 다르게 적용될 수 있다. 소비자가 대외적인 이미지를 위해 승용차를 구매하고자 한다면 주관적인 기준에 더 중점을 둘 것이고, 경제적 부담을 고려한 편리한 사용에 목적을 둔다면 객관적 기준에 더 중점을 두고 대안들을 평가하여 구매를 결정할 것이다. 최근에는 환경문제와 관련된 기술 적용, 에너지 절약성, 구독 서비스를 통한 다양한 경험 추구 등 다양한 평가 기준들이 고려되고 있다.

이와 같이 소비자는 최선의 선택을 위해 많은 기준들을 적용하여 다양한 대안들을 비교·평가하게 된다. 그러나 다수의 평가 기준이 있더라도 실제로 소비자가 대안 평가 과정에서 사용하는 평가 기준은 몇 가지로 축약된다. 소비자마다 평가에 중요한 기준이 되는 결정적인 속성들determinant attributes을 가지고 비교·분석을 하는 것이다. 결정적인 속성들은 각 소비자의 구매 상황과 제품 특성에 따라 다르게 적용되어, 제품선택에 결정적인 영향력을 행사한다. 따라서 마케터는 소비자에게 어떤 속성을 결정적으로 이용해야 하는지를 끊임없이 제안한다.

예를 들어 서울우유는 우유 선택 시에 기존 유통기한 대신 제조 일자를 중요 기준으로 삼으라는 광고를 하며 신선함을 평가하기 위한 새로운 결정적 속성을 제시하였다. 마케터들은 제품을 생산·광고하며 차별화를 꾀하고 소비자의 선택을 받기 위해 결정적 속성을 만들어 내는데, 이러한 속성은 제품 자체 개발에 의해 진행되기도 하지만 단지 판매율 증가를 위한 마케팅 전략의 하나로 진행되기도 한다. 따라서 구매 의사결정에서 소비자는 자신의 구매 상황과 목적에 부합되는 적절한 평가 기준들을 심사숙고하여 결정하여야 한다.

(3) 대안 평가 방법

소비자가 제품을 선택하기 위해 고려하는 대안 평가 방법은 크게 상표별 처리와 속성별 처리로 구분된다. 상표별 처리processing by brand는 소비자가 한 가지 상표를 선택하여 그 상표의 속성에 관한 평가를 한 후, 다른 상표를 선택하여 그 상표의 평가를 처리해나가는 방법이다. 속성별 처리processing by attribute는 한 가지 속성에 대하여 각 상표들을 평가한 다음 다른 속성에 대하여 각 상표들을 평가 처리해나가는 방법이다.

또한 소비자는 최적의 선택을 위하여 의사결정 규칙을 이용하게 되는데, 대표적인 의사결정규칙은 보상적 결정규칙과 비보상적 결정규칙으로 구분된다(박명희 외, 2005, pp.113-116; 김영신 외, 2016, pp.221-231).

① 보상적 결정규칙: 피시바인Fishbein 다속성 태도 모델

보상적 결정규칙compensatory decision rule은 제품에 그 결점을 보완할 기회를 제공하는 것이다. 즉, 하나 또는 그 이상의 제품 속성(평가 기준)에 대해 주어진 대안의 지각된 약점은 다른 속성의 장점을 통해 보상된다는 것이다. 소비자는 대안의 많은 속성에 대한 평가 결과를 산출하여 제품에 대한 결정 태도를 취하게 된다. 이 규칙을 사용하는 소비자들은 구매하려는 제품에 대해 높은 관여도를 가지고 있으며, 전체적으로 더욱 정확한 방식으로 제품들을 고려하고자 하는 경향이 있다.

보상적 결정규칙의 대표적 모델이 피시바인Fishbein 다속성 태도 모델인데, 이 모델은 제품에 대한 소비자의 구체적인 태도 형성 과정을 보여준다. 피시바인은 태도의 구성요소를 측정하여 소비자들의 제품에 대한 전체적인 태도를 산출해 내는데, 어떤 대상을 구성하는 핵심 속성에 대한 신념의 강도와 속성에 대한 평가가 태도를 결정짓는다고 제안한다. 여기서 신념이란 소비자가 특정 제품의 속성과 관련하여 가지고 있는 주관적 의견을 의미한다.

피시바인 다속성 태도 모델의 예로 노트북 구매에 대해 살펴보면, 노트북은 확장적 의사결정의 대표적인 제품으로 높은 관여도와 많은 정보 탐색, 다수의 대안을 꼼꼼히 비교 평가하는 특성을 가지고 있다. 따라서 소비자는 제품평가에서 중요하다고 생각하는 다수의 평가 기준들(무게, 가격, 처리 속도, 브랜드 이미지, 애프터 서비스, 디자인, 배터리 수명 등)을 고려하게 된다. 이중 비교 기준으로 무게, 가격, 처리 속도, 브랜드 이미지, 애프터 서비스를 선정한다고 가정하고, 선정된 각 평가 기준들에 대해 적절한 간격을 유지하며 가중치를 부여해보자. 마지막으로 선택 대안들(A, B, C, D)의 속성별 신념점수에 대해 각각의 평가(가중치)점수를 곱하여 이를 합산하여 전체적인 태도점수(Ao)를 구한다. 이에 대한 사례는 표 3-2를 통해 살펴보도록 한다.

$$Ao = \Sigma b_i e_i$$

Ao = 대상에 대한 태도
bi = 신념(사실 여부에 관계없이 소비자 개인이 주관적으로 사실이라고 믿는 것임)
ei = 평가(얼마나 바람직한 것으로 또는 중요한 것으로 여기는지에 대한 특정 속성의 비중을 결정
　　하는 가중치 역할)

그림 3-5. 노트북

표 3-2. 노트북 대안 평가에서 보상적 결정규칙(피시바인 다속성 태도 모델)

평가기준 혹은 속성	평가(가중치, ei)	각 노트북에 대한 신념(bi)			
		A브랜드	B브랜드	C브랜드	D브랜드
무게	20	5	3	2	4
가격	15	2	4	4	3
처리 속도	10	2	2	3	3
브랜드 이미지	5	4	3	2	3
A/S	1	5	3	3	3

* 각 제품의 속성별 신념점수는 1~5점(매우 나쁨~매우 좋음)의 범위를 가진다.
각 노트북에 대한 태도(Ao = Σbiei)

A=(5×20)+(2×15)+(2×10)+(4×5)+(5×1)=175 C=(2×20)+(4×15)+(3×10)+(2×5)+(3×1)=143
B=(3×20)+(4×15)+(2×10)+(3×5)+(3×1)=158 D=(4×20)+(3×15)+(3×10)+(3×5)+(3×1)=173

표 3-2에서 보상적 결정규칙을 적용한 소비자는 합산점수가 가장 높게 나온(175점) A브랜드 노트북을 선택하게 된다. A브랜드는 가격과 처리 속도에서 2점의 낮은 평가를 받았지만, 가중치가 가장 높은 평가 기준(가장 중요한 속성)인 무게에서 5점을 받아 전체점수가 가장 높게 나타났다. 즉, 어떤 기준에서 낮은 평가를 받았더라도 다른 기준에서 좋은 평가를 받으면 보완이 가능하다는 것이다. 이러한 보상적 결정규칙은 다소 복잡한 과정을 거치므로, 일상 생활용품 구매보다는 가격이 높고 사용기간이 길어 신중함을 요하는 내구재(승용차, 전자제품, 주택 등) 구매에서 이용된다.

② 비보상적 결정규칙

비보상적 결정규칙non-compensatory decision rule은 소비자가 몇 개의 속성을 독립적으로 평가하려는 것을 말하는데, 보상적 결정규칙과는 달리 한 속성에 대한 부정적 평가가 다른 속성에 대한 긍정적 평가에 의해 보상될 수 없기 때문이다. 즉, 일정한 기준에 미치지 못하는 선택 대안들은 고려사항에서 제외된다. 비보상적 모델에는 사전찾기식, 순차제거식, 결합규칙, 비결합규칙 등이 포함된다.

• 사전찾기식

사전찾기식lexicographic rule 방법은 가장 중요한 속성에서 각 제품 또는 상표가 비교되고, 그 속성에서 가장 높은 점수를 받은 대안을 선택하는 것으로 여러 속성 중에서 가장 중요하게 여기는 속성이 결정적인 역할을 한다. 만약 두 개 이상의 제품이 가장 중요한 속성에서 동등한 평가를 받게 된다면 그 다음 중요한 속성에 따라 제품들을 비교하게 되는데, 하나의 제품이 선택될 때까지 이 비교과정은 계속된다. 표 3-2에서 노트북 구매 시의 가장 중요한 속성은 무게이고, 이에 대해 가장 좋은 평가를 받은 것이 A이므로 사전찾기식 방법에 의해 A브랜드 노트북이 선택된다.

• 순차제거식

순차제거식elimination by aspects 방법은 가장 중요한 속성 순으로 각 제품 또는 상표를 비교해 해당 속성에서 가장 낮은 점수를 받은 대안을 제거해 나가며 최종 선택을 하게 되는 것이다. 이 방법을 사례에 적용해보면, 가장 중요한 속성인 무게에서 가장 낮은 평가점수(2점)를 받은 C브랜드가 1차 제거되고, 다음으로 중요한 속성인 가격에서 가장 낮은 평가점수를 받은 A브랜드가 2차로 제거된다. 세 번째로 중요한 속성인 처리 속도에서 가장 낮은 평가점수를 받은 B브랜드가 3차로 제거되면서 최종 D브랜드의 노트북이 선택된다.

• 결합규칙

결합규칙conjunctive rule은 소비자가 속성별로 최소한의 수용 기준cutoff을 선정하고, 각 상표별로 모든 속성의 수준이 최소한의 수용 기준을 충족시키는가에 따라 평가하는 것이다. 표 3-2에서 만약 소비자가 모든 속성(평가 기준)들에 대해 수용 기준을 4점으로 두었다면 모든 노트북은 이를 충족하지 못하기 때문에 선택되지 못할 것이다. 이 경우, 소비자가 수용 기준을 3점으로 낮추게 된다면 모든 평가 기준에서 3점 이상을 받은 노트북 D브랜드가 선택될 것이다. 이 규칙은 소비자가 제품마다 중요하게 여기는 평가 기준에 대해 수용할 수 있는 범위를 보여주는 것으로, 기업에서는 소비자의 의견을 중요하게 받아들여 제품 생산 및 판매 시에 일정 기준을 상회하도록 해야 한다.

- **비결합규칙**

비결합규칙disjunctive rule은 결합규칙처럼 속성별로 최소한의 수용 기준cutoff을 정하지만, 결합규칙과는 달리 어떤 한 속성이라도 최소 기준을 넘어서면 선택범위에 포함하는 것이다. 이 방법을 사용하게 되면 복수의 대안 제품들이 포함되는 경우가 많은데, 이 경우에는 다른 규칙 방법들을 적용하여 의사결정을 내리게 된다. 표 3-2에서 소비자가 최소 수용 기준을 4점으로 두었다면, 각 브랜드 모두 이를 충족하기 때문에 모든 노트북이 선택될 것이다. 따라서 이후에는 다른 규칙방법을 적용하여 의사결정을 내려야 한다.

4) 구매

소비자는 대안을 평가한 후, 가장 큰 만족을 줄 수 있는 제품을 구매하고자 한다. 주택구매와 같은 복잡한 의사결정의 경우, 구매는 즉시 행해지지 않을 수도 있다. 소비자 의사결정과정에서 구매를 지연하거나 구매하지 않기로 결정할 수도 있으며, 예기치 않게 급히 다른 곳에 돈을 사용해야 할 경우도 발생할 수 있다.

소비자가 일단 최종 제품을 선택하게 되면 구매를 위해 구매 방법, 결제 방법 등을 고려하게 된다. 구매 방법으로는 직접 오프라인 상점에서 구매하거나 방문판매, 통신판매, TV 홈쇼핑, 인터넷 쇼핑, 모바일 쇼핑 등을 통해 구매하게 된다. 결제 방법은 오프라인 상점구매의 경우 현금, 할부, 신용카드 등으로 제품 가격을 지불할 수 있으며, 온라인의 경우는 무통장입금, 온라인송금, 신용카드, 계좌이체, 인터넷 통장, 휴대폰 결제, 핀테크 등의 지불수단을 이용하게 된다(이은희 외, 2020, p.66).

5) 구매 후 평가와 행동

해결해야 할 문제 또는 충족이 필요한 욕구를 인식한 소비자는 정보 탐색과 대안 평가 과정을 거쳐 하나의 대안을 선택하게 된다. 의사결정과정에서 선택 행동 자체에 관심을 가지는 경우가 많으나 소비자의 욕구 충족은 구매를 하면서 이루어지는 것이 아니라, 궁극적으로 구매한 제품을 사용하며 그 특성들을 소비하면서 얻게 되는 만족감으로 이루어진다. 그러므로 구매 후 소비자의 평가와 그에 따른 소비자의 행동에 대해 이해하는 것도 중요하다. 소비자가 구매 후 긍정적 감정을 가지는지 부정적 감정을 가지는지에 따라 향후의 소비 행동에 영향을 끼치기 때문이다.

(1) 구매 후 인지부조화

구매 후 인지부조화는 한 대안을 선택한 후, 선택하지 않은 다른 대안에 대해 바람직한 속성이 있다는 신념을 가지게 되면서 야기되는 선택 후 불안감이다. 인지부조화는 제품이 만족스러운지의 여부에 대해 소비자가 결정을 내리기 전에 발생한다. 일반적으로 소비자는 하나의 제품을 선택한 후 자신의 선택이 옳은지에 대해 의심을 가지게 된다.

① 구매 후 인지부조화 발생 요인

구매 후 인지부조화의 발생은 구매 결정의 중요성 여부와 소비자의 성향, 그리고 대안들의 유사성 정도가 영향을 끼친다. 소비자는 저관여·저위험보다는 고관여·고위험 제품에 대해, 구매를 번복할 수 없을 경우, 그리고 제품 사용기간이 길수록 더 많이 부조화를 느끼게 되며, 구매에 대해 걱정을 많이 하는 성향의 소비자일수록 인지부조화에 더 많이 노출된다. 또한 대안 평가 과정에서 2개 이상의 대안이 매우 유사하여 어떤 것이 더 나은지 분명하지 않을 때 소비자는 인지부조화를 느끼게 된다(정순희, 2007, p.406).

② 구매 후 인지부조화 감소 방안

구매 후 인지부조화를 감소시키기 위해서 소비자는 자신이 내린 선택이 바람직하다는 것을 강화하기 위한 긍정적인 추가 정보를 확보한다. 추가적인 정보 탐색으로 선택한 대안이 지닌 속성의 중요성과 평가를 더 강화하고, 선택하지 않은 대안이 지닌 속성의 평가는 감소시키는 것이다. 기업의 측면에서는 인지부조화를 감소시키기 위해 자사 제품의 장점을 강조하는 광고를 지속해서 내보내거나, 판매 직후 감사의 뜻과 함께 서신이나 전화 등으로 구매자의 선택을 지지하는 마케팅 전략을 사용한다.

(2) 구매 후 평가- 소비자 만족 · 불만족

소비자 만족 · 불만족은 소비자 구매 의사결정과정의 결과이다. 소비자 만족 여부는 제품의 사용 경험에 영향을 받지만 구매 전 소비자가 가지고 있던 기대에 의해서도 영향을 받는다. 일반적으로 소비자는 자신의 욕구 충족과 관련하여 구매하고자 하는 제품에 대해 기대를 가지고 있다. 그러므로 구매 후 소비자의 만족 · 불만족은 제품의 성과가 소비자의 기대를 얼마만큼 잘 충족시키는지에 따라 결정된다.

이는 기대불일치이론expectancy disconfirmation theory에서 설명되고 있는데, 제품성과가 기대보다 낮을 경우는 부정적 불일치negative disconfirmation, 제품성과가 기대보다 높은 경우는 긍정적 불일치positive disconfirmation, 기대했던 정도이면 단순 일치simple disconfirmation로 나타난다(김영신 외, 2016, p.191). 소비자가 단순 일치 및 긍정적 불일치를 경험하면 만족하게 되고, 부정적 불일치가 나타날 경우는 불만족하게 된다. 즉, 소비자 기대와 지각된 제품성과 간의 불일치 정도에 따라 만족 · 불만족 수준이 결정되는 것이다. 그러나 기대의 함수로만 만족 · 불만족을 설명하기에는 제약이 따르는데, 왜냐하면 기대가 너무 높았기 때문에 제품평가 자체가 좋아도 만족 수준이 낮게 나타날 수도 있으며, 반대로 실제 제품이 좋지 않더라도 기대 수준이 낮아 만족하는 경우가 생길 수 있기 때문이다(박명희 외, 2005, p.85).

(3) 구매 후 행동- 소비자 대응 행동 과정

소비자가 구매 후 평가를 통해 만족을 경험하게 되면 선택 제품에 대해 더욱 긍정적인 태도를 가지게 되며 상표 충성도brand loyalty가 형성되어 재구매할 가능성이 커진다. 또한 자신의 구매 경험을 지인에게 알리므로 기업 입장에서는 소비자의 긍정적인 구전 활동에 의한 새로운 고객 창출을 기대할 수 있다. 그러나 소비자가 불만족을 경험하게 되면, 제품에 대해 부정적인 태도를 가지게 되어 상표 전환brand switching을 하고자 하며, 이를 해결하기 위하여 대응 행동을 취하게 된다. 아울러 소비자가 부정적인 구전 활동을 하게 되므로 기업 입장에서는 잠재고객을 잃어버리게 된다.

① 소비자 대응 행동 과정과 유형

소비자 대응 행동은 불만족을 해결하기 위한 일련의 과정으로, 소비자가 자신의 선택에 대해 주권을 찾으려는 행동이다. 소비자 대응 행동 과정은 만족·불만족 평가 → 귀인 평가 → 대체안 평가(사적 혹은 공적 대응 행동) → 산출로 이어진다.

소비자가 불만족했을 경우, 소비자는 그 원인이 무엇인지에 대한 귀인 평가를 하게 된다. 이 과정에서 소비자는 주로 불만족에 대한 인과관계의 원인과 누구의 책임인지에 대한 책임의 원인을 평가한다. 귀인 평가가 끝나면 평가 결과에 따라 어떻게 대응 행동을 할 것인지를 결정하게 된다. 이때 불만족을 해결하는 데 바람직하다고 생각되는 행동 대체안을 평가하여 적합하다고 판단되는 대응 행동을 하게 된다.

소비자 불만족에 대한 대응 행동 유형은 무행동, 사적 행동, 공적 행동으로 분류된다. 무행동은 불만족 후에도 아무런 행동을 취하지 않는 것이며, 사적 행동은 개인적으로 그 제품과 상표 그리고 판매자를 기피하거나, 좋지 않은 구매 경험을 가족, 친구 등에게 이야기하는 것이다. 공적 행동은 판매자나 제조업자에게 직접 보상을 요구하거나, 보상을 위해 소비자원 및 소비자관련단체 등에 문의하고 법적 행동을 취하는 것이다(박명희 외, 2005, pp.86-87).

② 소비자 대응 행동에 영향을 미치는 요인

불만족을 경험한 모든 소비자가 대응 행동을 하는 것은 아니다. 대응 행동 여부는 제품의 중요성, 대응 행동의 기대이득, 개인적 특성에 의해 영향을 받게 된다. 소비자는 가격이 비싸고, 관여도가 높으며, 위해를 끼칠 우려가 큰 중요한 제품에 대해 강한 대응 행동을 취할 가능성이 많다. 또한 소비자는 대응 행동으로 기대되는 이득

benefit과 비용-cost을 고려하여 대응 여부와 대응유형을 결정하게 된다. 대응 행동으로 기대되는 이득에는 보상과 관련된 경제적 이득이나 제조업체 및 판매업체로부터의 진심어린 사과를 받고 소비자의 권리를 느끼게 되는 심리적 이득이 있으며, 대응 행동에 소요되는 비용에는 전화요금 및 업무시간 손실 등과 같은 경제적·시간적 비용과 불쾌감으로 인한 심리적 부담 비용이 있다(김영신 외, 2016, p.198).

인터넷과 SNS의 발달은 소비자의 대응 행동을 더욱 적극적으로 변화하게 하는데, 인터넷상에서 동일 제품에 대해 비슷한 불만족을 호소하는 소비자들이 결집하여 함께 대응 행동을 하거나, 이러한 정보를 SNS를 통해 빠르게 공유하여 다른 소비자의 피해가 발생하지 않도록 도움을 주고 있다. 소비자 문제에 대해 정당한 요구를 하고 이의를 제기하는 것은 소비자의 당연한 권리로서, 이는 보다 올바르고 건강한 소비사회의 발전을 위한 것이므로 소비자와 사업자가 모두 긍정적으로 받아들여야 할 것이다. 다만 소비자는 문제를 제기할 때 너무 감정에 치우치지 말고, 소비자 피해 및 문제 자체를 설명하며 정당하게 요구하는 이성적이고 현명한 대처가 필요하다.

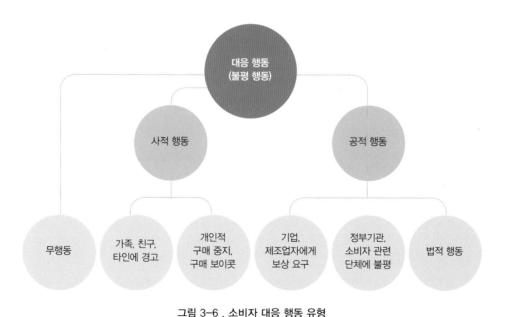

그림 3-6 . 소비자 대응 행동 유형

자료: Bearden, W. O. & J. E. Teel(1983). Selected determinants of consumer satisfaction and complaint reports. Journal of Consumer Research 20. p.22 재구성.

4. 변화하는 소비자 의사결정

기술의 발달과 가치의 다양화로 인해 소비생활과 소비자 의사결정에 많은 변화가 일어나고 있다. 빠르게 변화하는 소비환경, 경험과 공유를 추구하는 소비자 가치, 경제적 저성장과 환경문제는 소비자 의사결정에 영향을 끼치며 다양하게 나타난다.

1) 디지털 소비자 의사결정

컴퓨터를 기반으로 한 인터넷상에서의 E-commerce, 모바일을 기반으로 소셜 네트워크 서비스를 활용한 M-commerce와 Social commerce, 실시간 동영상 스트리밍을 통해 상품을 소개하고 판매하는 Live commerce에서 소비자는 디지털화된 소비시장을 접하게 된다. 디지털 환경에서 소비자들은 구매 관련 정보를 다양한 채널에서 얻게 되며, 구매 후에는 사용 후기를 단순한 텍스트가 아닌 사용경험을 담은 사진이나 영상 등을 소셜미디어를 통해 적극적으로 공유한다.

디지털 소비자 의사결정은 전통적 의사결정과정에 기초하고 있으나, 일회성으로 끝나지 않고 계속된다는 의미에서 수정 모델인 '소비자 의사결정 여정consumer decision journey'이 제시되고 있다. 이 모델에서 소비자 의사결정과정은 초기 고려단계initial consideration set, 적극적 평가active evaluation, 구매 결정moment of purchase, 구매 후 경험post purchase experience의 4단계로 나타나며, 이 단계들은 반복 순환하는 여정을 거치게 된다. 각 단계는 다음과 같다(이은희 외, 2020, pp.67-68).

① 초기 고려단계

소비자들이 원하는 상품을 일차적으로 정하는 과정으로서 소비자는 욕구 발생 시 그 욕구를 채워줄 수 있는 제품 구매를 고려하는 단계이다. 제품에 대한 정보와 채널이 늘어나면서 다양한 브랜드를 고려하기 보다는 마음에 드는 몇 개의 브랜드만 고려하는 특성을 보인다.

② 적극적인 평가단계

소비자가 욕구를 채울 수 있는 제품군에 대한 정보를 수집하며 인터넷이나 모바일을 통해 정보를 검색하거나, 주변 사람들을 통해서 정보를 획득하는 단계이다. 소비자가 주도적으로 다양한 정보 채널들을 탐색하고 비교, 평가하면서 제품 후보군을 면밀히 분석하는 특성이 있다.

③ 구매 결정단계

구매를 결정할 수도 있지만, 새로운 제품이나 대체제를 구매 직전에 인지하게 되거나 가격을 비교하게 되면서 새로운 브랜드를 고려 대상에 포함시킬 수 있다.

④ 구매 후 경험단계

소비자는 구매한 상품을 경험하고, 이 경험을 공유하면서 온라인 및 소셜미디어를 통해 잠재 소비자들에게도 영향력을 행사한다.

이상의 단계들에서 적극적인 평가와 구매 후 경험단계가 디지털 소비자 의사결정과정에서 중요한 비중을 차지하는 것을 알 수 있다. 인공지능AI, 사물인터넷IoT, 빅데이터, 가상현실VR, 증강현실AR, 가상융합XR 등의 기술적 고도화는 소비자의 스마트화를 촉진시키며 의사결정과정을 변화시키고 있다. 소비자는 다양한 접점에서 제품과 서비스에 관한 정보를 얻게 되며 실제적인 경험을 공유하면서 소비 여정을 순환하고 있다.

2) 구독 서비스 의사결정

경제 저성장 시대의 도래와 2020년부터 시작된 코로나19의 장기화로 언택트 시대가 이어지면서 구독경제subscription economy에 대한 관심이 증가하고 있다. 구독경제는 소비자가 일정액을 지불하고 원하는 상품이나 서비스를 주기적으로 제공받는 신개념 유통 서비스를 일컫는다. 대표적인 구독 서비스는 영상 스트리밍, 넷플릭스나 왓챠, 티빙 등 OTTOver The Top를 들 수 있으며, 식품, 패션, 가구, 가전제품, 자동차 등 생활 전반에 걸쳐 다양하게 확대되고 있다. 매달 일정 금액을 지불하면 메이저 패션 브랜드부터 소호 디자이너 브랜드 의류까지 제공받아 입어볼 수 있으며, 프리미엄 가구와 원하는 분할납부 기간을 선택하면 리빙 아이템을 내 집에서 편하게 즐길 수 있다(전호겸, 2021).

소유보다 경험을 중시하는 소비경향이 '구독 서비스'에 대한 관심과 호감으로 이어지고, 소비자는 소유보다 구독하는 것이 '가성비' 있는 합리적 소비라고 여기고 있다(Embrain, 2020). 소비자는 구독 서비스를 통해 다양한 경험을 하고자 하며, 경제적 비용과 시간 및 노력을 비교하여 합리적이면서 자신의 가치관에 적합한 의사결정을 내리고자 한다. 이는 소유를 통하여 만족을 얻고자 하는 기존의 의사결정에서 다양하게 확대된 것으로 소비자는 자신의 가치관과 상황을 고려하여 유기적으로 적절하게 소비생활을 구성해 나간다.

생각해보기

1. 최근 구매한 제품 중 확장적 의사결정, 제한적 의사결정, 습관적 의사결정에 해당하는 소비사례를 다른 사람의 사례와 비교해 보자.

2. 구매 후 불만족을 경험한 소비자의 각 대응 행동에 대한 사례들을 수집하여 대응 행동에 따른 영향력과 결과에 대해 이야기해 보자.

3. 구독 서비스 의사결정에 대한 소비사례 경험을 이야기 나누어보자.

참고문헌

국내문헌

김영신 · 이희숙 · 정순희 · 허경옥 · 이영애(2016). 새로 쓰는 소비자 의사결정. 경기: 교문사.

마이클 솔로몬 저, 황장선 · 이지은 · 전승우 · 최자영 역(2022). 소비자 행동론. 서울: 한빛아카데미

박명희 · 송인숙 · 박명숙(2005). 토론으로 배우는 소비자 의사결정론. 경기: 교문사.

이은희 · 제미경 · 김성숙 · 홍은실 · 유현정 · 윤명애(2020). 디지털 시대의 소비자와 시장. 서울: 시그마프레스.

전호겸(2021), 구독경제 소유의 종말. 서울: 베가북스.

정순희(2007). 소비자학. 서울: 신정.

국외문헌

Bearden, W. O. & J. E. Teel(1983). Selected Determinants of Consumer Satisfaction and Complaint Reports. Journal of Consumer Research 20.

Blackwell, R. D., Miniard, P. W. & Engel, J. F.(2006). Consumer Behavior. 10th ed. Thomson/South–Western.

Lancaster, K.(1971). Consumer Demand: a New a Approach. Columbia University Press. New York & London.

Nicosia, Franceso M. and Robert N. Mayer(1976). Toward a Sociology of Consumption. Journal of Consumer Research, 65–75.

기타자료

Embrain(2020). 구독 서비스(구독경제) 관련 조사.

CHAPTER 4

소비자 의사결정에 영향을 미치는 요인

4↔

소비자 의사결정에 영향을
미치는 요인

소비자 행동은 소비자를 둘러싼 환경요인의 자극에 대한 행동 주체인 소비자의 반응을
말한다. 소비자가 욕구 충족을 위해 어떤 상품을 선택하는 과정은 원하는 제품의 종류가
무엇인지, 구매 상황이 어떠한지, 소비자 개인의 특성이 어떠한지에 따라 다양한 의사결정
이 이루어지게 된다. 소비자 의사결정은 소비자 개인이 속하는 사회의 문화적 요인, 사회
계층, 준거집단 등과 같은 환경적 요인, 마케팅 및 물리적 상황, 소비자 개인 특성의 상호
작용에 의해 영향을 받는다.

이 장에서는 소비자 의사결정에 영향을 주는 다양한 요인을 환경적 요인과 개인적 요인으
로 나누어 대해 살펴보고자 한다.

관련용어 → 문화 사회계층 준거집단 지각 관여도 자아개념

라이프
스타일

누가 당신의 선택에 영향을 미치나?

1인 가구인 나바빠 씨는 최근 회사 일이 바빠 설거지가 계속 쌓이다 보니 식기세척기를 사고 싶어졌다. 기존의 식기세척기는 이사 올 때부터 장착된 것으로 크기도 크고, 깨끗이 씻기지도 않아 거의 사용하지 않고 있어 이번에 적당한 것으로 새로 사기로 하였다.

식기세척기 구매가 처음인 나바빠 씨는 식기세척기를 사용하고 있는 주변의 지인들에게 추천받기로 하였다. 나바빠 씨는 지난달에 식기세척기를 산 친언니에게 먼저 추천받았지만, 가족의 규모가 달라 추천 브랜드와 가격이 마음에 들지 않았다. 주변의 친한 직장 동료들과 친구들 단톡방에 추천해 달라고 요청하였더니 너무 많은 추천이 있어 판단이 어려웠다. 고민하던 나바빠 씨는 자신이 구독하고 있는 집 꾸미기 유튜브 채널과 팔로우하고 있는 SNS에서 식기세척기에 대한 언급이 있었던 것이 기억이나 그들이 추천하는 식기세척기의 브랜드와 기능, 가격을 비교해보고 사기로 하였다.

▶▶ Q&A

Q 여러분이 독립하여 처음으로 가전제품을 구매해야 하는 상황이라면 나바빠 씨처럼 물어보고 추천을 받을 사람들은 누구인가? 누구의 추천과 의견에 가장 많이 신경을 쓰고 받아들일 것 같은지 생각해보자.

A _____

  _____

  _____

1. 환경적 요인

소비자 의사결정에 영향을 주는 환경적 요인으로는 문화, 사회계층, 준거집단 등을 들 수 있다. 문화, 사회계층, 준거집단은 소비자의 가치와 태도, 의견 형성에 더 지속적이며 광범위하고 내면적으로 깊게 영향을 미친다. 상황적 요인은 어떤 특정 대상물에 대해 일시적으로 나타났다가 사라지는 요인으로 소비자는 같은 제품이라도 구매 상황이나 소비 상황, 마케팅 커뮤니케이션 상황에 따라 전혀 다른 의사결정과정이나 형태를 취하게 한다.

1) 문화

(1) 문화의 성격

문화는 사회 전체가 용인하고, 언어와 상징물을 통해서 사회의 구성원들에게 전달되거나 사회적으로 획득하는 모든 가치관으로 그 사회가 공유하는 의미와 전통을 반영한다. 문화는 사람들이 여러 세대를 거치는 동안 남겨놓은 사회적 유산으로 한 집단이 공유하는 공통된 가치관, 생활방식, 소비 습관 등 그 사회 특유의 라이프스타일, 즉 그 사회가 환경에 적응하며 살아가는 방식을 반영한다(박명희 외, 2005, p.129).

한 문화에 소속된 사회 구성원은 의미체계를 공유하며 각 사회를 지배하는 문화는 그 구성원들이 공유하는 핵심 가치들이 결합하여 나타난다. 문화적 가치관은 더 지속적이고, 광범위하며, 더욱 깊이 자리 잡고 있다는 점에서 라이프스타일과 차이가 있다. 한 문화와 다른 문화 간의 차이는 가치체계value system의 차이에서 비롯한다. 문화는 소비자 행동에 영향을 미칠 뿐만 아니라 소비자 행동을 반영한다. 문화는 건물이나 도구, 자동차 같은 물질적 요소인 물리적 실체뿐만 아니라 가치관과 신념, 언어,

관습과 의례, 법률과 같은 비물질적인 구성요소로 이루어진다. 특히 문화권마다 고유한 의례ritual이 존재하며, 소비자는 살아가면서 다양한 의례적 소비를 한다.

문화는 하위문화subculture에 영향을 미치며 하위문화는 사회계층에 나아가 조직, 준거집단, 가족, 대중매체 등을 통해 개별 소비자의 소비 행동에까지 영향을 미칠 수 있다(Peter & Olson, 2010, p.260). 문화는 사회 구성원이 공유하는 가치와 관습, 생활양식의 총체로, 사회 구성원에 의해 학습되고 발전된다. 문화가 배고픔, 성욕과 같은 생물학적 욕구를 발생시키는 것은 아니지만 이러한 욕구를 언제, 어떻게 만족시켜야 할지에는 영향을 미친다. 이는 소비자 선호뿐만 아니라 의사결정 방법, 소비자가 세계를 이해하는 시각에도 영향을 미친다(Aaker & Sengupta, 2000, p.80; Briley, Morris & Simonson, 2000, p.174).

많은 학자가 다양하게 문화의 성격을 이야기하고 있지만 소비자 의사결정과 관련된 문화의 성격을 정리하면 다음과 같다.

① 욕구 충족의 기준과 규범 제공

문화는 사회 구성원의 욕구 수준과 욕구 충족규칙을 나타낸다. 인간의 근본적인 욕구는 같지만 그 욕구를 충족시키는 수준은 문화마다 다르며, 사회 구성원은 자신의 행동이 적절하고 정상적인지를 평가하는 기준을 제공한다. 어떤 사회이든지 음식을 먹는 것은 같지만 어떤 음식을 어떻게 먹을 것인지는 사회마다 다를 수 있다.

② 문화의 학습

우리는 태어날 때부터 선천적으로 문화를 가지고 태어나는 것이 아니라 어릴 때부터 사회의 신념이나 가치관, 관습 등을 학습한다. 이러한 학습은 다음 세대로 전승되고 발전된다. 한 사회의 구성원은 자신이 속한 사회의 문화를 배우기도 하지만 외부의 새로운 문화를 받아들여 학습하기도 한다.

③ 문화의 공유

어떤 신념이나 가치 또는 관습이 사회 구성원들과 함께 공유될 때, 문화적인 특성으로 간주한다. 사회 구성원들은 신념, 가치, 관습, 언어, 상징 등을 공유하여 상호 간의 커뮤니케이션을 원활히 할 수 있으며 행동 기준으로 삼을 수 있다. 작게는 가족에서 크게는 국가까지 공유의 범위는 매우 다양하므로 하나의 문화 안에서도 다양한 하위문화가 있을 수 있다.

④ 지속적이면서 동태적인 문화

문화는 불변하는 것이 아니라 시대의 변화에 따라 변화하고 발전한다. 사회 구성원들이 원하는 욕구가 공유된 문화로 충족된다면, 이러한 문화는 가능하면 유지되어 세대를 따라 이어지며, 우리가 다른 문화에 노출되었을 때도 그 영향이 지속된다. 하지만 변화에 대한 저항에도 불구하고 사회 구성원들의 욕구를 더 잘 충족시켜주는 문화적 요소들은 성장하고 발전하지만 그렇지 않은 가치나 관습들은 소멸하게 된다.

(2) 문화와 소비자 행동

① 문화와 소비자 의사결정

소비 행동은 경제적 행위일 뿐만 아니라 심리적·사회적·문화적 행위이다. 기본적으로 욕구 충족을 위한 것이 소비 행동이지만 이러한 욕구 자체가 자생적이 아니라 사회문화적 맥락 속에서 창출되는 것이다. 즉, 한 사회의 문화적 가치관, 제도, 규범들이 소비자가 소비하는 상품의 속성, 생산양식, 사용 방법 등과 관련되어 있으며 소비는 사회문화적 행위로 인식된다.

한 사회의 문화적 의미가 상품과 서비스로 이전되고 이렇게 이전된 문화적 의미는 다시 소비자에게로 전달되어 소비자의 정체성을 표현하는 수단으로 이용된다. 즉, 소비자의 소비 행동은 상품이나 서비스가 가지는 문화적 의미나 상징을 수용하므로 자기 자신을 표현하는 데 사용한다고 볼 수 있다. 그림 4-2와 같이 문화적 가치를 상품과 서비스에 부여하고 대중매체와 광고는 이러한 문화적 의미를 전달하는 도구이며 상품과 서비스에 부여된 문화적 가치는 소비 행동을 통해 소비자에게로 이동되고 소비자는 다시 사회에 문화적 의미를 전달하게 된다(황병일 외, 2012, p.463).

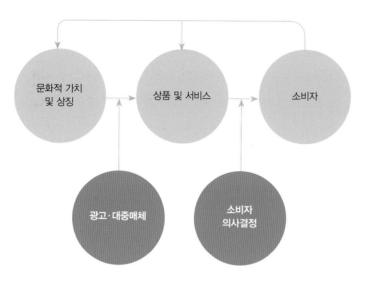

그림 4-1. 문화적 의미의 소비자 이동
자료: 박명희 외(2013). 가치소비시대의 소비자 의사결정. p.115. 재구성

소비자의 취향과 특정 상품에 대한 선택은 대중매체를 통해 제공된 이미지, 마케터들이 가공해낸 환상 세계를 경험하고 싶은 소비자의 욕구가 결합하여 이루어진다. 거시적 차원에서 볼 때 그 사회의 문화, 곧 공유된 가치나 행동, 감정들은 소비자 행동에 영향을 미친다. 소비자가 선택하는 상품이 사회적 지위를 커뮤니케이션하는 수단이면서 동시에 자기표현의 수단이므로 소비자들은 문화적 가치가 반영되고 기호와 상징으로 공유된 의미를 소비 행동을 통해 나타내는 것이다.

② 하위문화

전체 사회의 문화 내에서 나름대로 독특한 생활방식을 유지하는 집단들이 많이 있다. 전체문화의 공통성을 바탕으로 특별한 행동 패턴을 나타내고 세분화되어 있는 특정 집단만의 고유한 문화를 하위문화subculture라고 한다. 특정 하위문화의 구성원들은 같은 사회 내에서 다른 구성원과 구별되는 신념, 가치, 관심 등을 공유하는 경향이 있지만 한 문화권 내의 공통적이고 전통적인 요소를 공유하고 있으므로 그 사회의 지배적인 문화적 가치에서 벗어나지는 않는다. 예를 들어 10대 청소년문화는 한국 전체문화의 특성을 가지면서도 청소년만의 독특한 문화적 특성이 있다. 하위문화는 한 사회집단 속의 특수한 부분 또는 다른 부분과 확실히 구분될 만큼 특이하게 나타나는 생활양식이 있다. 성별, 나이, 종교, 지역 또는 인종적인 동질성을 기준으로 하위문화가 분류될 수 있으며 기업에서는 이러한 기준으로 소비자 집단을 구분하여 시장 세분화에 적극적으로 활용하고 있다.

2) 사회계층

(1) 사회계층의 성격

사회계층social class과 사회적 신분social standing이란 말은 서로 바꾸어 쓸 수 있는데, 사회에 의해 가치가 부여된 하나 혹은 그 이상의 차원들에 의한 개인의 위치를 의미한다. 사회계층은 한 사회 내에서 거의 같은 지위에 있는 사람들로 구성된 집단으로, 이들은 아주 비슷한 가치관, 흥미, 라이프스타일 및 행동패턴을 가질 가능성이 크다. 사회 구성원들의 부나 권력 또는 권위 등에 의해 사회계층이 형성되는데, 타인을 기준으로 사회 구성원을 더 높은 위치와 더 낮은 위치로 구분하여 순위를 정하는 사회층화social stratification에 의해 정의된다.

이러한 사회계층은 다음과 같은 몇 가지 특성이 있다(Loudon & Bitta, 1988, p.236-241). 첫째, 사회계층은 지위를 나타낸다. 사회적 시스템에서 개인의 서열을 의미하는 지위는 타인에 의해 지각된 관계이다. 타인에 의해 높은 신분으로 인정받는다는 것은 그 사회의 지배적 가치에 따라 달라지는데, 권위, 힘, 재산, 소득, 소비패턴과 라이프스타일, 직업, 교육 수준, 가문 등의 요소로 결정된다. 때로는 소비자의 소비 행동은 타인에게 자신이 누구이며, 어떤 사회에 속하는지에 대한 단서가 된다. 둘째, 사회계층은 다차원적이다. 사회계층은 직업, 소득, 교육 수준, 주거지역 등 어느 하나의 요인에 의해 결정되는 것이 아니라 여러 요인이 복합적으로 작용하며, 여러 관련 변수들로 설명된다. 셋째, 사회계층은 위계성을 띤 계층적 구조이다. 계층 간 수직적

순위와 지위가 형성되며 서열의 의미를 포함한다. 같은 사회계층은 서로 유대관계를 형성하려는 성향이 있으며, 다른 계층의 구성원들과의 관계에 인색하다. 넷째, 사회계층은 동질적이며 동태적이다. 각 사회계층의 구성원은 태도나 행동, 관심, 행동패턴에서 유사성을 나타내지만 영구적이지 않으며 상위계층이나 하위계층으로 이동할 수 있다.

(2) 사회계층의 측정

어느 사회를 막론하고 객관적으로 성공한 사람으로 생각되는 기준이 있으며, 그 기준에서 어느 정도를 달성하였는지에 따라 등급을 나눈 것이 사회계층이다. 사회계층을 평가하는 기준은 일반적으로 한 개인의 소득 수준, 교육 수준, 직업 종류, 거주 지역, 주택 형태, 소유 자산 등이 이용되며 이를 종합적으로 평가하여 사회계층을 결정한다. 그러나 사회계층의 다차원적 특성으로 인해 사회계층을 측정하는 것은 결코 쉬운 일이 아니다. 그럼에도 사회계층을 측정하고 분류하기 위해 여러 방법이 개발되었으며, 가장 대표적 기법으로는 주관적 측정법, 평가적 측정법, 객관적 측정법으로 구분된다.

주관적 측정법은 사회 구성원 개인 스스로 '자신이 어느 계층에 속한다고 생각하

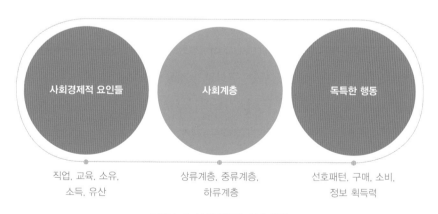

그림4-3. 사회계층과 소비 행동

자료: 델버트 호킨스, 데이비드 마더스바우 저, 이호배 외 역(2014). 소비자 행동론. p.149 재구성.

는가'에 대해 평가하게 하는 방법이다. 평가적 측정법은 다른 사람의 사회적 지위를 평가하도록 하여 계층 구조를 파악하는 방법으로 사회 구성원이 서로 잘 알고 있는 경우에 가능한 방법이다. 객관적 측정법은 일정한 기준에 의해 계층별로 사회 구성원을 분류하는 방법으로 직업, 교육 수준, 소득, 가족 배경, 소유 재산 등 사회적 지위에 영향을 미치는 어떠한 요인이라도 사용될 수 있다. 가장 널리 사용되고 있는 지수는 워너(Warner, 1960)의 지위특성지수ICS: index of status characteristics이며, 이후 개발된 콜맨-레인워터Coleman-Rainwater지수(Coleman, 1983)는 사회적 신분계층social standing hierarchy을 7개로 분류하고 있다.

(3) 사회계층과 소비자 의사결정

소비자는 소비를 통해 계층에 대한 정체성을 확인하거나 다른 계층과의 차별성을 원하는 욕구가 존재하므로 더욱 멋지고 좀 더 나은 제품과 서비스를 구매하고자 한다. 어떤 상품을 선호하며, 어떤 상점을 주로 이용하는지, 어떤 옷을 좋아하고, 어떤 가정용품을 사용하는지, 그리고 어떤 여가생활을 즐기는지, 어떻게 신용카드를 사용하고 어떤 상점을 이용하는지 등은 자신의 사회적 지위나 특성을 나타내며 다른 소비자들도 그러한 행동을 한다고 인식한다.

사회계층의 또 다른 표시는 우리가 입는 옷, 우리가 사는 집, 우리가 타는 자동차 등의 소유물을 통해 나타난다. 그것을 소유하고 있는 사람들의 사회적 계층에서의 위치를 나타내주는 지위상징물status symbols이 된다. 베블런Veblen(1912)은《유한계급론》에서 사람들은 소유물을 통해 상류층 구성원인 것을 보여주려 한다고 했다.

부르디외Bourdieu의《문화자본론》은 기존에 사회계층을 구분하는 지표로서 경제 자본, 사회자본 외에 문화자본이란 개념을 도입하여 사회계층과 여가소비(취향)의 문제를 설명하는 이론이다. 부르디 외는 직업을 통해 나타나는 사회계층(계급)과 경제적 부를 기반으로 한 경제 자본, 그리고 부친과 본인의 학력을 통해 나타나는 문화자본이 축적된 상위계층(계급)의 경우, 취향 또는 여가소비 양식이 계층에 따라 구별되는 '구별 짓기' 현상이 나타난다고 보았다. 개인의 취향에 따른 문화의 소비는 계급적 지위에 내재한 아비투스habitus로 나타나기 때문에 문화소비(취향)가 사회계층(계급)을 구분하는 기반이라고 보았다(피에르 부르디외 저, 최종철 역, 2005). 문화예술 분야는 사전 지식이 있어야 향유할 수 있으므로 학력 등 문화자본의 영향을 받으며, 일부 문화예술 분야를 누리기 위해서는 큰 비용이 소요되어 경제 자본의 영향을 받는다. 따라서 사회계층 간 문화예술 소비의 차이가 어떻게 일어나고 있는지를 가를 가장 설득력 있게 설명할 수 있는 이론이기도 하다.

(4) 사회계층의 변화

사회계층은 동태적이며 과거처럼 고정된 시스템이 아니다. 생활 수준이 향상되면서 중간계층의 사회 구성원이 확대되어 일부 개인과 가정 등은 사회계층이 상승하였다. 교육이나 직업적 성취에 따라 상향적 이동이 가능하기도 하지만, 각 나라의 사회 경제적 시스템에 따라 계층 간 이동이 쉬워지기도 하고 어려워지기도 한다. 그러나 최근 경기침체로 인해 상당수의 중간계층 가족의 사회적 지위가 하향되는 현상이 나타나기도 하므로 사회계층은 동태적 개념임을 알 수 있다. 최근 사회계층 간의 구별이 과거보다 점점 모호해지는 현상도 나타나고 있다. 대중매체를 통해 정보가 모든 사회계층에 동시에 대량으로 전달되므로 다른 사회계층의 가치, 규범, 문화 등을 쉽게 이해할 수 있으며, 인터넷의 발달로 사회계층을 의식하지 않고 다른 사회계층 간의 상호작용이 증가하고 있다. 이러한 요인으로 인해 소득, 학력, 직업을 중시하는 기존의 사회계층과는 달리 자산이 디지털로 확대되는 흐름 속에서 자신들과 상호작용하는 네트워크상의 가치나 행동의 공유를 기준으로 생활하려는 성향이 뚜렷해지고 있다.

3) 준거집단

준거집단reference group은 개인이 자신의 판단, 믿음, 행동을 결정하는 데 기준으로 삼는 집단을 의미한다. 사람들은 사회적 존재로 가족과 친구, 직장동료와 이웃, 자기가 선망하는 사람들로부터 영향을 받는데, 이렇게 개인의 생각과 행동에 영향을 주는 집단이 준거집단이다. 소비자도 이런 준거집단에 영향을 받아 소비 행동을 하는 경우가 많다.

(1) 준거집단의 유형

준거집단은 목적에 따라 다양하게 분류될 수 있다. 집단 구성원으로 소속될 수 있는지에 따라 회원집단과 비회원집단으로 분류된다. 회원집단은 다시 접촉 빈도에 따라 1차 집단과 2차 집단으로, 공식적인 역할과 조직구조에 따라 공식집단과 비공식집단으로 분류된다. 비회원집단은 열망집단과 회피집단으로 나누어진다(Assael, 1995, p.402). 최근에는 디지털 사회의 발전과 SNS의 발달로 준거집단이 유형과 경계가 모호해지는 현상도 나타나고 있다

① 1차 집단과 2차 집단

1차 집단은 무제한의 대면적 상호작용이 가능하므로 개인의 행동에 가장 큰 영향을 미친다. 또한 신념이나 행동 면에서 상호 간에 유사성이 매우 높으므로 상당한 응집력이 있으며 가장 대표적인 유형이 가족이다. 2차 집단은 1차 집단과 마찬가지

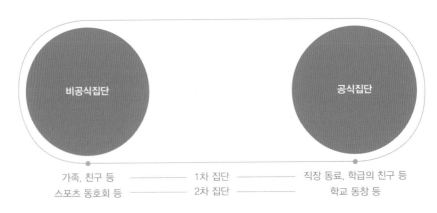

그림 4-3. 회원집단의 유형
자료: 김영신 외(2012), 소비자와 시장환경, p.199 재구성

로 대면적 상호작용이 이루어지지만, 개인의 사고와 행동에 미치는 영향이 훨씬 덜하며, 산발적으로 이루어지고 각 업계 종사자의 모임이나 협회가 그 예이다.

② 공식집단과 비공식집단

공식집단은 집단 구성원의 요건이 명확히 알려져 있으며 조직의 구조가 문서로 만들어지어 기준이 존재한다. 비공식집단은 조직의 구조가 엄격하게 형성되어 있지 않으며 상호 간의 친목에 근거를 둔다.

가족, 친구 등의 1차 비공식집단은 구성원 간에 접촉의 빈도가 매우 높으며 친밀한 관계를 유지하기 때문에 의사결정에 큰 영향을 미친다. 1차 공식집단도 구성원 간의 빈번한 접촉이 이루어지지만 보다 공식적인 관계를 유지한다. 2차 비공식집단은 구성원 간에 공식적인 관계를 유지하지 않고 가끔 접촉하는 집단을 말하며, 스포츠 동호회 등이 여기에 속한다. 2차 공식집단은 구성원 간에 지속적인 상호작용이 별로 없고, 공식적인 관계에 의해서만 교류하며, 학교 동창 등이 있다.

③ 열망집단과 회피집단

사람들은 자신이 현재 소속되지 않은 집단에 의해서도 영향을 받는다. 기대 열망집단은 때에 따라서 소속이 가능한 집단으로 개인과 이 집단 사이에 직접적인 접촉이 이루어진다. 상징적 열망집단은 개인이 소속되기 어려운 집단이지만 상징적 열망집단의 신념과 태도는 그 개인에게 수용된다. 유명 연예인이나 스포츠맨이 광고에 등장하면 소비자는 상징적 열망집단에 의해 의사결정에 영향을 받는다.

회피집단은 집단 구성원들의 가치나 행동을 회피하고자 하는 집단으로 자유분방한 생활을 좋아하는 소비자는 전통적인 이미지를 가진 연예인이나 정치인들의 언행을 따르지 않으려 한다.

(2) 준거집단의 영향

준거집단은 정보제공, 비교기준, 규범적으로 개인에게 영향을 미친다(Bumkrant &

Cousineau, 1975, p.207).

① 정보 제공적 영향

소비자는 준거집단 구성원의 의견을 신뢰성 있는 정보원천으로 받아들이는 경우가 많으므로 이러한 신뢰성이 높은 정보 원천이 제공하는 정보로부터 영향을 받을 가능성이 커진다. 또한 제공된 정보의 신뢰도는 소비자가 지각하는 준거집단의 전문성에 의해 결정된다. 광고에 등장하는 모델이 전문가라고 지각된다면 이들이 제공하는 정보의 영향력은 커진다.

② 비교 기준적 영향

소비자는 자기 생각과 행동을 자기가 중요하게 생각하는 집단과 비교하려는 경향이 있으며 그 집단에 맞추려 한다. 비교 기준적 영향력은 소비자 자신이 집단의 다른 소비자와 비교하고 그 집단으로부터 지지받는지를 판단하는 과정이다. 소비자 개인의 가치관을 나타내고 있으므로 가치 표현적 영향이라고도 한다.

③ 규범적 영향

준거집단의 규범적 영향은 소비자가 보상을 기대하거나 처벌을 피하고자 다른 사람들의 기대에 순응하고자 할 때 발생한다. 규범적 영향을 실용적 영향이라고 부르기도 하는데 사람들은 다음의 3가지 경우에 준거집단의 규범에 순응할 가능성이 크다.

첫째, 준거집단이 보상과 처벌을 줄 수 있다고 지각될 때나 둘째, 개인의 행동이 집단에 의해 쉽게 관찰될 것으로 믿을 때나 셋째, 개인이 능동적으로 집단의 보상을 받고자 하거나 처벌을 피하고자 할 때 사람들은 특정 집단에 소속된 것을 나타내고 싶거나 혹은 그 집단에 소속되고 싶을 때 그 집단 구성원들의 규범, 가치, 행동을 따른다. 사람들은 심리적으로 특정 집단과 연관하려는 욕구가 있다. 특정 집단의 규범, 가치, 행동을 받아들이게 되고 그 결과 타인의 눈에 비쳐진 자아이미지를 강화해주는 집단의 주장을 받아들이거나 특정 집단의 구성원과 비슷한 행동을 하게 된다.

(3) 준거집단과 소비자 행동

① 소비자 행동 결정요인

· 집단요인

집단요인은 집단 내 구성원이 느끼는 결집력인 응집력cohesiveness이 클수록, 개인이 어떤 대상에 대해 유사한 견해나 가치관을 가졌다고 느끼는 공동지향성co-orientation 이 클수록, 집단의 규범과 가치, 집단의 목표 달성에 동조하도록 하는 집단압력이 높고 외면적일수록 소비자 행동에 대한 준거집단의 영향력은 더욱 커진다.

· 개인요인

개인이 집단에 대해 느끼는 매력성이 호의적일수록 준거집단의 영향력을 많이 받는다. 또한 소비자는 다른 사람이 어떤 상황에서 어떤 행동을 하였는지 충분한 지식이 있을수록 영향을 받을 가능성이 크며, 자기 능력에 대한 확신이 강할수록 준거집단에 대한 영향력은 줄어든다. 그리고 소비자의 성격이 타인 지향적일 경우에는 친구나 동료의 가치와 태도에 민감하여 준거집단의 영향을 많이 받는다.

· 제품요인

제품의 가시성이 눈에 띄어 타인이 보는 경우나 소비자가 제품을 선택할 때 위험을 많이 지각할수록 준거집단의 영향력이 커진다. 제품과 브랜드 선택에 제품 사용이 공공적인가 개인적인가, 필수적인가 사치적인가에 따라 준거집단의 영향력은 달라진다(Bearden & Elzen, 1982). 손목시계를 구매할 때 제품 자체를 구매할 것인가의 여부는 다른 사람의 영향을 받지 않지만, 어떤 브랜드를 선택할 것인가는 준거집단에 영향을 받을 수 있다.

② 커뮤니티의 준거집단 영향

소셜미디어social media를 통해 소비자는 자기 경험과 생각, 의견과 관점 등을 공유하며 정보와 사회적 관계를 맺는다. 소셜미디어는 블로그에서부터 동영상 컨테츠를 공유, 공동문서 작성, 다양한 SNS 플랫폼 등 매우 다양하며, 소셜미디어의 활성화는 온라인 브랜드 커뮤니티online brand community을 발전시켰다. 특정 브랜드에 관한 관심을 가지고 공유된 의식, 라이프스타일, 가치나 규범을 가진 브랜드 커뮤니티는 소비자 간의 유대 모임으로 새로운 준거집단의 유형으로 볼 수 있다. 대표적인 모터사이클 브랜드인 할리데이비슨은 커뮤니티의 활발한 활동으로 세계 50대 기업으로 발전하게 되었다(Fournier & Lee, 2009, p.105).

이러한 브랜드들의 커뮤니티는 소셜미디어의 발달에 따라 다양한 형태로 생성되고 있다. 특정 브랜드를 중심으로 커뮤니티가 생성되기도 하고, 같은 취미나 관심사, 연령대를 중심으로 커뮤니티가 생성되기도 한다. 특히 나이대가 젊은 엄마들 사이에 커뮤니티 활동은 일반적이며 커뮤니티 상에서 육아와 육아용품에 대한 다양한 정보들을 활발하게 교환한다. 소비자가 커뮤니티 활동하는 이유는 커뮤니티를 통해 기존 제품 사용자나 전문가로부터 신뢰성 있는 정보를 쉽게 얻을 수 있으며, 효율적인 정보 교환과 검색을 할 수 있기 때문이다. 때로는 브랜드를 매개로 자기 이미지를 표현하고 타인과 공유된 가치를 발견하기도 한다. 그리고 기업의 횡포나 제품 문제에 대해 소비자 의견을 제시하여 소비자의 권익을 추구할 수도 있다.

최근 온라인상에 소위 인플루언서influencer라 불리는 영향력 있는 개인은 소비자들이 선호하는 콘텐츠 제작자로 자신의 플랫폼을 통해 직접적으로 제품과 서비스의 사용/추천/홍보하기도 하고, 간접적으로 제품과 서비스를 노출한다. 이들은 충성도 높은 팔로워들을 보유하고 있으며 팔로워들이 곧 소비자이며 이들은 인플루언서가 제공하는 콘텐츠들에 영향을 받는다(곽지혜, 여은아, 2021; 김혜진 외, 2022; 이영애, 하규수, 2020).

(4) 가족의 준거집단 역할

대부분 소비자는 가족의 구성원으로 다른 가족 구성원의 영향을 받으며, 기본적인 의사결정에 영향을 미치는 가장 영향력 있는 집단이다. 가족의 구성원들은 다른 구성원들의 구매 의사결정에 영향을 줄 뿐만 아니라 공동 의사결정에 자주 관여한다. 자동차, 가구, 가전제품, 기타 내구재나 전자제품 같은 품목에 대한 공동구매 결정이 가족들 사이에서 빈번하게 이루어지고 있다. 소비 행동에서 가족의 중요성을 살펴보면 다음과 같다.

첫째, 가족은 구성원 간에 상호작용이 빈번하고 준거적 기준이나 가치를 형성하는 데 영향력이 크다.

둘째, 가족은 공동으로 생활을 하므로 그 자체로 소비 단위 및 의사결정 단위이다. 가족 내 각종 의례나 행사, 공동 사용 목적의 내구재를 구매하는 경우이다.

셋째, 가족은 의사결정과정에서 구성원 간의 영향력이 다르며, 역할 분담을 한다.

넷째, 가족생활주기와 가족 구조의 변화는 가족 구성원의 소비 행동 변화를 초래한다.

① 가족 의사결정

가족 의사결정은 개별 의사결정과 달리 공동 의사결정의 가능성, 의사결정과정에서 가족 구성원의 다른 역할 분담, 구매 결정 시 가족 구성원 간의 갈등 해소 필요성 측면에서 개별 의사결정과 차이가 있다. 쉐스(Sheth, 1974, pp.17-33)는 구매 시에 지각된 위험이 크거나, 구매 결정이 가족에게 중요한 경우, 시간적 압박이 거의 없을 때는 공동 의사결정이 이루어질 가능성이 있다고 하였다. 가족 구성원 간의 역할이나 이들의 의사결정에 대한 영향력의 크기에 따라, 단독 의사결정뿐 아니라 가족 구성원의 일부 또는 전부가 참여하는 공동의사결정을 한다.

예를 들어 여름휴가를 계획하고 있는 한 가족을 떠올려보자. 가족이 함께 여행할 장소를 결정하는 것은 분명히 중요하며, 여행지 선택에 대해 그들이 지각한 위험은 크다. 이처럼 가족들은 공동결정에 대한 필요성이 인식되면 정보를 탐색하게 된다.

가족원이 모두 정보수집자가 될 수도 있고, 정보를 획득하고 평가하는 데에 전문지식을 가지고 있으며 여러 정보원천을 잘 아는 구성원이 정보수집자가 되기도 한다. 여행지에 대한 다양한 정보가 수집된다면 여러 대안 중 어느 것이 가장 적합한지를 결정하게 된다. 평가되는 방법에 가장 많은 영향력을 미치는 가족 구성원이 존재하게 되며 이들을 영향력 행사자라고 한다. 최근에는 부모가 자녀들의 말에 귀를 기울이

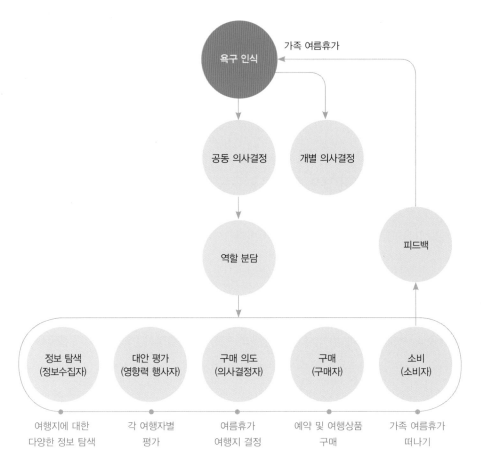

그림 4-5. 가족 의사결정 모델-가족의 여름휴가 사례

자료: 박명희 외(2013). 가치소비시대의 소비자 의사결정. p.125.

는 경향이 있다. 그렇지만 결정한 다음 비용지출이 필요하므로 최종결정을 하는 의사결정자를 부모가 맡기도 한다. 가족 구성원 중 누군가 직접 여행상품 예약을 하는 등 구매를 담당하게 되며 온 가족이 여행상품을 소비하는 소비자가 된다. 이러한 의사결정과정에서는 갈등적인 요소들이 다양하게 존재할 수 있지만 일반적으로 가족 구매 의사결정에서 발생하는 갈등은 해당 제품에 합법적인 권한을 가지거나, 그 제품에 가장 많이 관여된 사람의 의견을 따르거나 다른 구성원의 감정이입을 통한 양보를 통하여 해결된다.

② **부부의 의사결정**

가족 의사결정은 남편 주도적, 아내 주도적, 양자의 적절한 균형, 개별적 등의 4가지로 나눌 수 있다. 과거에는 남편 주도적인 의사결정은 일반적으로 자동차, 술, 생명보험 등의 제품군에서 일어날 가능성이 크다. 아내 주도적 의사결정은 음식, 주방용품 등의 생활용품에서 특히 보편적이다. 양자의 적절한 균형적 의사결정은 집, 가구, 휴가 등에서 나타나며 이러한 추세는 점점 바뀌고 있다. 아내 주도적인 의사결정이 다양한 제품군에서 나타나고 있다(Belch & Willis, 2002, p.122; Razzouk, Seitz & Capo, 2007, p.273). Solomon(마이클 솔로몬 저, 황장선 외 역, 2018, p.438-439)은 남편과 아내의 의사결정에 영향을 미치는 요인을 다음과 같이 설명한다.

- 성 역할 고정관념: 전통적인 성 역할의 고정관념을 믿는 부부들은 성을 구분하는 제품에 대해 영향력을 행사하지만, 맞벌이 부부가 증가한 오늘날은 각 영역에서 성 역할의 영향력이 감소하고 있다.
- 배우자의 자원: 가족들에게 더 많은 자원을 기여하는 배우자가 더 큰 영향력을 행사한다.
- 경험: 부부가 의사결정 단위로서 경험이 있을 때 개인적인 결정이 더 자주 이루어진다.
- 사회경제적 지위: 중류층 가족은 상류층이나 하류층보다 공동 의사결정을 더 많이 한다.

③ **자녀의 영향**

소비자로서 기능을 수행하는데 필요한 지식을 습득하고 판단력을 배우는 과정인 소비자 사회화consumer socialization는 부모에게 영향을 받는다. 어렸을 적에는 부모에 의존하지만 자랄수록 동료집단에서 더 영향을 받기도 한다. 자녀는 직접 상품을 구매하기보다는 부모와 함께 구매하는 소극적 구매층으로 인식되었지만, 최근에는 가족 의사결정에서 어린 자녀나 10대 청소년들을 중요한 영향자로 보고 있다. 그림 4-6은 어린이용 시리얼 제품 구매와 관련한 의사결정과정이다. 기업은 어린이에게 맛과 이미지를, 부모에게는 영양소를 소구하고 있으며, 자녀는 제안자 및 상표 선택의 영향자 역할을, 부모는 제안자나 정보수집자가 되고 의사결정은 자녀와 함께한다. 자녀들은 쇼핑과 외식에서부터 최신 패션 및 영화에 이르기까지 모든 분야에서 막강한 영향력을 행사하고 있으며, 가족이 자동차를 구매할 때 자녀의 의사를 적극적으로 반영한다는 연구 결과도 있다.

자녀가 직접 자신의 욕구를 충족시키는데 돈을 지출할 수 있는 권한과 의도가 있고, 부모에게 어떤 것을 사고 어떤 것을 사지 말라고 말하면서 가족 구매에 직간접적으로 영향을 미친다. 자녀의 성장에 따라 모든 상품과 서비스의 소비자가 될 것이 자명하므로 자녀의 올바른 구매 습관과 태도 형성을 위한 부모의 노력이 필요하다.

④ **반려동물의 영향**

1인 가구의 증가와 출산율 감소, 라이프스타일 변화 등 사회·문화 환경변화에 따

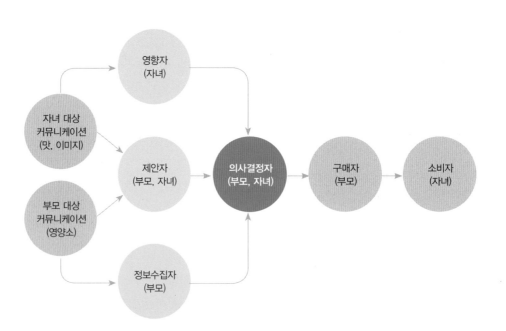

그림4-6. 어린이용 제품의 가족 구매 의사결정
자료: 황용철, 송영식 (2021) 소비자 행동론, p.442.

라 반려동물과 함께 생활하는 가구가 꾸준히 증가하고 있다. 미국 전체 가구 중 약 67%인 8,490만 가구(김준수, 2021.06.17.), 한국은 약 30%인 700만 가구가 반려동물을 키우고 있다고 추정한다. 이는 통계청 〈2020 인구주택총조사〉, 농림축산식품부 동물등록정보 현황을 활용한 수치다.

반려동물은 가족 구성원과 친구처럼 정서적 교감의 대상으로 사람들의 인식이 차츰 바뀌고 있으며(김세영 외, 2017; 황원경 외, 2021), Holbrook 외(2001)는 반려견과 보호자와의 관계는 자아 확장과 동반의 관계로 인식한다. 반려동물에 대한 보호자의 애착이나 관계는 반려동물 제품에 대한 소비 행동에 밀접한 관계를 가진다(Dotson and Hyatt, 2008; Boya, Dotson, and Hyatt, 2012; 안섭민, 2016; 양수진, 2020).

4) 상황적 요인

소비자 행동은 구매 시점의 상황적 요인에 따라 달라질 수 있다. 때로는 제품이나 소비자와는 관계없이 특정 환경에서 일시적으로 일어나는 상태나 조건이 소비자 행동에 영향을 미치기도 하는데, 이것이 소비자 상황consumer situation이다(박명희 외, 2005, p.138). 이런 소비자의 상황적 요인은 소비 상황, 구매 상황, 커뮤니케이션 상황 등으로 구분하여 살펴볼 수 있다.

소비 상황은 구매 후 사용하는 상황을 말하며, 사용할 때의 사회적·물리적·시간적 환경이 포함된다. 집에서 혼자, 손님 접대 시, 직장에서 혹은 여행 중 상황에 따라 매우 다양한 사회적·물리적 상황이 있을 수 있으며, 또한 소비하는 시간에 따라 선호가 달라지기도 한다. 예를 들어 손님을 접대할 때는 와인을 마시고 평소에는 맥주를 마실 수도 있으며, 커피는 아침에만 마시고 우유나 주스는 다른 시간대에 마실 수도 있다.

구매 상황은 소비자가 시장에서 상품을 구매하는 상황으로 구매할 때의 환경적 영향이 모두 포함된다. 소비자가 직면하는 구매 상황은 상점의 지리적 위치, 내부 환경, 입지, 구매 목적, 동행자, 구매 시기, 구매 시 소비자의 기분 상태 등 매우 다양하며 이러한 구매 상황은 소비자의 선택에 영향을 미친다.

커뮤니케이션 상황은 판매원과 같은 인적 매체와 광고나 상점의 진열과 같은 비인적 매체를 통해 제공되는 정보에 노출될 때의 상황이나 주변 배경을 의미한다. 이러한 상황에는 친구나 판매원과 이야기하는 것에서부터 진열이나 광고를 통한 의사소통도 포함된다.

2. 개인적 요인

소비자 의사결정에 영향을 주는 개인적 요인으로는 지각, 학습, 지식, 소비자 자원, 관여도, 자아개념, 라이프스타일 등을 들 수 있다.

1) 지각 · 학습 · 지식

(1) 지각

지각perception은 사람이 시각, 청각, 미각, 촉각, 후각 등의 감각기관을 통해 얻게 되는 외부 자극을 의미 있게 해석하고 받아들여 정보를 처리하는 것을 말한다. 소비자가 지각하는 과정은 첫째, 자극에 노출exposure되고, 둘째, 노출된 정보에 주의attention하며, 셋째, 선택적 지각selective perception한 후 넷째, 이해comprehension의 단계 순으로 이루어진다(김주호 외, 2012, p.129).

일반적으로 개인은 자기 경험, 정서적 특성 혹은 자극 대상을 둘러싸고 있는 환경에 따라 주어진 자극을 다르게 지각하는데, 소비자들의 지각 유형은 크게 3가지로 구분된다(박명희 외, 2013, p.126-127).

첫째, 선별적 노출은 소비자가 필요하고 관심을 두는 정보에만 자신을 노출하며 그렇지 않은 정보는 회피하고, 자신의 욕구를 표현하는 자극에 선별적으로 반응한다.

둘째, 선별적 왜곡은 소비자가 자신이 가지고 있는 선입관과 일치하는 방향으로 해석하고자 한다.

셋째, 선별적 보유에서는 소비자가 자신의 태도나 신념을 뒷받침하는 정보는 오래 보유하고자 하는 것을 말한다.

우리가 사는 사회에서는 여러 방법을 통해서 제품 및 서비스를 소비자에게 알리기 위해 노력하고 있는데, 이러한 자극stimulus은 소비자에게 노출되어 주의를 끌고자 서로 경쟁한다. 그러나 개인의 정보처리 능력은 한계가 있으므로 자신이 정보를 선택해야 한다. 즉, 광고와 같은 무수한 상업적 자극들이 소비자의 주의를 끌기 위해 홍수처럼 넘쳐나고 있지만 개인의 정보처리 능력의 한계로 선택적으로 반응하게 된다는 뜻이다. 소비자에게 중요하고 관심 있는 정보에만 주의를 기울이게 되고 감각기관을 통해 전달되며 전달된 메시지를 자신의 신념이나 욕구와 일치하는지 해석하고 받아들이게 된다. 하지만 정보처리 능력은 개인에 따라 상당한 차이를 나타내므로 소비자는 자신에게 주어진 정보가 믿을 수 있는 것인지에 대해 판단이 필요하며, 정보 내용에 대한 세심한 주의와 이해가 필요하다.

(2) 학습

학습learning은 개인의 간접적·직접적 경험이 결과로 나타나는 비교적 지속적인 행동의 변화를 말한다. 학습은 후천적인 경험을 통해 습득되고 발전된다. 그림 4-7과 같이 소비자는 문화, 하위문화, 사회계층, 가족, 친구, 교육, 대중매체, 소비 경험 등을 통해 학습하게 되고, 학습을 통해 가치관, 태도, 취미, 선호 등을 형성하며, 이러한 학습의 결과가 제품을 탐색하고 구매하는 과정에 영향을 미친다(황용철, 송영식, 2021. p.270). 지식과 과거의 경험을 현재에 적용하는 것이 소비자의 학습이다. 소비자는 일상생활에서 여러 가지 제품을 소비하거나 경험하기도 하고 의도적이든지 비의도적이든지 다양한 제품의 정보에 노출된다. 한 사람의 소비자로서 그 사회에서 살아가기 위해서는 여러 가지 정보와 소비 기술이 필요한데, 이것을 습득하고 배우고 익히는 과정이 소비자의 학습 과정이다.

소비자에게 학습은 기업 측의 판촉 노력과 소비자 자신의 구매 경험을 바탕으로 생성된 지속적인 행동의 변화라고 할 수 있다. 제품, 브랜드, 상점 등에 대한 지식, 신념, 태도 및 구매 행동에 변화를 일으키는 소비자 학습은 결과적으로 소비자 행동에 반영된다.

학습이론은 접근방식에 따라 사고 과정에 의해 이루어지는 학습을 의미하는 인지적 학습이론cognitive learning theory과 자극과 반응의 관계로 이해하는 행동주의적 학습이론behaviorist learning theory으로 나뉘며, 두 가지 접근을 모두 절충한 대리적 학습이론vicarious learning theory인 모델링modeling이 있다. 인지적 학습이론에서 학습은 문제 인식에 따른 문제해결 과정problem solving process으로 소비자는 정보를 통해 배우고 사고하는 과정에 의해 이루어지는 의사결정과정 자체가 인지적 학습 과정이다. 행동주의적 학습이론은 자극과 반응의 관계로 일어나는 학습을 의미하여 자극-반응 모델이라고도 하며, 파로브Pavlov의 고전적 조건화 이론과 스키너Skinner의 도구적 조건화 이론이 대표적이다. 소비자는 자신이 직접 행동하는 것이 아니라 다른 사람이 행동하는 것을 보고 학습하기도 한다. 다른 사람, 즉 모델이 행동하는 것을 보고 학습하게 되며, 이를 대리적 학습vicarious learning 또는 모델링modeling이라고 한다. 예를 들어 멋진 영화배우가 화장품을 사용하는 모습을 광고에서 보여주면 소비자는 대리적 학습을 하게 되며, 생리대나 두통약 광고의 경우에는 평범한 모델을 기용하여 모델링 학

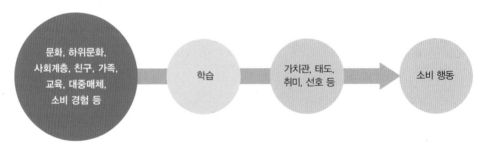

그림 4-7. 학습과 소비자 행동
자료: 황용철, 송영식 (2021) 소비자 행동론, p.270. 재구성

습효과를 노리기도 한다.

기업은 자사 제품에 대한 긍정적인 소비자 학습을 유도하기 위하여 구매 전 광고 등을 반복적으로 노출해 제품의 이미지에 대한 평가 없이 학습되도록 한다. 이때 광고는 소비자가 정신적으로 이미지를 그릴 수 있는 단어, 즉 심상 효과가 높은 단어나, 강조하고 싶은 단어 혹은 문장을 이용하여 제품과 관련이 있는 장소를 함께 제공하여 학습효과를 높이고 있다. 그리고 구매 후에는 철저한 사후 서비스 등을 통하여 긍정적 구매 경험(만족감)을 제공하기 위해 노력하고 있다.

(3) 지식

소비자 개개인이 기억 내에 저장하고 있는 정보인 지식knowledge은 소비자 행동에 영향을 미치는 주요한 요인이다. 일반적으로 지식은 기억 내에 저장된 정보로 정의할 수 있는데, 시장에서 소비자의 기능과 관련된 모든 정보가 소비자 지식이다.

소비자 지식은 브랜드, 가격수준, 점포와 관련된 제품지식, 소비자가 무엇을, 어디서, 어느 시기에 구매할 것인지와 같은 구매장소, 구매 시점과 관련된 구매지식, 마지막으로 기존 제품이 어떻게 사용되며 그 제품을 실제 사용할 때 무엇이 필요한지에 대한 사용지식으로 나누어 볼 수 있다(김영신 외, 2012, p.180).

2) 소비자 자원

소비자 자원consumer resources은 일반적으로 소비자가 가진 금전, 시간, 주의력 attention을 말한다(박명희 외, 2005, p.140). 소비자의 금전 상태는 구매 의사결정에서 예산제약 요소로 매우 중요한 영향력을 행사한다. 시간의 가치가 중요해짐에 따라 시간의 기회비용도 높아지고 있다. 경제적 여유가 있더라도 시간제약 때문에 구매를 하지 못하거나 정보 탐색에 충분한 시간을 할애하지 못하는 경우가 많다. 시간 제약으로 인해 정보 탐색을 소홀히 하면 합리적 의사결정을 하지 못하는 경우가 발생할 수 있으므로 효율적으로 정보를 탐색할 수 있는 소비자 능력을 향상해야 할 것이다. 주의력은 인지적 수용력cognitive capacity의 일부로 알려져 있으며 이 수용력은 제한되어 있기 때문에 소비자들은 정보처리과정에서 선택적으로 주의할 대상과 주의 정도를 결정하게 된다. 시장을 볼 시간이 없는 소비자들은 '시장 봐 주기' 서비스를 이용하기도 하고 해외에서 판매하는 물건을 구매하고 싶지만 언어나 정보처리에 문제를 겪는 소비자들은 구매대행을 통해 원하는 것을 구매하기도 한다.

3) 관여도

관여도involvement는 특정 상황 내에서 제품과 상표 선택에 따라 인지된 관련성 및 개인적 중요성의 지각 정도를 말한다. 이 관여도의 개념은 소비자 의사결정과 행동에 중요한 영향 요소이다. 같은 제품이라도 소비자에 따라 관여도는 매우 다르게 나타난다. 어떤 소비자에게는 청바지가 자신의 이미지와 자아를 나타낸다고 여겨 의사결정에서 높은 관여도가 나타날 수 있지만 어떤 소비자에게는 단지 편안하고 실용적인 옷으로 인식하여 높게 관여하지 않고 의사결정을 할 수도 있다. 관여도의 수준에 따라 고관여제품과 저관여제품으로 나뉘는데, 이것은 정보 탐색에서도 현저한 차이를 보인다.

고관여제품의 경우에는 전형적인 의사결정과정(복잡한 의사결정)을 모두 거치지만, 저관여제품의 경우는 문제 인식, 즉 구매의 필요성을 느끼면 정보 탐색 과정을 거치지 않고 전에 사용하였던 것을 습관적으로 구매하거나 가까운 상점에 전시된 것 중 하나를 선택하는 등의 과정(제한적 의사결정)을 보인다. 하지만 고관여제품의 경우라도 브랜드 충성도brand loyalty가 형성되었을 때는 습관적 구매가 발생하기도 한다.

(1) 관여도 결정요인과 측정 방법

① 관여도 결정요인

• 개인적 요인

개인이 어떤 제품군에 대해 지속해서 관심을 두는 지속적 관여 제품의 경우에는 관여도가 높아진다. 예를 들어 맥주 마시는 걸 좋아하는 사람은 맥주를 못 마시거나 안 좋아하는 사람에 비해 맥주 광고에 대해 더 관심을 가진다. 이를 지속적 관여 enduring involvement라 하며, 어떤 대상에 대해 지속해서 가지는 관여는 개인에 따라 다르다.

• 제품요인

일반적으로 소비자는 자신의 중요한 욕구와 가치를 충족시키는 제품, 즐거움과 쾌락적 가치를 부여하는 제품에 대해 높게 관여된다. 또한 소비자는 제품과 관련해서 높은 수준의 지각된 위험perceived risks을 가질 때 그 제품에 높게 관여된다. 지각된 위험은 제품의 구매·사용에 의해 초래될 수 있는 예기치 않은 결과에 대한 불안감(신체적 위험, 성능 위험, 심리적 위험, 사회적 위험, 재무적 위험, 시간 손실 위험 등)을 말한다.

• 상황적 요인

어떤 제품에 대한 소비자의 관여도는 상황에 따라 달라진다. 누군가에게 선물을 주기 위해 구매하거나 평소 관심이 없던 새로운 제품을 구매하는 등 소비자가 특정 상황에서 위험을 크게 지각할수록 관여도가 높아진다.

② 관여도 측정 방법

관여도는 소비자 행동의 여러 측면에 영향을 미치기 때문에 관여도를 측정하기 위한 다양한 방법이 개발되었으며 대표적인 방법은 자이코프스키(Zaichkowsky, 1994)에 의해 개발된 PIIpersonal involvement inventory이다. PII는 '중요하다-중요하지 않다,

표 4-1. 자이코프스키의 관여도 측정(R은 역코딩)

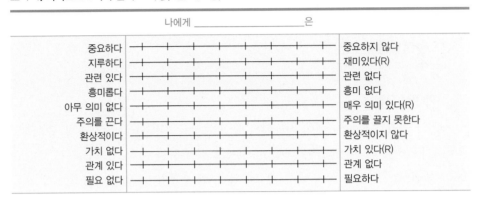

자료: Zaichkowskya(1994), The personal involvement inventory: reduction, revision, and application to advertising, Journal of Advertising 23(4), pp.59-70 재구성.

관심이 있다-관심이 없다' 등과 같이 7점 의미차별화 척도semantic difference scale로 만들어 진 20개의 항목으로 구성되는데, 각 항목에 대한 응답자의 점수를 집계한 것이 그 대 상에 대한 응답자의 관여도이다. 한국어로 적용된 척도는 표 4-1과 같다.

(2) 관여도에 따른 4가지 소비자 행동 유형

일반적으로 관여도와 의사결정 유형과 관성적인 습관의 기준에 의해 그림 4-7과 같이 소비자 의사결정을 복잡한 의사결정, 브랜드 충성도, 타성, 제한된 의사결정의 4가지로 구분할 수 있다(헨리 아셀 저, 김성환 역, 2005).

① 복잡한 의사결정

복잡한 의사결정complex decision making의 경우 소비자들은 세밀하고 포괄적인 방식 으로 상품을 평가한다. 많은 정보를 탐색하고 더 많은 브랜드를 평가한다. 고가의 제 품, 의약품이나 자동차 같은 성능 위험과 관련된 제품, 스마트폰이나 컴퓨터와 같은 복잡한 제품, 가구나 스포츠 시설과 같은 특별품, 의류와 화장품처럼 소비자의 자아 와 관련된 제품의 경우에는 더욱 그러하다.

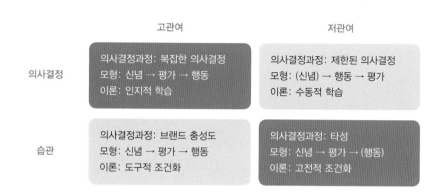

그림 4-7. 소비자 의사결정의 4가지 유형
자료: 헨리 아셀 저, 김성환 역(2005), 소비자행동론 전략적 접근, p.100 재구성

구매 결정을 하기 위해서는 브랜드에 대한 태도가 형성되고 대안 브랜드들에 대한 자세한 평가가 있어야 하는 인지적 학습이론이 이 유형을 잘 설명할 수 있다.

② 브랜드 충성도

브랜드 충성도brand loyalty는 시간이 지나도 그 브랜드를 지속적으로 구입하여 특정 브랜드에 대한 우호적인 태도를 갖게 되는 것이다. 반복적인 만족의 결과로 인해 특정 브랜드를 계속적으로 구매하는 것으로 도구적 조건화의 이론에 대한 설명이 가능하다.

③ 타성

관여도가 낮고 습관에 의한 구매가 타성inertia이다. 구매한 브랜드가 최소 수준의 만족을 주면 그것을 재구매 한다. 정보처리과정 없이 의사결정이 이루어지며, 구매 후에야 평가된다. 타성을 가장 잘 나타내는 이론은 고전적 조건화이론이다. 타성은 강력한 소비자의 태도에 근거한 것이 아니므로 쉽사리 브랜드 전환이 일어난다.

④ 제한적 의사결정

저관여 상황에서도 약간의 의사결정이 필요할 수 있다. 새로운 제품이 출시되었을 때, 기존 제품이 변화된 경우 또는 다양성을 원하는 욕구가 있는 경우에 소비자는 타성에 의한 구매에서 제한적 의사결정limited decision making으로 전환된다. 제한적 의사결정과정에서는 인지적 과정이 있지만 인지적이라기보다 수동적 학습이 일어난다. 소비자가 새로운 제품에 대한 정보를 수동적으로 접하여 적극적인 정보 탐색이나 브랜드 평가가 일어나지 않는다. 많은 저관여제품에 대해 소비자는 때로는 평범하므로, 싫증나기 때문에 다양한 브랜드를 시험 구매하게 된다. 소비자는 그 제품에 대한 불만족 때문에 브랜드를 교체하는 것이 아니라 새로운 것을 사용해보기 위해 브랜드를 교체한다. 소비자가 점포에 가기 전에 계획을 세우지 않고 구매하는 비계획적 구매의 경우에도 일반적으로 제한적 의사결정과 타성이 해당한다.

4) 자아개념

자아개념self concept은 자신이 누구인지에 대한 견해 또는 이미지이다. 사람들은 지각을 통해서 자신의 이미지를 갖고 있으며, 소비할 때는 자신의 이미지에 맞도록 소비하고자 한다. 소비자는 자아 이미지와 일관성을 유지하는 행동을 하거나 이상적 자아와 부합되는 행동을 하게 된다. 이러한 자아개념은 사람들의 소비 행동에 상당한 영향을 준다. 벨크Belk는 확장된 자아개념extended self-concept을 통해 사람들은 자신의 소유물에 의해서 자기 스스로를 정의하는 경향이 있으며 소유물은 그 사람의 정체성에서 필수적인 일부분이라고 하였다(Belk, 1988, p.141). 만일 우리에게 중요한 소유물을 잃어버린다면 우리는 어느 정도 다른 개인들이다'라고 설명하였다(Kleine & Allen, 1995, p.330). 소비자는 그가 자신에 대해 지고 있는 이미지를 각종 제품과 브랜드에 반영하고 있으므로 특정 브랜드에 대한 선호도를 형성하고 열망하며, 기회가 생긴다면 구매하고자 한다.

어떤 제품이 자아에 어느 정도 통합되는지에 대한 정도는 자아정체성 척도로 측정할 수 있고 척도는 표 4-3과 같다. 소비자들이 다음과 같은 문장을 완성하고, 동의하는 정도를 7점 리커트로 측정한다.

표 4-3. 자아정체성 척도

1. 나의 _____은 내가 되고 싶은 정체성을 실현해준다.
2. 나의 _____은 현재 나와 미래의 나 사이의 차이를 좁혀준다.
3. 나의 _____은 내 정체성에 중요하다.
4. 나의 _____은 내가 어떤 사람인지를 결정해주는 일부분이라고 할 수 있다.
5. 만약 나의 _____을 빼앗긴다면 마치 내 정체성이 훼손된 것과 같이 느낄 것이다.
6. 나는 나의 _____으로부터 내 정체성의 일부를 이끌어낸다.

자료: 델버트 호킨스, 데이비드 마더스바우 저, 이호배 외 역(2014). 소비자 행동론. p.461 재구성.

5) 라이프스타일

(1) 라이프스타일의 특징

라이프스타일life style은 특정 사회나 개인이 살아가는 독특한 생활양식을 말하는 것으로 사람들이 살아가는 방식은 그들이 속해있는 문화나 사회계층에 따라 다르다. 이것은 보통 소비자가 어떤 활동을 하고, 어떤 분야에 관심을 가지며, 세상사에 어떤 의견을 가졌는지에 따라 알 수 있다. 누군가 우리에게 라이프스타일에 관해 묻는다면 우리가 라이프스타일을 쉽게 설명하지 못하는 이유는 인생 목표와 가치와 연결되어 있으며 일, 사랑, 타인 등 삶의 중요한 주제에 대한 태도에도 영향을 미치기 때문이다. 사람은 끊임없이 자기 삶에 대해 고민을 하며, 어떻게 무엇을 위해 살 것인가? 성공에 매진하기도 하고 건강을 최고라고 하기도 한다. 옳고 그름이 아니라 방향과 정도만 다를 뿐 어떤 행동은 더 자주 하게 하고 어떤 행동의 기피는 의식주 형태를 선택하고 소비하는 과정에서도 나타난다. 이처럼 사람들이 살아가는 방식이 라이프스타일이다. 라이프스타일은 한 개인의 생활, 즉 돈과 시간을 쓰는 유형을 말하는 것으로 전체 또는 일부 사회계층의 특징적이고 차별적인 삶의 형태를 말한다(마이클 솔로몬 저, 황장선 외 역, 2022).

라이프스타일은 다음과 같은 특징을 지닌다(최태원, 2018, p.24-45).

- 라이프스타일은 현실적이며 이상적이다. 우리의 삶은 현재의 경제 여건과 여유시간에 매여 있지만 미래의 이상적 삶의 모습을 투영한다. 라이프스타일은 현실이라는 테두리 안에서 마음이 이끄는 곳을 바라보는 것이다.
- 라이프스타일은 개인적이며 관계적이다. 소비자는 각자 가치관이나 삶의 목적에 따라 서로 다른 라이프스타일을 가지고 살아가지만, 소비자의 생각과 행동은 살아가는 내내 타인의 영향을 받는다. 개인의 라이프스타일은 타인과의 관계 속에서 형성되고 수정되고 강화된다.
- 라이프스타일은 고정적이며 유동적이다. 라이프스타일은 이상적인 삶의 모습을 지향하기 때문에 삶에서 중요하게 여기는 가치가 변하지 않는 한 고정적이지만 다양한 이유에 의해 개인의 라이프스타일은 변화하기도 한다. 새로운 경험, 환경의 변화, 새로운 기술의 등장으로 인해 소비자들은 가치관과 라이프스타일의 변화를 고민한다.

라이프스타일은 사회와 개인이 공유하는 생활양식의 특징과 정체성을 의미하며, 이는 시대와 환경에 따라 형성되고, 사물과 공간의 특징적인 기능과 형태, 문화와 예술의 독창적인 가치와 방식으로 귀결된다. 라이프스타일은 개인의 독자적인 생활양식이 아니라 다수의 개인들이 만든 사회 또는 집단의 공통된 가치와 취향을 개인이 자신의 개성으로 공유하는 것이다(황병일 외, 2012). 라이프스타일은 문화, 사회계층, 준거집단, 가족의 영향을 받아 형성되는 개인의 가치체계나 개성이 반영된 다차원적인 개념으로 겉으로 드러나는 행동뿐만 아니라 대상에 대한 태도, 가치관, 관심, 의견까지 통합된 체계로서 소비자 의사결정에 큰 영향을 미친다. 라이프스타일은 소비자의 '사는 방식way of buying'만이 아니라 '사는 방식way of living'도 포괄하는 삶 전반에 대한 이해를 바탕으로 한다.

(2) 라이프스타일의 측정

라이프스타일 측정을 위해 널리 이용되는 기법 중 하나는 사이코그래픽스psychographics로 소비자의 심리적 상태를 묘사하는 미시적 접근방법으로 보통 AIOactivity, interest, opinion 방법으로 지칭된다. AIO는 소비자가 어떤 활동activity을 하며 시간을 보내는지에 대한 행위, 어떤 대상이나 사건 혹은 주제에 특별히 관심interest을 가지는지, 주위 사건이나 여건 등에 대해 어떻게 생각하는지 의견opinion으로 자신과 주위 세계에 관한 생각이다. 소비자의 행동, 관심, 의견에 관한 다양한 질문으로 구성된 측정 항목과 인구통계학적 특성을 통해 객관적으로 평가하는 것이다.

생각해보기

1. 최근 자신이 구매한 가장 고가의 상품을 생각해보고, 그 상품 선택에 대한 의사결정에 영향을 미친 환경적 요인과 개인적 요인을 분석해보자.

2. 소비자 본인의 라이프스타일을 설명할 수 있는 최신 소비 트렌드를 조사해보자.

3. 최근 1인 가구가 급격한 증가세를 나타내고 있다. 통계자료를 중심으로 1인 가구의 소비 행태를 분석해보자.

참고문헌

국내문헌

곽지혜, 여은아(2021). 인플루언서 특성과 소비자 욕구충족성이 인플루언서 애착, 콘텐츠 몰입 및 구매 의도에 미치는 영향. 한국의류학회지 45(1), 56-72.

김세영, 박형인(2017). 반려동물효과: 반려동물 소유와 심리적 건강 간 관계의 메타분석 연구. 사회과학 연구 28(1), 101-115.

김영신, 서정희, 송인숙, 이은희, 제미경(2012). 소비자와 시장환경. 제4판. 서울: 시그마프레스.

김주호, 정용길, 한동철(2013). 소비자 행동. 서울: 이프레스.

김혜진, 마지나, 장곤우, 배병렬. (2022). 인플루언서 특성이 소비자 반응에 미치는 영향 : 정보 신뢰성 의 매개효과를 중심으로. 대한경영학회지 35(1), 29-52.

델버트 호킨스, 데이비드 마더스바우 저, 이호배, 김학윤, 김도일 역(2014). 소비자 행동론. 제12판. 지필 미디어.

마이클 솔로몬 저, 황장선, 이지은, 전승우, 최자영 역(2022), 소비자행동론, 제13판, 한빛아카데미.

박명희, 송인숙, 박명숙(2005). 토론으로 배우는 소비자 의사결정론. 경기: 교문사.

박명희, 박명숙, 제미경, 박미혜, 정주원, 최경숙(2013) 가치소비시대의 소비자의사결정. 경기: 교문사.

안섭민(2016). 개-엄마들의 사회적 세계: 고급동물종합병원에 대한 민족지적 연구, Doctoral dissertation. 서울대학교 석사학위 논문.

양수진(2020). 반려견에 대한 보호자의 관계 인식과 관계 인식이 반려견 전문품 구매의도에 미치는 영 향. 소비문화연구 23(3), 87-109.

이영애, 하규수(2020). 소셜미디어의 경험과 인플루언서가 소비자의 소셜미디어 만족도와 구매의도에 미치는 영향력에 관한 연구. 벤처창업연구 15(2), 171-181.

최태원(2018). 라이프스타일 비스니스가 온다. 경상남도: 한스미디어.

피에르 부르디외 저. 최종철 역(2005). 구별짓기: 문화와 취향의 사회학. 서울: 새물결.

헨리 아셀 저, 김성환 역(2005). 소비자 행동론: 전략적 접근. 한티미디어.

황병일, 박승환, 김범종, 최철재(2012). 소비자 행동 이해와 적용. 대전: 대경.

황용철, 송병식 (2021). 소비자행동론, 경기: 학현사

황원경, 손광표(2021). 2021 한국 반려동물보고서, KB금융경영연구소.

국외문헌

Aaker, J. L., & Sengupta, J.(2000). Additivity verse Attenuation. The role of culture in the resolution of information incongruity. Journal of Consumer Psychology 2, 67–82.

Assael, H.(1995). Consumer Behavior and Marketing Action. Mason: South–Western.

Bearden, W. O. & Etzel, M. J.(1982). Reference Group Influence on Product and Brand Purchase Decisions. Journal of Consumer Research 9(2), 183–94.

Belch, M. A., & Willis, L. A.(2002). Family decision at the turn of the century: has the changing structure of households impacted the family decision–making process?. Journal of Consumer Behaviour 2(2), 111–124.

Belk, R. S.(1988). Possession and extended self. Journal of Consumer Research 15(2), 139–168.

Boya, U. O., Dotson, M. J., & Hyatt, E. M.(2012). Dimensions of the dog–humanrelationship: A segmentation approach. Journal of Targeting. Measurement and Analysis for Marketing 20(2), 133–143.

Briley, D. A., Morris, M. W., & Simonson, J.(2000). Reasons as carriers of culture: dynamic vs. Dispositional models of cultural influence on decision making. Journal of Consumer Research 27(2), 157–177.

Bumkrant R. E., & Cousineau, A.(1975). Informational and nomative social influence in buyer behavior. Journal of Consumer Research 2(3), 206–215.

Coleman, R. P.(1983). The continuing significance of social class to marketing. Journal of Consumer Research 10(3), 265–280.

Dotson, M. J., & Hyatt, E. M.(2008). Understanding dog–human companionship. Journal of Business Research 61(5), 457–466.

Fournier, S. & Lee, L.(2009). Getting and brand communities rights. Harvard Business Review 7(5), 105–111.

Holbrook, M. B., Stephens, D. B., Day, E. Holbrook, S. M., & Strazar, G.(2001). A collectivestereographic photo essay on key aspects ofanimal companionship: the truth about dogsand cats. Academy of Marketing Science Review 1(1), 1~16.

Kleine, S. S., Kleine, III, R. E., & Allen, C. T.(1995). How is a possession 'me' or 'not me'?: characterizing types and an antecedent of material possession attachment. Journal of Consumer Research 22(3), 139–168.

Loudon, D., & Bitta, A. J. D.(1988). Consumer Behavior. New York: McGraw–Hill.

Peter, J. P., & Olson, J. C.(2010). Consumer Behavior and Marketing Strategy. New York: McGraw–Hill.

Razzouk, N., Seitz, V., & Capo, K. P.(2007). A comparison of consumer decision-making behavior of married and cohabiting couples. Journal of Consumer Marketing 24(5), 264-274.

Seth, J. N.(1974). Model of Buyer Behavior. New York: Harper & Row.

Warner, W. L., Meeker, W., & Ells, K.(1960). Social Class in America: A Manual of Procedure for the Measurement of Social Status. New York: Harper & Row Publisher.

Zaichkowsky. J. L.(1994). The personal involvement inventory: reduction, revision and application to advertising. Journal of Advertising 23(4), 59-70.

기타자료

데일리벳(2021.06.17.). 연간 시장 규모 100조원 돌파한 '미국'
https://www.dailyvet.co.kr/news/industry/149144

CHAPTER 5

행동경제학과
심리이론

행동경제학과
심리이론

우리 삶은 선택의 연속이고 현대사회에서 우리는 소비선택의 다양성이 제공하는 풍요로움을 누리고 있다. 선택의 자유는 삶의 질을 높이지만 소비자는 끊임없이 쏟아져 나오는 제품과 서비스, 다양한 브랜드와 모델 속에서 효용을 극대화하기 위한 선택의 어려움을 느낀다. 소비자가 주어진 모든 정보를 처리하는 데에는 인지적 능력의 한계가 있으며 행동의 이면에는 복잡하고 때로는 이해하기 어려운 심리가 있다. 따라서 주류경제학에서는 인간은 합리적인 계산이나 추론에 따라 행동을 결정한다고 보지만 실제 의사결정에서는 단순한 규칙이나 감정, 직감에 따라 선택하는 경우가 많으며 특정한 관점에서 세상을 바라보는 틀을 통해서 판단하기도 한다. 소비자의 선택방식은 간편하고 빠른 결정을 하게 하지만 때로는 다양한 편향을 유발한다. 이러한 인간의 비합리성에 관한 다양한 심리적 실험들을 바탕으로 한 의사결정에 관한 연구 분야가 행동경제학이다. 소비자가 자신의 행동을 이끌어 내는 진정한 원인이 무엇이고 왜 잘못된 판단을 내리는지 알게 된다면 의사결정을 더욱 효과적으로 할 수 있게 될 것이다.

이 장에서는 행동경제학과 관련된 주요 이론들에 대하여 살펴보기로 한다.

관련용어 → 행동경제학 　 사고 시스템 　 휴리스틱과 편향 　 전망이론 　 프레이밍 　 넛지 효과

　 가치소비와 소비자 의사결정

당신은 '효용극대자'인가, '만족주의자'인가?

책읽기를 좋아하는 20대 회사원 A 씨는 최근 들어 전자책을 이용하면 더 편리할 것 같아서 e-book 단말기를 구매하고 싶은 생각이 들었다.

친구에게 물어보니 태블릿 PC가 전자책 단말기로도 사용할 수 있고, 각종 애플리케이션 활용 면에서 더 장점이 있다고 하였다. 태블릿 PC로 구매하려고 정보를 검색해보니 수십 개가 넘는 제조사의 수백 개 모델이 있었고 가격도 10만 원대부터 100만 원대까지 폭이 넓었으며 제품 사양과 성능도 다양해서 비교하기가 어려웠다. A 씨는 쇼핑몰 수십 군데를 돌아다니며 수백 개의 모델을 비교·분석한 뒤 가격대와 AS, 용량, 운영체제 등을 고려하여 10여 개의 모델로 선택의 폭을 좁혔다. 사용자 평가도 제각기인 사용 후기를 며칠간 꼼꼼히 읽고 특정 모델을 구매하기로 마음먹었다. 그런데 그 모델은 지원되는 애플리케이션도 적으니 다른 것으로 사라는 동료의 말을 듣고 그냥 가격도 저렴한 e-book 단말기를 사는 것이 좋겠다는 생각도 들어 벌써 두 달째 결정을 못 하고 있다.

▶▶ **Q&A**

Q   여러분의 선택방식은 최상의 것을 선택하고자 최대한 많은 노력을 기울이는 '효용극대자'와 어느 정도 마음에 들면 선택하는 '만족주의자' 중 어떤 것에 해당한다고 생각하는가? 그렇게 생각하는 이유에 대해 구매 경험의 사례를 들어 말해보자.

A   _____

   _____

   _____

1. 행동경제학의 개념과 사고방식

1) 행동경제학의 개념

경제학에서는 완벽한 합리성을 가정한다. 즉, 논리적이며 일관성 있게 사고하고 행동하는 인간을 가정한다. 사람들은 모든 것에 분명한 선호가 있고 자신의 선호를 선택이라는 행동을 통해 드러내며 선택하기 전에 모든 가능한 대안들을 비교, 평가하며 그중 최대한 만족스러운 대안을 선택한다고 본다. 그러나 소비자는 주변의 사물이나 사건에 노출되는 것만으로도 행동에 영향을 받을 수 있으며 상품을 선택한 요인과 선택 과정에 대해 정확하게 인식하지 못하는 경우가 많다.

경제학적인 합리성에 의문을 제기하고 실제로 인간이 행동하는 방식에 근거를 둔 선택이론을 제시하는 심리학의 분야가 행동경제학이다. 행동경제학은 인간의 합리성, 자제심, 이기심을 부정한다. 하지만 행동경제학에서 말하는 '비합리성'의 개념은 터무니없거나 또는 정형화되지 않은 행동 경향이 아니라 합리성의 기준에서 벗어난다는 의미로 사용될 뿐이다. 인간은 완전히 합리적이지는 않지만 어느 정도는 합리적이라는 의미로 '제한된 합리성'이라는 용어를 사용한다(도모노 노리오 저, 이명희 역, 2019).

행동경제학이란 인간의 행동을 심리학적으로 연구하는 경제학 분야이다. 행동경제학의 태동은 아담 스미스로 거슬러 올라가는데, 아담 스미스는 1759년 《국부론》에 영향을 준 《도덕감정론》을 출간하면서 인간의 경제적 행동은 다양한 심리적 감정들에 의하여 영향을 받고, 심리적 감정들은 이성적 마음으로 진정된다고 보았다. 인간은 자신의 이익만을 고려해서 움직이지 않고 다른 인간들에게 동정심을 보인다는 것이다. 그 후 1920년대 베블렌 등 제도경제학자는 경제이론에서 심리적 요인의 도입이 필요하다고 주장하였고, 1960년대 허버트 사이먼은 인간이 경제적 행위를 하기 전에 직면하는 정보의 제약을 인식하고 이를 '제한된 합리성'이라 하며, 인간의 선택은 합리적인 이익의 극대화를 추구하는 것이 아니라 만족 추구자임을 주장하였다(강상목·박은화, 2019, pp.95-100). 행동경제학계는 카너먼Daniel Kahneman과 트버스키Amos Tversky의 논문 '전망이론: 위험상황 속에서의 의사결정분석Prospect Theory: An Analysis of Decision under Risk'이 Econometrica에 게재된 1979년을 행동경제학의 원년으로 삼고 있다.

이어서 인간 자체에 존재하는 두 시스템, 불확실한 상황에서 판단과 선택을 하는 방식과 편향에 관한 다양한 실험을 통해 이론을 증명하고 행동경제학 분야를 개척한 카너먼Daniel Kahneman과 타인의 선택을 유도하는 부드러운 개입으로 '넛지'라는 개념을 소개한 리처드 탈러Richard H. Thaler가 2002년과 2017년에 각각 노벨경제학상을 수상하면서 행동경제학의 위상은 높아지게 되었다.

2) 시스템 1과 시스템 2의 사고방식

카너먼과 트버스키는 의사결정을 내리는 2가지 사고방식mode에 대하여 설명하였다(강상목, 박은화, 2019, pp.126-129). 이는 '직관'을 뜻하는 빠른 사고fast thinking 시스템(시스템 1)과 '이성'을 뜻하는 느린 사고slow thinking 시스템(시스템 2)이다. 시스템 1은 '자동적 시스템'이고 시스템 2는 '의도적 시스템'이다. 시스템 1은 거의 힘들이지 않고 자발적인 통제에 대한 지각없이 자동적으로 빠르게 작동한다. 시스템 2는 복잡한 계산을 포함하는 노력이 필요한 정신활동에 관심을 할당한다. 시스템 1의 자동적인 작용은 복잡한 사고패턴을 창조하지만, 이보다 느린 시스템 2는 질서정연한 일련의 조치를 통해 사고를 구성할 수 있다.

시스템 1은 특정 상황에서 발생하는 오류를 가지고 있는데 바로 '편향bias'이다. 시스템 2가 일반적인 결정을 내릴 때는 시스템 1을 대체하기에는 너무 느린데다 비효율적이며 자신이 선택했다고 믿는 사고와 행동들이 사실 시스템 1의 조종을 받는 경우가 많다. 예를 들어 사람들은 모국어를 말할 때는 시스템 1이 작동하지만 다른 언어를 말할 때는 시스템 2가 작동하게 된다. 다음의 예를 생각해보자. 야구방망이와 야구공을 합치면 11,000원이고 야구방망이는 야구공보다 10,000원 더 비싸다고 할 때

야구방망이와 야구공은 각각 얼마씩인지 물어보았다. 미국의 명문대학 학생들 절반 이상이 야구방망이 10,000원 야구공 1,000원이라고 답했다. 계산하지 않고 이와 같이 답변한 것은 시스템 1이 작동한 것이다.

반면에 시스템 2만 수행할 수 있는 중요한 일이 존재하는데, 그것은 시스템 1의 직관과 충동을 뛰어넘는 노력과 자제력이 필요한 일들이다. 따라서 직관적 사고 과정에서 비롯되는 오류들을 막기 위해서는 우리가 인지적 지뢰밭에 있다는 신호를 인식하고 사고의 속도를 줄여서 시스템 2에 더 많은 도움을 요청해야 한다.

시스템 1은 계속 마음 안팎에서 일어나는 일을 주시하며, 구체적인 의도가 없고 노력을 기울이지 않은 채 다양한 측면을 계속 평가한다. 이러한 '기본 평가들'은 직관적 판단에 매우 중요하다. 이것이 휴리스틱heuristic과 편향적 접근법의 핵심적인 생각이다. 심리학자들에 의하면 우리 인생의 많은 것들이 시스템 1이 받은 인상에 인도되고 있으며 대부분의 게으른 시스템 2는 시스템 1의 제안을 수용하고 움직인다. 시스템 1이 만드는 인상과 느낌은 시스템 2의 승인을 받으면 믿음, 태도로 바뀌며 연상기억 속에서 활성화된 생각들은 정합적 패턴을 만든다. 따라서 직관적인 시스템 1은 경험이 제공하는 것보다 더 큰 영향력을 발휘하며 우리가 내리는 수많은 선택과 판단을 조종한다. 대니얼 카너먼Daniel Kahneman은 시스템 1의 빠른 사고는 '결국 당신이 보는 것이 세상의 전부'라는 함정에 빠지게 하고, 빠르고 사려 깊지 않은 의사결정은 과신과 낙관주의, 편향적인 판단을 하게 만든다고 직관적인 사고의 위험성을 설명했다. 따라서 소비자는 의사결정 시 시스템 1의 사고가 가질 수 있는 함정을 기억하고 이를 피하는 훈련을 의식적으로 할 필요가 있다.

카너먼의 주장에 따르면 '시스템 1'과 '시스템 2'는 명확히 구분되지 않고, 양자는 연속적으로 존재한다. 또한 '시스템 1'은 '시스템 2'보다 능력이 열등하다는 의미가 아니다. 소비자는 의사결정 시 일차적으로 '시스템 1' 사고를 따르나, 관여도나 동기부여가 높은 경우 '시스템 2'로 넘어가게 된다.

두 가지 사고 시스템의 특성을 비교·요약하여 제시하면 다음 표 5-1과 같다.

표 5-1. 시스템 1과 시스템 2의 주요 특성

시스템 1 (빠른 사고 시스템)	시스템 2 (느린 사고 시스템)
• 직관, 자동 연상 시스템	• 논리, 추론 시스템
• 빠른 사고, 자동 반응, 충동	• 느린 사고, 통제, 자제력
• 무의식적, 자동선택	• 의식적, 의도적 선택
• 인지적 부담 적음	• 인지적 노력 필요
• 동시 다발적으로 작동	• 순차적으로 작동
• 단기적 예측	• 장기적 예측
• 인지적 오류(편향)를 가짐	• 인지적 오류(편향) 감지
• 낯익은 상황, 편안한 분위기에서 작동	• 보통 상태에서는 역량의 일부 작동
• 시스템 2에게 인상, 느낌 등 제안	• 시스템 1의 제안 승인(시스템 1에 의해 조종), 문제감지 시 가동·활성화

2. 휴리스틱과 편향

휴리스틱heuristic은 문제를 해결하기 위한 정보가 불확실한 상황에서 시행착오나 경험을 통하여 직관적으로 판단과 선택을 하는 의사결정 방식이다. 어림짐작으로 이해되는 휴리스틱은 문제를 신속하게 처리할 수 있어서 경제적인 의사결정 방식이라는 장점도 있지만, 합리적 이성을 통한 판단과는 거리가 있어 오류bias의 가능성도 높다(도모노 노리오 저, 이명희 역, 2019).

광고, 홍보, 브랜드도 소비자가 상품을 선택할 때 휴리스틱 역할을 하고 있다. 휴리스틱은 판단이나 결정에 매우 중요한 역할을 하며 인지적 노력을 최소화한다는 점에서는 효율적이지만 불완전하므로 올바른 평가와 상당한 차이가 있는 오류나 편향을 유발하기도 한다. 대니얼 카너먼은 이러한 우리의 생각을 인도하고 제약하는 휴리스틱과 편향의 영향을 받지 않기 위해서 시스템 2('이성'을 뜻하는 느린 사고 시스템)를 가동해야 한다고 하였다(대니얼 카너먼 저, 이창신 역, 2018). 다양한 휴리스틱과 편향 중에서 소비자 의사결정에 적용할 수 있는 4가지 휴리스틱은 다음과 같다.

1) 가용성 휴리스틱과 편향

(1) 가용성 휴리스틱

가용성(이용가능성, 기억) 휴리스틱availability heuristic은 저장된 기억으로부터 바로 떠오르는 기억만 가지고 어떤 사건의 발생 빈도나 확률을 판단하는 것이다. 이것은 구체적인 예가 얼마나 쉽게 기억에서 인출되는지를 판단하는 소비자의 성향을 의미한다. 예를 들어 BMW에 대해 어떻게 생각하는지를 물을 때, BMW의 장점 1개를 답하게 한 집단과 BMW의 장점 10개를 답하게 한 집단을 비교한 결과 BMW의 장점 1개를 답하도록 한 집단의 평가가 더 호의적으로 나타났다. 이러한 결과는 장점 1개의 강렬함을 머릿속에 떠올리는 것이 일반적으로 소비자에게 더 쉽게 다가갈 수 있다는 것이다. 회상용이성이 높을수록 평가가 호의적이므로 소비자는 브랜드에 대해 전달받는 많은 메시지보다 마음을 사로잡을 수 있는 확실한 메시지 하나에 선호도가 높아질 수 있다. 소비자가 광고에서 자주 접하거나 최근에 접한 제품을 사는 경향이나, 언론매체에 자주 접하는 내용은 실제보다 더 많이 발생한다고 생각하는 경향이 가용성 휴리스틱에 속한다.

가용성 휴리스틱을 발생시키는 요인 중 하나는 쉽게 이미지화되어 떠오를 때이다. 카너먼과 트버스키(Kahneman, & Tversky, 1973)의 실험에 의하면 미디어나 친구, 가족, 권력자 등에게서 초래된 정보와 깊은 인상이 남은 일(현저성) 등은 기억에 남기 쉽고, 정보의 신뢰성으로 인해 사건의 발생 확률이 높다고 판단했다. 가용성 휴리스틱은 사람들이 사회적인 정보를 전달하는 방식이나 학습하는 방식에 영향을 줄 수 있는데, 왜냐하면 입수하기 쉬운 정보는 사람들에게 전달되기 쉽고, 이에 따라 어떤 생각이나 판단이 사회에 넓게 확산될 수 있기 때문이다. 따라서 이 휴리스틱의 함정을 피할 수 있는 방법은 판단을 위한 정보의 폭을 넓히는 것이다.

(2) 사후판단편향

이용가능성은 실제 빈도나 확률에 의해서만 결정되는 것이 아니라 판단하는 사람의 경험이나 사례에 관한 정보의 생생한 정도, 얼마나 최근에 그 정보에 접하게 되었는지 등의 요소에 영향을 받기 때문에 종종 예측할 수 없는 편향을 가져온다. 가용성 휴리스틱의 결과로 일어나는 편향으로는 사후판단편향hindsight bias이 있다. 이것은 결과를 알고 나서 '그렇게 될 줄 알았어.', '그렇게 될 거라고 처음부터 알고 있었어.'라고 마치 사전에 예견하고 있었던 것처럼 생각하는 편향이다. 예로 주식이 폭락한 후 전문가들이 폭락 이전의 예측과 달리 이미 예견된 현상이라고 논평한다든지 위험이 큰 주식을 선택한 소비자가 '그때 투자하기에는 저축상품이 더 낫지 않았을까?'라고 생각하는 것이다(도모노 노리오 저, 이명희 역, 2019).

이러한 사후판단편향은 과정의 건전성이 아니라 결과의 좋고 나쁨에 따라 결정의 질을 평가하도록 유도하기 때문에 의사결정자들의 평가에 악영향을 미친다. 이는 어떤 사건이 일어난 후에야 그 인과관계를 명확히 판단할 수 있어서 사후평가는 늘 정확하기 마련이다. 예전에 내린 결정을 과정이 아닌 최종 결과로 판단하려는 결과편향은 결정 당시에는 합리적이었던 믿음들을 따져보며 적절히 평가하는 일을 불가능하게 만든다(대니얼 카너먼 저, 이창신 역, 2018).

2) 대표성 휴리스틱과 편향

(1) 대표성 휴리스틱

대표성 휴리스틱representative heuristic이란 의사결정을 할 때 사람들의 문제에 대한 대표성이나 전형적인 특징이 그 대상의 전부를 대변한다고 간주하여 판단하는 것이다. 이 휴리스틱을 활용한 판단은 매우 효율적인 의사결정 방법이기는 하지만 사람들이 겉으로 드러난 두드러진 속성을 활용하는 경우가 많기 때문에 판단오류를 유발시킬 가능성도 크다. '복사기 하면 제록스, 피로에는 박카스, 검색은 구글' 등과 같이 특정 브랜드가 제품군을 대표하는 정도를 나타내는 브랜드 전형성은 대표성 휴리스틱과 동일한 역할을 한다. 예를 들면 와인 선택 시 사람들에게 미국산, 프랑스산,

칠레산 와인이라는 출처를 알려주고 가장 맛있는 와인을 선택하라고 한다면 프랑스 와인을 선택할 것이다. 그러나 출처를 알려주지 않고 와인을 고르라고 할 경우 미국산을 선택하는 경우가 많았다. 이와 같이 사전정보에 따라 맛에 대한 판단이 달라진다면 사전정보나 판단이 사람들의 결정에 심각한 영향을 미치게 된다는 것이다(강상목·박은화, 2019, pp.141-142). 소비자들이 구매 시에 무조건 원조나 최고급, 최첨단 제품을 찾는 것도 대표성 휴리스틱인데, 원조 음식점을 소비자가 많이 찾는 이유도 대표성 휴리스틱에 따라 음식점을 고르는 까닭이다.

(2) 대표성 휴리스틱의 편향

대표성의 판단을 결정하는 고정관념이 틀렸다면 오판하게 되며, 휴리스틱이 어느 정도 타당하더라도 거기에만 전적으로 의존하면 통계 논리를 위반하게 될 수 있다(대니얼 카너먼 저, 이창신 역, 2018). 대표성 휴리스틱은 브랜드 평가 시에 해당 제품군의 주요 특성을 얼마나 대표적으로 가지고 있는지에 근거한다든지, 어떤 집단에 대한 고정관념이 전체 집단이 가지는 전형적인 특성이라고 본다든지, 소규모 집단으로부터 얻은 정보가 전체 집단을 대표할 것으로 생각하는 것이기 때문에 다음과 같은 편향을 일으킬 수 있다.

대표성 휴리스틱의 첫 번째 편향은 표본의 크기를 무시하는 '소수의 법칙'이다. 소수의 표본이 모집단의 성격을 대표한다고 여기는 편향으로 전체 집단에서 차지하는 극히 적은 일부 의견이 전체 의견이라고 보는 편향을 말한다. 미국의 경우 신생아 중에서 남아와 여아의 출생 비율은 모집단인 남녀의 비율에 따라 반반이다. 그런데 하루에 신생아 200명 정도 되는 큰 병원에서는 남아와 여야의 비율이 반반에 가깝다고 생각할 수 있으나 하루에 신생아가 20명 정도 태어나는 작은 병원에서는 여아와 남아가 10명씩으로 나뉜다고 기대하기 힘든데 사람들은 작은 병원에서도 이렇게 되리라 추측한다(홍훈, 2016, p.174). 이와 같이 대표성 휴리스틱의 편향은 비율이나 평균은 중시하지만, 표본의 크기는 중시하지 않기 때문에 생긴다.

두 번째 편향은 어떤 사건이 발생할 가능성에 대해 판단할 때 '사전확률(기저율)

base rate'의 무시이다. 이 편향은 판단할 때 모집단에 대해 알려진 사전확률이나 비율을 무시하거나 과소평가하고 주어진 표본이나 사례가 모집단의 속성을 얼마만큼 대표하는지를 고려하는 것이다. 예를 들어 심각한 병에 걸렸는지 여부를 조사할 때, 양성반응이 나오더라도 그 병이 매우 희귀한 병이고 조사의 신뢰성이 100%가 아닌 한 걸렸을 가능성은 직감적인 예상보다 훨씬 높다. 그런데도 사람들은 감염 조사에서 양성반응이 나오면 바로 그 병에 걸렸음을 '대표하고'있다고 생각해버린다. 이는 양성이라는 사실만으로 기저율을 무시하고 그 결과 자신이 그 병에 걸렸을 거라고 과민하게 믿어버린다(도모노 노리오 저, 이명희 역, 2019). 통계치 등의 객관적인 정보가 아니라 표면적인 정보나 이미지에 의해 유추하는 이러한 판단은 확률 판단에서 고려해야 하는 여러 요소에 의해 어떤 영향도 받지 않기 때문에 심각하고 체계적인 오류를 범할 수 있다.

3) 기준점 휴리스틱과 편향

(1) 기준점 휴리스틱

불확실한 사건에 대해 예측할 때 소비자들은 처음에 손쉽게 얻을 수 있는 정보를 기준점(닻, anchoring)으로 설정하고, 자신의 판단이나 생각을 그 기준점에 맞추는 경향이 있다. 소비자들은 결정을 할 때 모든 정보를 습득할 수 없기 때문에 제한된 정보에 의지하여 선택하게 되는 것이다.

기준점 효과는 닻anchor을 내리면 닻과 배를 연결하는 밧줄 길이 한도에서만 움직일 수 있듯이 일단 어떤 정보가 닻을 내리면 이후의 정보는 이 닻의 영향을 받는 것을 비유한 용어로써 '닻내림 효과', '정박 효과'라고도 한다. 사람들은 불확실한 사건에 대해 어떤 판단이나 결정을 내릴 때 자신이 알고 있는 관련 정보나 수치를 가장 먼저 떠올리거나, 외부에서 기준점(닻)이 제시되면 그것을 중심으로 제한된 판단을 하게 된다(강상목·박은화, 2019). 이후 예측이나 판단이 잘못되었다는 것을 깨닫고 조정하지만 그 조정 과정은 불완전하다. 유엔 회원국 중 아프리카 국가의 비율 추정치 실험에서 돌림판의 숫자가 10이 나온 집단의 경우 25%, 돌림판 숫자가 65가 나온 집단의 경우 45%라는 결과가 나왔다(대니얼 카너먼 저, 이창신 역, 2018). 10과 65는 아무 의미 없는 숫자임에도 소비자들은 주어진 숫자에 영향을 받는 것이다. 공공재에 대한 평가에서도 질문 순서에 따라 선택의 결과가 달라진다. 예를 들어 청계천을 복원한다는 정책을 첫 번째 대한으로 설정하는가, 아니면 복원하지 않는 정책을 첫 번째로 놓는가에 따라 선택의 결과가 달라질 수 있고(홍훈, 2016, pp. 116-118), 거래나 협상에서도 첫 제안이 최종결정에 상당한 영향을 미칠 수 있다

또한 기준점 설정은 연상적 활성화로부터 비롯된다. 시스템 2('이성'을 뜻하는 느린 사고 시스템)는 시스템 1('직관'을 뜻하는 빠른 사고 시스템)의 자동적이면서도 비자발적인 활동이 기억으로부터 불러내는 데이터를 가지고 작업한다. 따라서 시스템 2는 일부 정보를 불러들이기 쉽게 만들어 주는 닻의 편향적 영향을 쉽게 받게 된다(대니얼 카너먼 저, 이창신 역, 2018). 기준점 휴리스틱은 판단이나 결정을 할 때 매우 광범위하게 나타나며, 기준점의 영향이 강하기 때문에 그것을 제거하기가 쉽지 않다. 예를 들어 물건을 구매할 때 상품가치를 기초로 한 적정한 가격을 알 수 없고 대부분은 정가나 정찰가격 표시를 보고 타당한 가격을 판단한다. 세일은 원래의 가격이 기준점이기 때문에 판매가격은 싸게 느껴진다. 예를 들어 10만 원짜리 원피스를 40% 할인하여 판매한다면 소비자의 기준점은 10만 원이 되기 때문에 소비자는 저렴하게 제품을 구매했다고 생각할 수 있다. 또한 기업들은 최고급 모델보다는 저렴한 비교정보를 제시

그림 5-1. 기준점 휴리스틱을 유도하는 가격할인 제시 ⓒ TF-urban (플리커)

하여 소비자들이 덜 비싸지만, 여전히 비싼 제품을 구매하는 것을 합리적 구매로 생각하도록 유도하여 엄청난 수익을 올릴 수 있다. 아쉽게도 소비자는 이와 같은 비교 쇼핑의 유혹에서 벗어나기가 힘들다.

(2) 확증편향

소비자는 기준점 예측과 설정에서 편향된 판단을 하는 확증편향을 가질 수 있다. 확증편향confirmation bias은 사람들이 마음속에 가지고 있는 태도나 신념을 확인시켜 주거나, 지지하는 정보만을 선택적으로 받아들이거나 기억으로부터 인출하는 경향을 말한다. 즉, '사람은 보고 싶은 것만 보고 듣고 싶은 것만 듣는다'는 것을 말하는데, 일단 자신의 의사를 결정하면 반대정보를 무시하거나 정보를 자신의 의견이나 태도를 보강하는 방향으로 해석하는 것이다.

소비자들은 특정 제품의 성능에 관한 가설을 자신의 기존 신념에서 만들기도 하지만 경우에 따라 광고에서 제시되는 주장이 가설의 역할을 하는 경우도 있다. 또한 실제로 소비 경험을 통해서도 광고의 주장을 지지하는 쪽으로 해석하게 될 가능성이 높다.

4) 감정 휴리스틱과 편향

(1) 감정 휴리스틱

감정이란 인간이 느끼는 희로애락을 말하는데, 소비자가 의사결정을 할 때 이성이 아닌 감정이 휴리스틱으로 작용하여 선택에 영향을 미치는 것을 감정 휴리스틱 affective heuristic 이라고 한다. 사람들의 호불호가 세상에 대한 자신의 믿음을 결정하게 만들어 버리는 것으로 감정적인 태도가 혜택과 위험에 대한 믿음에 영향을 준다. 태도의 맥락에서 보면 시스템 2('이성'을 뜻하는 느린 사고 시스템)는 시스템 1('직관'을 뜻하는 빠른 사고 시스템)의 감정들을 비판하기보다는 옹호하는 역할을 한다. 즉, 시스템 2는 그런 감정들을 승인하는 역할을 한다(대니얼 카너먼 저, 이창신 역, 2018).

대상에 대한 감정적인 인상은 선택 대상의 장단점을 다양한 관점에서 측정하는 것에 비해 훨씬 빠르고 효율적으로 얻을 수 있다. 특히 문제가 복잡하거나 인지적인 부하가 높을 경우, 충분한 검토 시간이나 인지 자원이 부족할 때는 감정이 휴리스틱 기능을 담당한다.

일반적으로 소비자는 비율보다는 빈도에 더 민감하게 반응하는 경향이 있다. 다음 예를 생각해보자.

실험

흰 공과 검은 공이 섞여 있는 A와 B, 두 개의 상자가 있다. A상자에는 10개 중 검은 공이 1개 있고, B상자에는 100개 중 검은 공이 7개 들어 있다. 아무 상자에서나 검은 공을 뽑으면 선물을 준다고 했을 때 사람들은 어느 상자를 선택할까?

위의 실험에서 사람들은 확률적 판단(10% vs. 7%)보다 빈도에 의한 감정적 판단(검은 공 1개 vs. 검은 공 7개)을 하여 상대적으로 검은 공 뽑기가 쉽다고 느껴 B상자를 선택하는 경향이 있다(Demes-Raj & Epstein, 1994).

(2) 감정 휴리스틱의 편향

감정 휴리스틱은 '위험과 이익에 대한 착각'과 '통제에 대한 환상'과 같은 의사결정 상의 편향을 유발한다. 위험과 이익에 대한 착각은 자신이 좋아하고 친숙한 기업에 투자할 경우에는 위험이 낮고 수익이 높을 거라고 판단하는 편향을 말한다. 통제에 대한 환상은 자신이 통제할 수 없는 상황에 대해 자신이 통제할 수 있다고 과대평가하는 것을 말하며 자신이 친근하게 느끼는 대상일수록, 관련 정보가 많을수록, 상황에 대한 몰입도가 높을수록 커진다(안광호·곽준식, 2011, p.122). 제품 간의 차이를 지각하지 못하는 경우에 소비자는 겉으로 드러난 감정을 자극하는 단서에 의해 선택한다. 프리미엄premium, 그린green 등의 문구를 넣어 제품에 대한 고품질이나 친환경적인 가치인식을 하도록 하는 제품표시나 사랑이나 우정, 두려움, 죄책감 등의 감성소구를 사용하는 광고 기법, 광고 모델의 매력도를 바탕으로 감성적으로 호소하는 것도 일종의 감정 휴리스틱에 기반한 기업의 마케팅 전략이라고 할 수 있다.

3. 전망이론

1) 가치함수

전망이론prospect theory은 불확실한 상황에서 행하는 인간의 판단과 선택을 설명하는 이론이다. '사람은 변화에 반응한다'는 것이 카너먼과 트버스키(Kahneman & Tversky, 1979)가 창시한 전망이론prospect theory의 출발점이다. 전망이론은 전통적 선택이론인 기대효용이론의 대체이론으로 고안된 것인데, 심리학자들은 일련의 실험을 수행하여 사람들의 실제 행동이 기대효용이론이 예측하는 것과 다른 방식으로 나타난다는 것을 입증하였다. 전통적인 효용이론에서는 개인의 효용은 절대적 부의 수준에 의해 좌우된다고 보는 데 반해 전망이론에서는 어떤 개인이 준거점을 어디에 두는가에 의해 평가대상의 가치가 결정된다.

전망이론은 주류경제학의 효용함수에 대응하는 가치함수를 가진다(그림 5-2). 기대효용이론의 효용함수에 해당하는 가치함수는 이득과 손실의 영역에서 각 대안의 선택으로 발생할 이득과 손실에 대해 사람들이 주관적으로 느끼는 가치를 반영한다. 가치함수는 비선형적인 형태를 보이는데, 판단기준점인 원점을 준거점으로 하여 이익 상황에서는 오목한 형태를, 손실 상황에서는 볼록한 형태를 가진다.

전망이론은 사람들은 이득보다 손실에 더 민감하고 기준점을 중심으로 이득과

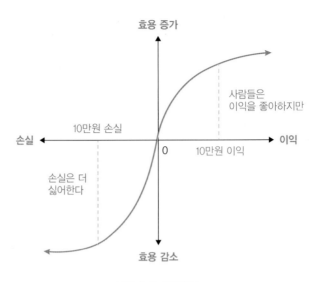

그림 5-2. 가치함수

자료: Kahneman, Daniel & Tversky, Amos (1979), Prospect Theory: An Analysis of Decision under Risk, Econometrica, 47(2), p.279. 재구성

손실을 평가하여 이득과 손실 모두 효용이 체감한다고 가정하는 이론이다. 전망이론에 따르면 각 선택 대안에 따른 선호도가 일정해야 한다고 보는 기대효용이론과 달리 실제 선택 대안이나 문제 상황이 어떻게 표현되는지에 따라 달라지는 선호도 역전현상이 나타난다.

다음 3가지 특징은 전망이론에서 상정한 모든 가치함수에 공통된 사항이다(도모노 노리오 저, 이명희 외 역, 2019).

첫째는 '준거점 의존성reference dependence'이다. 각 선택 대안의 가치는 준거점과 비교하여 이득과 손실로 구분된다. 준거점은 다양한 상태에서 생각해 볼 수 있는데 금전이나 건강의 경우 '현재의 상태'가 될 수 있고, 사회규범, 타인의 행동에 대한 기대, 요구수준이나 목표도 준거점이 될 수 있다. 준거점의 결정에서도 주관성이 작용하는데, 동일한 선택 대안들에 대한 표현방식을 다르게 하면 준거점도 변하며 그 결과로 대안에 대한 선호와 선택이 달라질 수 있다. 예를 들어 다이어트 중일 때 슈퍼마켓에 갔는데, 용기에 '5% 지방 포함'이 표시된 요구르트와 '95% 무지방'이 표시된 요구르트가 있다. 어느 것을 선택하겠는가? 준거점에 관해서는 어떤 상황에서 무엇이 준거점이 될지, 준거점의 이동은 어떤 경우에 발생하는지 또는 발생하지 않는지, 장단기의 구별은 어떻게 할지를 해결해야 할 과제가 남아 있다.

둘째 특성은 '민감도 체감성'이다. 이는 주류경제학의 한계효용체감의 법칙과 비슷하다. 이익이든 손실이든 늘어나면 둔감해진다. 그러나 이익이나 손실의 가치가 작을 때에는 변화에 민감하여 손익의 작은 변화가 비교적 큰 가치변동을 가져온다. 그러나 이익이나 손실의 가치가 커짐에 따라 작은 변화에 대한 가치의 민감도는 감소한다. 가치함수(그림5-2)의 그래프가 가로축에 대해 오목한 모양을 나타내는 것은 가치함수의 '민감도 체감성' 때문이라고 할 수 있다. 액수가 커짐에 따라 변화에 따른 민감도가 감소하는데, 예를 들어 제품가격이 3만 원에서 3만 3,000원으로 인상된 경우와 30만 원에서 30만 3,000원으로 인상된 경우 동일한 3,000원의 가격이 인상되었지만 전자가 후자보다 더 많이 올랐다고 인식하는 경향이 있다. 또한 사람들은 위험에 대한 민감도 체감성에서도 차이를 보인다. 이익에 관해서는 확실한 대안을 선택하는 위험 회피성이 있지만, 손실에 관해서는 불확실한 대안을 선택하는 위험 추구적인 경향이 있다. 이는 기대효용과 달리 사람들은 잠재적 손실과 관련된 선택을 할 때는 위험을 무릅쓰는 경향이 있음을 말해준다.

가치함수의 셋째 특성은 '손실회피성'이다. 손실은 금액이 똑같은 이익보다도 훨씬 더 강하게 평가된다. 가치함수(그림 5-2)의 그림에서 보면 이득 영역의 그래프보다 손실 영역의 그래프의 기울기가 더 급하게 나타나고 있는데 이는 바로 손실회피성을 나타내는 것이다. 카너먼과 트버스키는 소비자들이 손실을 이득보다 2.25배 정도 더 민감하게 받아들인다고 추정하였다. 예를 들어 주식투자로 지난달 A주식에서 50만 원의 이익을 얻은 경우와 이번 달 B주식에서 50만 원의 손실을 본 경우 느끼는 이익과 손실에 대한 만족감과 불만족감의 정도는 같을까? 50만 원을 얻을 때와 잃을 때를 비교하면 같은 액수지만 손실의 크기가 이득의 크기보다 더 크게 느껴지게 된다.

따라서 기업에서는 전망이론을 활용하여 이익은 나누고 손실은 합하는 전략을 세운다. 예를 들어 아울렛 쇼핑몰에서 여성 의류를 할인판매할 때 기존판매가에서 40%를 할인해주고 추가로 20%를 할인해주는 프로모션을 한다면 처음부터 60%라고 말하는 것과 40% 할인, 20% 추가 할인이라고 말하는 것 중 어느 것이 소비자에게 더 이익이 많게 느껴질 것인가? 결론적으로 이익은 나누어서 제시하는 것이 소비자의 만족감을 높일 수 있기 때문에 후자가 될 것이다. 반면 손실의 경우 고통은 한 번에 주는 것이 낫기 때문에 놀이공원에서 놀이 시설을 이용할 때마다 이용권을 구매하는 것보다 자유이용권을 판매하여 소비자들이 고통을 한 번에 느끼게 하여 손실 지각을 최소화할 수 있다. 소비자에게 제공하는 할인이익을 나누어 제시하는 광고나 신제품 구매 시에는 현재 사용하는 제품을 일정 정도 보상해 주는 보상판매는 구매를 유도하기 위해 소비자의 손실회피성을 활용한 기업의 판매전략 중의 하나라고 볼 수 있다.

그림 5-2는 위에서 설명한 가치함수의 3가지 특성을 보여준다. 가치함수는 이익 영역에서는 감소함수, 손실 영역에서는 증가함수의 S자 모형을 가지고 있으며 손실 영역에서의 함수 기울기가 이익 영역에서의 함수 기울기보다 더 가파르다. 전망이론은 행동경제학에서 말하는 다양한 휴리스틱과 편향, 프레이밍 현상 등과 관련된다.

2) 심적 회계

심적 회계mental accounting란 소비자들이 스스로 설정한 항목별 계정과 한도에 따라 금융 거래를 기록하고, 요약하고, 평가하는 인지적 작용을 의미한다(리차드 탈러, 박세연 역, 2021). 즉, 소비자가 자신의 예산 활용에 대하여 심적으로 계획하고 관리하는 일련의 체계를 의미한다. 1960~70년대 한국인들이 즐겨 활용하던 가계부가 이 심적 회계의 객관적인 실체라 할 수 있다. 자신의 소득을 식비, 집세, 광열비, 교육비, 교통비, 유흥비 등으로 배분해 이런 항목들 사이에서 전용할 수 있는 가능성을 제한하는 것이다. 자녀 교육에 할당된 예산은 유흥비나 오락비로 사용하기는 힘들다. 여기서 계정별로 배정된 예산액이 지출의 준거가 되고, 그 준거에 따라 이익과 손실을 따지게 된다(홍훈, 2016).

트버스키와 카너먼(Tversky & Kahneman, 1981)이 제시한 심적 회계의 실험사례를 살펴보면 다음과 같다.

이 실험에서 '네'라고 대답한 사람은 사례 1에서는 88%, 사례2에서는 46%였다. 양쪽 모두 동일 금액의 가치를 잃어버린 것에는 변함이 없는데 답변이 달라진 원인은 심적 회계로 설명할 수 있다. 분실한 티켓은 '오락비'라는 계정 항목에 포함되어 있고, 분실한 현금은 이 '오락비' 계정 항목의 수지에 영향을 주지 않기 때문이다. 티켓을 다시 구입하는 것은 동일한 콘서트를 보는데 합계 10만 원을 지불하는 격이기 때문에 '오락비'로는 너무 과하다는 생각이 들어서 지출을 주저하게 만든 것이다.

심적 회계에 따르면 오락비 항목에 할당된 예산이 소진될 경우에는 오락을 위한 미래의 지출을 줄이려고 노력한다. 결과적으로, 심적 계좌에 할당된 예산은 소비자의 과소비를 방지할 뿐만 아니라 구매 목적과 일관된 소비를 하도록 돕는다(도모노 노리오 저, 이명희 역, 2019).

심적 회계는 고객 관계 관리에도 활용될 수 있는데, 예를 들어 상품권의 제시 방법은 소비자의 심적 회계에 영향을 미친다는 연구(윤세정, 2021)가 있다. 금전적인 혜택이 동일해도 상품권 금액을 분할하여 복수의 상품권으로 제시하는 경우가 하나의 상품권으로 제시하는 경우 보다 많은 수의 심적 계좌에 예산을 할당하기 때문에 소비자는 다양한 제품 범주에 구매 의도를 보이는 것으로 나타났다. 다른 한편으로, 판매를 촉진하려는 핵심 제품이 쾌락재일 경우에는 하나의 상품권으로 제공함으로써 해당 제품에 대한 판매를 증진시킬 수 있을 것이다.

소비자는 보상을 현금으로 받을 경우는 다른 자산과 통합해서 평가하는 반면에 상품권으로 받을 경우는 현재의 자산과 분리하여 평가하고 범주화한다. 소비자는 심적 계좌를 사용하여 비용 cost과 효익benefit을 추적하며 해당 심적 계좌가 손실로 마감되지 않도록 최선을 다하는데 이를 이용한 것이 기업에서 행하는 보상판매다. 보상판매는 기존 제품의 효용이 남아 있는 상태에서 새로운 제품을 또 구입하게 되면 소비자의

그림 5-3. 소비자의 심적 회계를 활용한 보상판매 ⓒ LG전자 (플리커)

심적 계정이 적자로 마감해야 하는 부담감을 완화시켜 줄 수 있는 제품판매 방법이다.

3) 보유효과와 현상유지 심리

(1) 보유효과

보유효과endowment effect는 사람들이 어떤 물건이나 상태(재산뿐 아니라 지위, 권리, 의견 등도 포함)를 실제로 소유하고 있을 때 그것을 지니고 있지 않을 때보다 그 자체를 높게 평가하는 것을 말한다(안광호·곽준식, 2011, p.198).

보유효과는 2가지 의미에서 손실회피성을 구체적으로 드러낸다. 첫째, 소유하고 있는 물건을 내놓는 것(매각)은 손실로, 그것을 손에 넣는 일(구입)은 이익으로 느끼는 것이다. 둘째, 물건을 구입하기 위해 지불하는 금액은 손실로, 그것을 팔아서 얻는 금액은 이익으로 취급한다. 하지만 손실회피성에 따라 어느 쪽이라도 이익보다는 손실 쪽을 크게 평가하게 된다. 따라서 손실을 피하기 위해 가지고 있는 것을 팔려고 하지 않고 실제로 소유하고 있는 물건에 대한 집착이 생기는 것이다.

보유효과에 관한 카너먼 등(Kahneman, Knetsch & Thaler, 1990)의 실험을 살펴보자.

실험 결과 첫째 그룹의 89%는 머그컵을 선호했으며, 둘째 그룹에서는 90%가 초콜릿 바를 선택했다. 이 셋째 그룹은 거의 반반 비율로 선택하였다. 이 연구 결과는 보유효과가 강하게 작용하고 있다는 것을 나타내는데, 이러한 효과는 친숙함, 익숙함과 관련되며,

그림 5-4. 제품을 체험해보는 소비자들의 모습 ⓒ LG전자 (플리커)

기업들은 소비자에게 시험 사용기간을 제안하여 보유효과를 이용하기도 한다. 홈쇼핑에서 한 달간 무료 체험 후 구입하게 하는 마케팅 전략, 물건을 산 뒤 마음에 들지 않으면 현금으로 돌려주겠다는 기업체의 환불보장제도, 자동차업계의 시승이나 테스트기간, 통신요금 몇 달간 무료 제공전략 등은 보유효과를 자극하는 마케팅 전술이다(강상목·박은화, 2019, pp.136-139).

그림 5-4는 디지털제품의 체험 마케팅을 나타낸 것으로 이것은 구매로 연결될 수 있는 소비자의 보유효과 심리를 이용한 것으로 해석할 수 있다.

(2) 현상유지 심리

현상유지 심리는 현재 상태에서 변하는 것을 회피한다는 의미로 '관성'이 작용하

고 있는 것이다. 인간의 손실회피 성향은 관성효과를 초래하고, 이에 따라 현재 자신이 소유하고 있는 것에 보다 애착을 느끼게 된다. 이러한 손실회피 성향은 판단과정에서 현재 자신이 가지고 있는 생각이나 소유물에 더 집착하게 만들어 현실에 안주하는 현상유지 심리를 초래할 수 있다. 또한 다른 결정을 할 때 후회할지도 모른다는 사람들의 심리는 변화를 회피하고 현재 상태에 안주하고자 한다.

많은 기업들이 고객 체험단 활동과 체험 마케팅을 통해 이러한 현상유지 심리를 이용한다. 제품 체험을 통한 보유효과의 발생으로 인해 소비자들은 제품 반환 시에는 상실감을 느끼게 되고 체험한 구매자에게 할인 혜택을 준다면 구매확률은 높아지게 된다. 동일한 브랜드 상품을 사는 소비자들의 성향도 이런 현상유지 심리와 결부되어 있다. 또한 기업에서 행하는 마일리지나 포인트 제공, 단골고객 우대 등의 기존 고객을 유지하려는 프로그램은 현상유지 심리를 활용한 것이라고 볼 수 있다. 이런 특징을 고려할 때 현상유지 심리는 현재의 상태에 기준점을 둔 기준점 효과의 일종으로 볼 수도 있다.

4) 매몰비용 효과

매몰비용sunk cost이란 과거에 지불한 후 되찾을 수 없게 된 비용을 말하는데 금전적 비용, 노력, 시간이 포함된다. 매몰비용 효과는 앞으로 의사결정에 관계가 없는 매몰비용을 고려대상에 넣었기 때문에 비합리적인 결정을 해버리는 것을 말한다. 즉, 지금까지 투자한 시간과 금전이 아까워서 과거의 결정에서 벗어나지 못하는 것을 말하며 과거에 지불한 비용이 클수록 미래 의사결정에 더 큰 영향을 준다.

고가로 구입한 구두를 신고 나갔다가 예상과 달리 발이 맞지 않아 불편하다. 바꿀 수 있는 시간도 지났다. 이 경우 사람들은 잘못 산 것으로 간단히 처리하게 될까? 대체로 그렇지 않다. 신발장에 올려놓고 계속 보관하다가 시간이 상당히 흐른 후에야 애물단지를 내다 버린다.

10만 원짜리 오페라 입장권을 구매한 후 상영일에 갑자기 폭설이 내린 경우를 생각해보자. 상영장소는 자동차로 1시간 이상 걸리는 곳이다. 물론 환불은 안된다. 당신은 오페라를 보러갈 것인가? 이 상황에서 대부분의 사람들은 눈을 헤치고 장시간 운전해 오페라를 보러 가고야 만다.

매몰비용 효과의 발생 이유는 몇 가지를 들 수 있다(Arkes & Blumer, 1985).

첫째, 평판의 유지이다. 이것은 다른 사람에게 자신의 선택이 옳았다는 것을 보여 주고 싶어 하는 심리이다. 도중에 중단하면 이는 과거의 결정이 잘못됐다고 인정하는 것이 된다. 이때 '헛일을 했다'는 타인의 평가가 두렵고 자존심을 보호하기 위해 중단하지 않고 계속하는 방법을 선택하는 것이다. '바늘 도둑이 소 도둑 된다'는 속담이 이에 부합한다.

둘째는 일관성 유지의 규범준수이다. '쓸데없는 짓을 하지 마라'는 규칙은 어릴 때부터 자주 들어온 말로 의사결정을 할 때 휴리스틱 역할을 한다.

셋째, 심적 회계에 의해 손실로 마감하지 않으려는 심리인 손실회피성을 들 수 있다. 오페라 입장권의 경우 폭설로 인해 오페라를 보러 가지 않을 경우는 10만 원의 적자(손실)로 마감하기 때문에 이미 지불한 비용을 헛되지 않게 만들려고 오페라를 보러 가는 결정을 할 수 있다.

이러한 매몰비용 오류에서 벗어나기 위해서는 현재 상황과 미래 전망에 근거해서 결정해야 한다. 한편 회수할 수 없는 매몰비용을 잘 이용하면 계획대로 실행하게 하거나 행동에 강한 동기를 부여하는 등 긍정적인 효과를 만들어 낼 수도 있다.

4. 프레이밍

1) 프레이밍 효과

사람들의 의사결정은 같은 내용이라도 질문이나 문제의 제시 방법에 따라 크게 달라진다. 카너먼Kahneman과 트버스키Tversky는 이 같은 표현 방법을 판단이나 선택에서의 '프레임frame'이라고 부르고, 프레임이 달라지는 것에 따라 판단이나 선택이 변하는 것을 '프레이밍framing 효과'라고 하였다. 즉, 프레임frame이란 사람의 지각과 생각에 영향을 미치는 맥락, 관점, 평가 기준, 가정을 말한다(최인철, 2021). 따라서 프레임 효과란 맥락과 평가 기준 등에 따라 사람들의 지각과 선택이 변하는 현상으로 이해할 수 있다.

트버스키와 카너먼(Tversky & Kahneman, 1981)는 실험연구를 통해 동일한 내용이라도 다른 방식으로 프레임을 구성하면 사람들의 선호도가 달라진다는 사실을 실증적으로 증명했다. 유명한 '아시안 질병 연구'도 동일한 상황에서 긍정적인 표현을 사용할 경우 사람들은 이득으로 받아들여 위험회피적 선택을, 반대로 부정적인 표현을 사용할 경우는 손실로 받아들여 위험추구적 선택을 한다는 사실을 밝혀냈다.

트버스키와 카너먼은 다음과 같은 질문을 실험자 집단에 던졌다.

질문: 미국 정부는 아시아에서 600명 정도가 사망할 것이라 예상하는 희귀병이 발생하여, 이 대응책을 고려하고 있다. 이를 위해 아래 각각의 프레임에 두 가지 프로그램이 제안되었고 이에 대한 과학적 예측은 다음과 같다. '어느 프로그램이 더 희망적이라 생각하며, 어떤 정책을 더 지지할 것인가'라고 물었다.

실험

〈프레임 1〉

프로그램 A : 시행된다면, 200명이 살게 될 것.

프로그램 B : 시행된다면, 600명 모두가 살 수 있는 확률 1/3, 모두 살 수 없는 확률 2/3.

〈프레임 2〉

프로그램 C : 시행된다면, 400명은 죽게 될 것.

프로그램 D : 시행된다면, 모두 사망하지 않을 확률 1/3, 600명 모두 사망할 확률 2/3.

〈프레임 1〉은 사람들을 살린다는 긍정적인 프레임을 사용했다. 실험 참가자들은 이를 이익으로 받아들였고, '위험회피적' 선택(프로그램 A)을 했다.

반면에 〈프레임 2〉는 사람들이 죽는다는 부정적인 프레임을 사용했다. 실험 참가자들은 이를 손실로 받아들였으며, '위험추구적' 선택(프로그램 D)을 하는 차이를 보였다.

사람들은 논리적 혹은 수학적으로 같은 내용의 대안이 제시되더라도 손실 메시지가 강조된 경우 위험을 더 민감하게 받아들이고, 이득 메시지가 강조된 경우 위험을 더 회피하는 경향을 보인다(Tversky & Kahneman, 1981).

프레임은 복잡한 사건들을 쉽게 해석하고 일관되게 보도록 해주지만 동시에 우리의 시야를 제한하고 왜곡시키기도 하며 각자의 프레임에 따라 보고 싶은 것만 보려는 경향은 서로 간의 갈등을 심화시키기도 한다.

2) 프레이밍 효과의 예

(1) 초깃값 선호

소비자들은 대부분 초기설정default을 선택하는 초깃값 선호를 보인다. 다음 사례에서 두 개의 상태 A와 B, 어느 쪽이 초깃값이 되는지에 따라 선택이 달라지는 초깃값 설정 효과가 나타나는데, 이는 프레이밍 효과의 일종이다.

> **사례 : 장기기증 서류의 초깃값 설정의 예**
> A국가 : '장기기증을 함'이 초깃값으로 설정.
> B국가 : '장기기증을 안함'이 초깃값으로 설정.
> 어느 쪽이 장기기증률이 높을까?

위의 장기기증 사례를 보면 유럽의 경우 장기기증에 동의한 사람이 많은 나라(A국가)와 적은 나라(B국가)로 확실히 구분된다. 그 원인은 어디에 있을까? 동의자가 많은 국가(A국가)의 경우에는 정책적으로 모든 국민이 자동적으로 장기기증자가 된다.

장기기증을 하지 않겠다는 의사표시를 하지 않는 한 기증 의사가 있다고 간주하는 것이다. 반대로 장기기증 비율이 낮은 국가(B국가)의 경우에는 본인이 원할 때만 절차를 거쳐 장기기증자가 된다. 이는 사람들이 초기설정 쪽을 선택했다는 것을 나타내며, 이것은 초기설정의 차이가 결과치를 크게 달라지게 하는 원인으로 작용하는 것을 보여준다(최인철, 2021). 일반적으로 보험사의 자동차 보험은 보험료가 싼 보험을 초기설정하고 할증보험료를 지불하면 변경할 수 있도록 설계되어 있다.

초기설정이 사람들의 의사결정에 영향을 미치는 원인은 3가지이다. 첫째, 공공정책의 경우 초깃값은 정책 결정자의 '권유'로 생각하고 좋을 것이라고 여겨 받아들인다. 둘째, 초깃값을 받아들이면 의사결정의 시간, 노동력 등의 비용이 적게 들기 때문이다(특히 장기기증은 고통이나 스트레스를 동반하기 때문에 의식적인 의사결정을 피하는 경향이 있다). 셋째, 초깃값을 포기하는 것은 손실로 받아들여 손실을 피하기 위해 초깃값을 선택하는 손실회피성이 작동한 것이다(도모노 노리오 저, 이명희 역, 2019).

(2) 화폐착각

화폐착각money illusion은 사람들이 금전에 대해 실질가치가 아닌 명목가치를 기초로 판단하는 것을 말하며 프레이밍 효과 중의 하나이다. 화폐는 물가상승으로 인해 계속 변하기 때문에 실질가치를 중심으로 생각해야 하는데 일상에서는 명목가치로 판단하는 경우가 많다.

주어진 예시문을 읽고 다음 두 가지 질문에 대해 생각해보자.

사례

A 씨와 B 씨는 같은 대학을 1년 차이로 졸업하고 두 사람 모두 같은 회사에 입사했다.

A 씨의 급여는 1년차 연봉이 3천만 원이고 그동안 인플레이션은 없었다. 2년차 급여는 2%(60만 원)가 올랐다.

B 씨의 급여는 1년차 연봉이 3천만 원이었지만 인플레이션율은 4%였으며 2년차의 급여는 5%(150만 원)가 올랐다.

질문 1 : 2년차가 되었을 때 경제적 조건은 A 씨와 B 씨 중 어느 쪽이 더 좋을까?

질문 2 : 2년차가 되었을 때 둘 중 어느 쪽이 더 행복할까?

사례에서 첫째 질문인 A 씨와 B 씨의 급여 상승과 경제적 조건을 물었을 때 거의 모든 답변에서 인플레이션을 고려한 실질가치를 기초로 답변하여 화폐착각을 찾아볼 수 없었지만, 둘째 질문처럼 같은 사람의 급여 상승과 행복도에 관해 질문했을 때는 명목가치만을 고려하는 화폐착각이 나타났다.

사람들이 단순히 명목가치와 실질가치를 혼동한다고는 말할 수 없고, 질문이 순수하게 경제적인 측면만을 고려하여 사고가 그쪽으로 집중되어 있을 때는 화폐착각이 발생하지 않지만 질문이 조금 모호해지면 명목가치를 중시하는 경향으로 강한 편향이 일어나는 것을 알 수 있다.

공정성에 대한 판단에서도 화폐착각이 발생한다. 명목임금의 인하는 종업원에게 손실로 간주되고 따라서 회사의 행위가 불공정하다고 판단하였다. 반면에 인플레이션 때문에 명목임금은 줄어들었는데도 종업원에게는 이익으로 여겨졌고 회사의 행위는 공정하다고 간주되었다(도모노 노리오 저, 이명희 역, 2019). 소비자가 가입 당시의 보장 금액만을 고려하고 물가상승을 고려한 미래의 실질가치를 환산해보지 않고 보험에 가입하는 것도 화폐착각의 한 예라고 할 수 있다.

3) 넛지 효과의 활용

넛지란 '팔꿈치로 슬쩍 옆구리 찌르기'라는 뜻으로 개인들의 다양한 기회를 건드리지 않고 가격체계에 변화를 주지 않으면서 개인들의 선택을 바람직한 방향으로 안내하는 것이다(리처드 탈러, 박세연 역, 2021). 넛지는 '타인의 선택을 유도하는 부드러운 개입'의 의미로 사용하는데, 넛지 효과의 대표적인 사례는 암스테르담의 스키폴 국제공항 남성 화장실 변기에 파리 스티커를 붙인 것이다. 국내에서도 넛지는 실생활에서 다양하게 활용되는데, 특히 정책에 넛지를 활용하는 것이다. 예를 들어 고속도로와 시내도로에 노면 색깔 유도선을 칠해 차로를 잃지 않고 주행하게 함으로써 교통사고 및 도로정체 예방효과를 내고 있다. 또한 지하철 계단을 피아노 건반처럼 개조해 계단 이용을 유도하고 있다.

생각해보기

1. 구매 의사결정 시 주로 사용하는 휴리스틱은 어떤 휴리스틱이며 구매 결과에 대해 편향이 없었는지 이야기해보자.

2. 소비자의 선택을 유도하는 프레임 사례를 생각해보고 이야기해보자.

3. 우리 주변에서 활용되고 있는 넛지 사례를 제시하고 그 효과에 대해 이야기해보자.

참고문헌

국내문헌

강상목 · 박은화(2019). 인간심리의 경제학:경제학의 발전과 인간의 삶. 경기도: 법문사.

안광호 · 곽준식(2011). 행동경제학 관점에서 본 소비자 의사결정. 경기도: 학현사.

대니얼 카너먼 저, 이창신 역(2018). 생각에 관한 생각. 경기도: 김영사.

도모노 노리오 저, 이명희 역(2019). 행동경제학-경제를 움직이는 인간 심리의 모든 것. 서울: 지형.

리처드 탈러 저, 박세연 역(2021). 행동경제학-마음과 행동을 바꾸는 선택 설계의 힘. 경기도: 웅진지식하우스

윤세정 (2021). 상품권의 제시방법이 소비자의 심적 회계에 미치는 영향. 한국심리학회지: 소비자 · 광고, 22(1), 111-134.

최인철(2021). 프레임-나를 바꾸는 심리학의 지혜. 21세기북스.

홍훈(2016). 행동경제학강의. 경기도: 서해문집.

국외문헌

Arkes, H .R. & Blumer, C.(1985). The psychology of sunk costs. Organizational Behavior and Human Decision Process 35, 124-140.

Demes-Raj, V. & Epstein, S.(1994). Conflict between intuitive and rational processing when people behave against their better judgement. Journal of Personality and Social Psychology 66, 819-829.

Kahneman, D. & Tversky, A.(1973). On the psychology of prediction. Psychological Review 80, 237-251.

Kahneman, D. & Tversky, A.(1979). Prospect theory: an analysis of decision under risk. Econometrica 47(2), 263-291.

Kahneman, D., Knetsch L. & Thaler. R. H.(1990). Experimental tests of the endowoment effect and the coase theorem. Journal of Political Economy 98, 1325-1348.

Tversky, A. & Kahneman, D.(1981). The framing of decisions and the psychology of choice. Science 211, 453-458.

사진자료

그림 5-1 기준점 휴리스틱을 유도하는 가격할인 제시 ⓒ TF—urban (플리커)

www.flickr.com/photos/28021450@N05/4424846742

그림5-3 소비자의 심적 회계를 활용한 보상판매 ⓒ LG전자 (플리커)

https://www.flickr.com/photos/lge/50186762192/in/photolist-8PGZjs-8PDV7D-MbY5RS-2jsNYs4-2jsLbUb-2jsLbV8-2jsQgVj-nVKimH-nVKiqF-mg6rya-mg8nSN-mg8o2L-mg7etp-mg7edK-mg7dFH-mg6rpn-mg6raK-mg6rrX-mg6rfK-mg6rwr-mg6qT2-mg7dUi-mg7dGe-mg8nCE-mg7dtZ-mg8nUw/

그림 5-4 제품을 체험해보는 소비자들의 모습 ⓒ LG전자 (플리커)

https://www.flickr.com/photos/lge/6067715158/in/photostream/

CHAPTER 6

합리적
소비

합리적 소비

다양해진 소비환경 속에서 소비자는 끊임없이 소비의 유혹을 받고 있으며, 쉴 새 없이 소비하고 있다. 외식하고, 커피를 마시며, 예쁜 옷과 액세서리를 사고, 영화를 보고, 음악을 들으며, 헬스센터에서 땀을 흘린다. 소비자는 다양한 상황과 직면하며 여러 형태의 소비를 행하고 자신에게 되묻는다. '잘 생각하고 소비하였나?', '혹 필요 없는 것을 사지는 않았나?', '좋은 가격을 지불하여 최대한의 만족을 얻었는가?' 등을 말이다. 여기에 어떻게 답을 할 수 있을까?

이 장에서는 이에 대한 해답을 합리적 소비와 효율적 소비 측면에서 찾아가 보고자 한다. 합리적이고 효율적인 소비 생활은 아무리 강조해도 지나치지 않는다. 그러나 소비자는 늘 합리적이지 않으며, 효율적이지 않다. 다만 합리적, 효율적이고 싶어 하며, 그것이 옳은 선택이라고 여기고 있다. 당신의 소비는 어떠한가? 자신의 소비가 어떠한 측면에서 합리적이며, 효율적인지 돌이켜보며 보다 나은 소비생활을 시작해보자.

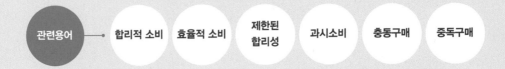

관련용어 → 합리적 소비　효율적 소비　제한된 합리성　과시소비　충동구매　중독구매

명품소비에 대한 생각

백화점에서는 명품매장에 손님이 몰려드는 '명품런'이 벌어지고 있다. 대표적인 명품 브랜드 샤넬의 경우 새벽 6시부터 줄을 서서 백화점 문이 열리는 10시까지 4시간을 기다려도 재고가 부족해 원하는 제품을 얻기가 쉽지 않다. 그런데도 어떻게든 '득템'하려고 매일 새벽마다 백화점을 찾아 명품런을 감행하는 사람이 한둘이 아니다. 4월 결혼을 앞둔 김모(33) 씨는 결혼 예물로 명품을 사기 위해 휴가를 내고 매일 '백화점 순회'를 했다. 백화점별 명품매장을 차례대로 방문해 대기표를 뽑은 뒤 계속 매장을 이동하면서 자기 차례가 왔을 때 매장을 방문했다. 하지만 원하는 물건이 없어 일주일을 반복한 끝에 겨우 예물을 마련했다(서울신문, 2021.02.07.).

온라인이 전체 명품시장에서 차지하는 비중도 늘었다. 2020년 온라인 명품시장이 전체 명품시장에서 차지하는 비중은 10.6%로 나타났다. 시장에서 차지하는 비중이 '10%'를 넘은 것은 처음으로, 이는 명품 구매자 10명 중 1명은 집에서 명품 쇼핑을 하고있는 것이다(이투데이, 2021.01.06.).

▶▶ **Q&A**

Q   사례에서 보여주는 명품소비 현상을 개인적 측면과 사회적 측면에서 생각해보자.

A   _____

   _____

   _____

1. 소비자 의사결정에서의 합리성과 효율성

1) 합리성

(1) 합리성의 개념

합리성은 소비자학의 방법론적 모태가 되는 중심 개념으로 소비자의 태도와 행동을 설명하고 비판할 수 있는 근간이 되므로, 소비자 의사결정에서 매우 중요한 개념으로 사용되어 왔다(김난도, 2003, p.85). 합리성에 대한 개념은 학문 분야별로 다소 다르게 제시되고 있다.

고전경제학 이론에서의 합리성은 지출을 최소화하면서 수익을 최대화하는 경제학적 측면에서 다루어지며 소비 행동에 감정 개입을 배제하고 있다. 따라서 계획적인 소비, 충동이나 감정적 요인에 기인하지 않는 소비, 그리고 과시적이지 않은 소비를 합리적이라고 바라본다. 반면 실존심리학에서의 합리성은 개인의 주관적 세계 내에서 이루어지는 타당한 행동을 의미하는 것으로 경제학과는 다른 관점에서 규정하고 있다. 즉, 심리학에서는 경제성의 수반 유무에 의해 소비 행동의 합리성을 평가하는 것이 아니라, 개인의 상황과 기호, 그리고 가치 등이 일관적으로 이루어졌는지에 의해 합리성을 판단한다(박명희, 2002, p.383).

소비자학 분야에서는 합리성을 다음의 4가지 측면에서 다루고 있다(김난도, 2003, pp.89-92).

① 구매 의사결정의 동기를 중시하는 견해

제품을 구매하는 동기적인 측면에서 경제적 동기에 의한 것은 합리적이라고 보고, 감정적 동기에 의한 것은 비합리적으로 본다. 여기에서 합리적 동기는 무의식적 동기와 대비하여 제품구매 시 제품의 효율적이고 기능적인 측면을 평가하여 구매 의도를 갖는 것이며, 이를 합리적인 의사결정으로 간주한다.

② 소비자 만족에서 합리성을 도출하는 견해

'구매가 소비자의 욕구를 충분히 만족시켰는가?' 등의 만족 기준을 합리성 기준으로 바라본다.

③ 의사결정과정의 선호 일관성을 합리성의 조건으로 보는 견해

소비자가 주관적으로 결정한 선호 순서에 따라 내적 일관성을 유지하는 방향으로 구매 결정을 내린다면, 사적인 수준에서 이러한 소비자 의사결정은 합리적으로 바라본다.

④ 사회적 책임을 조건으로 합리성을 규정하고자 하는 견해

주관적인 의사결정의 일관성을 중요시하면서도 시민의 역할에 대한 책임을 부가하여 합리성을 파악한다. 개인의 이익과 사회의 이익을 조화롭게 추구하는 소비 행동을 합리적인 행동으로 바라본다.

(2) 개인적 합리성과 사회적 합리성

합리성은 개인의 입장에서 볼 것인지, 사회 전체의 입장에서 볼 것인지에 따라 개인적(주관적) 합리성과 사회적 합리성으로 바라볼 수 있다(박명희 외, 2005, pp.150-151).

① 개인적 합리성

개인적 합리성은 소비자 개인의 가치체계에 초점을 맞춘 미시적인 합리성 개념으로, 소비자가 개인의 선호에 따라 일관성 있는 의사결정을 통해 자기 이익(만족)을 극대화하는 것을 의미한다. 이는 앞서 제시된 의사결정과정의 선호 일관성을 합리성의 조건으로 보는 견해와 동일하다. 개인적 합리성은 스웨글러(Swagler, 1978)의 주관적 합리성을 의미하는 것으로, 합리성의 기준이 객관성에 있지 않고 개인의 가치, 선호에 따라서 구매가 일관성 있게 행해지는지의 여부에 달려 있다. 개인마다 선호는 주관적이고 다양하므로 각 소비자는 자신이 처한 상황에서 그 나름의 합리성에 근거하여 행동하게 된다.

이러한 관점에서 바라볼 때, 비합리적인 소비 행동이라고 여겨지고 있는 충동구매, 유명 상표 및 고가품 구매, 비교구매의 회피 등과 같은 행동도 소비자가 처한 상황에서 일관성 있는 의사결정으로 자기 이익을 극대화하였다면 합리적인 행동으로 볼 수 있을 것이다. 그러나 개인 만족 추구에 초점을 둔 합리성은 타인과 사회에 대한 배려와 책임을 고려하지 않은 것으로, 사회가 지향하는 가치와 상반되는 경우가 생기게 된다.

② 사회적 합리성

사회적 합리성은 사회 전체가 지향하는 가치에 중점을 두는 거시적 개념으로, 타인과 사회에 대한 책임감을 느끼며, 지속가능한 삶과 환경을 의식하는 의사결정을 하여 공동체적인 소비생활을 이행하는 것을 의미한다. 그러므로 일부 계층의 명품 선호, 골프 해외관광 등과 같은 소비행태는 개인의 입장에서 볼 때는 만족 극대화를 위한 합리적인 행동으로 볼 수 있겠지만, 타인을 배려하지 않는 계층 간 위화감 조성, 생태환경 고갈이라는 측면에서 바라볼 때 사회적 합리성에는 위배되는 행동이라고 볼 수 있다.

(3) 개인적 합리성과 사회적 합리성이 상충되는 과시소비

사회적 합리성과 개인적 합리성이 상충되는 대표적인 소비행태가 과시소비이다. 과시 소비는 소비의 실익을 따지지 않고 남보다 우월하게 보이기 위하여 소비하는 것을 뜻한다. 자신의 경제적 부와 사회적인 지위가 남보다 앞선다는 사실을 많은 사람에게 보여주고자 하는 욕구에서 출발한다. 과시 소비는 기능적이고 실용적인 측면보다 상징적이고 감성적인 이미지에 높은 가치를 부여하는 경향이 많다. 따라서 사람들은 주로 외부로 드러나는 사치품, 즉 고급 승용차, 명품가방, 고가 의류 등을 구매하여 자신의 경제력과 지위를 제품을 통하여 표출한다(김영신 외, 2016, pp.319-320).

소비자는 과시소비를 위해 필요 이상의 비용을 지불하고 적정 예산의 범위를 넘어 소비를 하기도 하는데, 이를 과소비라고 한다. 과소비는 어떤 기준 이상을 소비하는 경우를 말하며, 여기서 기준이란 자신의 소득수준이나 한정된 예산 규모를 의미한다.

● 과시소비의 특성

① 밴드웨건 효과 bandwagon effect

과시소비는 타인을 모방하고자 하는 특성이 있다. 이는 밴드웨건 효과로 설명된다. 밴드웨건 효과는 소비자들이 일반적으로 유행하는 제품을 구매하기 원하는 현상으로, 이는 널리 알려진 제품을 구입하여 타인에게 인정받고 그들과 수평적 지위를 누리고자 하는 심리가 반영된 것이다. 예를 들어 많은 이가 명품백을 들고 있을 때, 자신도 이 정도의 백을 구매할 수 있다는 것을 보여주기 위해 고가의 명품백을 구입하여 그 대열에 합류하는 것이다. 이 때문에 과시소비 경향이 있는 사람은 자기

그림 6-1. 명품 가방

보다 소득수준이 높은 집단을 기준으로 소비 행동을 모방하는 경우가 많다.

② 스놉 효과 snob effect

과시소비는 타인과 차별화하고자 하는 특성이 있다. 이는 스놉 효과로 설명되는데, 이는 타인보다 더 비싸고 차별되는 제품을 구매하여 타인과 구분 지으려는 것을 의미한다. 과시소비 성향이 있는 사람은 보다 희귀하고 독특한 것을 구매하여 자신을 타인과 차별화하여 수직적인 지위 상승을 꾀한다.

③ 베블런재 Veblen's good

과시소비는 가격이 비싸면 오히려 구매가 증가하는 특성이 있다. 과시소비에서 중요한 측면은 제품의 가격이 얼마나 차별화되어 타인이 잘 알아볼 수 있도록 표현되는가이다. 따라서 가격이 비싸면 오히려 구매가 증가하는 현상이 나타나는데, 이러한

특징이 나타나는 재화를 베블런재라고 부른다. 주로 외부로 드러나 보이는 사치품이 여기에 속한다.

이상의 특성을 살펴보았을 때, 과시소비는 개인적 합리성 측면에서 개인의 주관적 가치, 선호에 따라 만족 극대화를 추구한 소비 행동이라 볼 수 있겠지만, 사회적 합리성 측면에서는 과시욕을 통해 타인과의 차별을 추구하고 계층 간 위화감을 조성한다는 면에서 적절하지 않다고 볼 수 있다.

2) 효율성

효율성은 경제학 원리와 관련 있는 것으로, 투입과 산출 면에서 최소의 희생으로 최대의 효과를 얻는 것을 의미한다. 즉, 효율성은 동일한 결과output를 얻기 위해 최소한의 자원input을 사용하든지, 아니면 동일한 자원을 가지고 최대의 결과를 얻을 때 달성될 수 있다.

소비시장의 효율성 정도는 주로 구매 후 소비자 만족, 품질 만족(주관적 또는 지각된 품질), 구매이득, 가격과 품질 간의 상관관계 등에 사용되었다. 개인적 차원에서 효율성은 주어진 여건하에서 구매이득과 품질 만족을 극대화하기 위한 행동으로 바라보았다. 소비자 연구 분야에 적용된 효율성 개념은 초기에는 구매이득의 개념으로 보았으나, 1980년대에 들어오면서부터 효율성 개념에 만족 개념이 도입되었다. 이후 효율성은 구매이득과 만족이 결합한 개념으로 보고 있다. 따라서 구매 후 경제적 이득과 함께 제품 만족이 수반되어야만 효율적 구매라고 할 수 있다(박명숙, 1991).

시장경제원리에 따르면 완전경쟁시장에서 완전한 정보로 소비자가 합리적인 구매 의사결정을 하면 시장의 효율성은 최대가 된다. 이는 시장의 효율성이 충족되기 위해서 2가지 조건이 충족되어야 한다는 뜻인데, 하나는 소비시장 그 자체의 효율성이며, 다른 하나는 소비자 자신의 효율성이다. 이 두 조건은 가계경제는 물론 기업경제, 그리고 국민경제 차원에서 매우 중요하다(허경옥, 2008, p.151). 그러나 현실적으로 완전

경쟁시장과 완전정보상태가 존재하기 어렵기 때문에, 대부분의 국가 및 시장에서는 이 같은 전제조건이 충분히 실현되지 못하고 있다. 결국, 효율성은 상대적 가치로서 소비시장이 어느 정도의 효율성을 가졌는지와 소비자 스스로 효율성을 추구하는 것이 중요하다고 볼 수 있다.

3) 합리성과 효율성의 차이

합리성과 효율성의 차이는 표 6-1에 제시되어 있다. 합리적 구매란 자신의 기호, 가치관을 바탕으로 논리적이고 계획적으로 구매를 행했는지의 여부에 의해서 결정되는 주관적 개념이다. 반면에 효율적 구매는 구매 결과 이후에 경제적 이득은 물론 심리적 만족도 수반되는지의 여부에 의해서 결정되는 객관적 개념이다. 따라서 소비자가 합리적 구매를 했을 경우 효율적 구매일 확률은 높지만, 합리적 구매를 했다고 해서 반드시 효율적 구매가 행해졌다고 볼 수는 없다.

의사결정자가 자신의 사고 수준과 관계없이 자기 나름의 논리를 적용하고 주의 깊게 결정을 내렸다면 합리적 구매가 이루어졌다고 할 수 있다. 그러나 의사결정자의 구매에 관한 지식, 정보, 기술 등의 부족으로 인하여 합리적 구매가 이루어졌음에도 불구하고 경제적 손실이나 혹은 불만족이 생기고 비효율적 구매를 했을 수도 있기

표 6-1. 합리성과 효율성의 차이

구분	합리성	효율성
의미	선호의 내적 일관성에 따른 자기 이익의 극대화	최소의 비용으로 최대의 효과를 얻는다는 경제성
판단기준	주관적 개념	객관적 개념
핵심 문제	'무엇을 원하는가?'하는 개인의 선호에 관련된 문제	'어느 것을 택할 것인가?'하는 소비 기술의 문제
구매 후 평가	자신의 선호 가치관을 바탕으로 논리적이고 계획적으로 구매했는지의 여부에 의함	구매 결과 경제적 이득과 함께 심리적 만족이 수반되었는지의 여부에 의함

자료: 박명희, 송인숙, 박명숙(2005). 토론으로 배우는 소비자 의사결정론. p.160

때문이다. 합리성과 효율성은 그 의미에서 다소 차이가 있지만 서로 영향을 끼치며 올바른 선택을 하게 하는 긍정적 방향을 제시한다. 합리적이면서 효율적인 소비는 소비자의 주관적인 선호를 바탕으로 소비기술력을 동원하여 경제적 이득과 심리적 만족을 함께 취하는 의사결정이다.

2. 합리적 소비와 효율적 소비

1) 합리적 소비와 효율적 소비의 차이

소비자 의사결정에서 합리적 소비와 효율적 소비는 의사결정과정과 결과 측면으로 나누어 볼 수 있다.

(1) 의사결정과정에서 합리적 소비와 효율적 소비

의사결정과정 측면에서 살펴볼 때, 소비자가 문제해결을 위해 논리를 적용하며 주의 깊게 생각하고 결정을 내린다면 합리적이며 효율적 소비라고 볼 수 있다. 구매 의사결정과정인 문제 인식, 정보 탐색, 대안 평가 단계별로 살펴보면, 소비자는 문제 인식 단계에서부터 합리성을 고려해야 한다. 제한된 자원과 무한한 욕구에 대한 인식과 함께 현실적인 상황 속에서 실현할 수 있는 소비인지에 대한 인식을 가져야 한다. 소비자의 소득은 한정되어 있으므로 문제 인식이 유발된 다양한 욕구 중 어느 것에 우선순위를 둘 것인지, 꼭 소비를 통해서만 욕구 충족이 가능한지를 심사숙고해야 한다. 끊임없이 문제 인식을 유발하는 기업의 마케팅 전략에 노출된 소비자는 충동적으로 구매하게 될 가능성이 크므로 욕구에 대한 명확한 인식과 판단이 요구된다.

소비자가 문제 인식에서 무엇을 원하는지를 명확히 파악한 후에는 정보원천 및

가치소비와 소비자 의사결정

정보의 질과 양, 정보 탐색 및 대안 평가 등에 사용된 시간의 양에 의해서 의사결정의 효율성이 결정된다. 이 과정에서 소비자는 자신의 선호를 논리적으로 주의 깊게 파악하기 위해 다양한 정보원을 수집하고 일정한 기준에 맞추어 각 대안을 평가하며 합리성을 추구한다. 이 경우, 소비자가 시장에 대해 최소한의 탐색을 하거나 간결한 정보를 사용한다면 의사결정의 과정에서 효율적이라고 평가할 수도 있다. 그러나 최소한 정보 탐색이 반드시 구매 결과의 효율성을 나타내지는 않는다. 즉, 구매 결과에서 의사결정의 질이라든지 구매 후 제품 성과 등이 좋지 않아 효율적이지 못할 수도 있기 때문이다. 따라서 의사결정과정에서 나타난 효율성이 결과에서 나타나는 효율성과 반드시 일치한다고 볼 수 없다. 충동구매를 피하고 심사숙고 후에 구매 의사결정을 내려야 하는 이유도 여기에 있다. 그러므로 소비자는 꾸준히 정보 탐색을 하고 유용하고 적합한 정보를 취득하여 논리적인 대안 평가를 통해 의사결정을 내려야 하는 것이다.

(2) 의사결정 결과에서 합리적 소비와 효율적 소비

의사결정 결과 측면에서 합리성과 효율성을 살펴보면, 소비자의 욕구를 충족시키는지에 초점을 두며, 소비자가 제품의 가격이나 품질에 관한 정보를 효과적으로 탐색하고 그 축적된 정보를 근거로 구매하여 최대의 구매이득과 만족을 얻는 것에 중점을 둔다. 즉, 의사결정 결과의 합리적 소비는 의사결정자의 욕구가 충족되었는지에 대한 평가로 이어지며, 효율적 소비는 적절한 자원의 투입에 따라 얻은 이득과 만족을 평가하여 파악된다.

2) 제한된 합리성

경제학 측면에서 소비자는 A와 B, 두 대안 사이의 품질-가격 간 상쇄trade-off를 쉽게 계산할 수 있고 두 대안 중 자신의 효용을 극대화할 수 있는 대안을 어렵지 않게 선택할 수 있다고 간주한다. 즉, 소비자는 의사결정과 관련된 이득benefit에서 비용cost을 차감한 순이득net benefit 또는 순효용net utility을 극대화할 수 있다는 것이다. 그러나 소비자가 가진 정보처리능력의 한계 때문에 의사결정을 통해 순효용을 극대화하는 것은 현실적으로 불가능하므로 심리적 갈등을 겪게 된다. 다만 소비자는 제한된 인지적 능력과 주어진 환경 내에서 자신이 만족할만한 효용을 얻고자 노력한다. 이러한 상황에서 소비자는 경제학적 측면 이외에 심리적 요소인 인지 비용cognitive cost을 추가로 고려하여 의사결정을 하게 된다. 즉, 소비자는 제한된 합리성bounded rationality을 근거로 행동하게 된다.

제한된 합리성은 소비자 의사결정에 있어 효용을 극대화하는 대안 선택의 목표와 함께 제한된 인지적 자원을 최소한으로 사용하고자 하는 인지적 노력의 극소화 목표를 동시에 가지는 것을 의미한다(하영원, 2012, p.26).

대학생을 대상으로 학교 근처 원룸을 선택함에 있어 원룸 대안의 수(2개, 6개, 12개)와 대안과 관련된 속성 정보(거리, 소음, 수납공간, 월세 등)의 수(4개, 8개, 12개)를 변화시키면서 학생들의 의사결정과정을 조사하였다. 그 결과 대부분의 학생은 선택 대안을 2~3개로 압축한 후, 관련 속성 정보를 고려하여 가장 적합한 대안을 선택하는 의사결정 전략을 사용하였다. 정보처리능력의 한계로 12개 대안과 12개 속성 정보를 모두 고려하여 자신에게 가장 적합한 대안을 고르는 것은 어려운 일이기 때문이다(하영원, 2012, pp.26-27).

이와 같이 소비자는 인지적인 노력을 줄이기 위해 의사결정의 정확성이 어느 정도 희생되는 것을 감수한다. 소비자는 의사결정의 정확성을 극대화하려는 반면 인지적인 노력은 극소화하려는 이중적인 목표를 가지고 있기 때문이다. 이 두 가지 목표는 상쇄관계에 놓이게 되는 것이 일반적인데, 여러 가지 상황 요인들(시간 압박 등)에 의해 두 목표에 부여되는 가중치가 결정된다.

소비자는 의사결정을 할 때, 일반적으로는 상황에 민감하게 반응하며 적응적으로 행동을 하게 된다. 만약 의사결정이 심사숙고가 필요한 이성적 접근일 때 소비자는 큰 노력을 기울일 것이고, 그렇지 않다면 자연스럽게 이미 학습된 반응에 따라 행동하거나 비교적 빠른 지름길을 찾게 된다. 즉, 소비자가 처한 상황에서 의사결정을 꼼꼼히 해야 할지 아니면 적정한 선에서 고민을 최소화할지에 대해 결정하고 자신에게 맞는 최선의 합리적인 선택을 추구한다. 이는 행동경제학의 2가지 의사결정 방식과 연결되는데, 소비자는 상황에 따라 직관적인 사고로 인지적 부담을 적게 하는 시스템 1과 이성적인 사고를 통해 인지적 노력을 하는 시스템 2를 이용하여 의사결정을 내리게 된다.

3) 효율적 소비의 측정 방법

의사결정에서 합리성과 효율성에 대한 측정은 주로 효율적 소비의 평가 방법에 의해 나타난다. 합리성은 문제해결을 위해 개인적인 선호에 맞게 논리적으로 주의 깊게 적용하여 욕구를 충족했는지에 초점을 맞추고 있으며, 이는 효율적인 측면과 함께 고려되고 있다. 이에 대한 보다 구체적인 측정 방법은 가격-품질 관계와 가격분산에 따른 소비자 구매이득을 통해 살펴볼 수 있다.

(1) 가격-품질관계에서의 효율적 소비

소비자가 제품을 구매할 때의 효율성을 측정하기 위해서는 다차원적인 투입-산출multiple input-output 개념이 도입되고, 이를 근거로 효율성 평가가 이루어진다. 제품을 구매할 때 투입된 대가와 그 결과인 산출에 대해 상충관계trade-off를 분석하는 것이다. 이때 투입된 대가는 금전적인 가격 이외에 시간, 심리적 비용과 같은 여러 가지 탐색비용이 함께 고려된다. 그러나 가격 이외의 요인들은 그 가치 산정이 매우 어려우며, 실제로 제품에 대한 지급 대가로 가격을 가장 중요한 요인으로 간주하기 때문에 소비자 효율성의 측정을 위해서는 일반적으로 가격과 품질, 2가지 요인만을 가지고 평가가 이루어진다.

① 가격과 품질

가격과 품질은 각각의 평가 기준에 따라 객관적 가격과 주관적 가격, 객관적 품질과 주관적 품질로 구분할 수 있다. 객관적 가격은 시장에서 알려진 제품의 실제 가격을 뜻하며, 주관적 가격은 소비자에 의해 인지되는 가격(비싸다, 싸다 등)을 뜻한다.

그리고 객관적 품질은 제품이 가지고 있는 내재적 요소인 '상품의 원료, 성분' 등에 의한 평가를 말하며, 주관적 품질은 소비자가 실질적으로 상품을 사용해 본 후의 경험적으로 파악되는 평가로 품질에 대한 만족 정도라고 할 수 있다. 즉, 객관적 가격과 객관적 품질은 제시되는 그대로 모든 소비자에게 동일하게 적용되지만, 주관적 가격과 주관적 품질은 소비자의 상황과 특성에 따라 각각 다르게 평가될 수 있다(박명희 외, 2005, p.155).

② 소비자 효율성 평가

소비자 효율성을 가격-품질 관계를 중심으로 평가할 때 그림 6-2에 제시된 것처럼 2가지 접근방법이 요구된다. 하나는 객관적 가격과 객관적 품질평가의 상충관계를 통해 구매이득 정도를 평가하는 경제적 접근방법이며, 다른 하나는 주관적 가격과 주관적 품질 평가의 상충관계를 통해 품질 만족 정도를 평가하는 심리적 접근방법이다. 효율성 개념이 시스템의 투입과 산출에 대한 분석을 다루는 것이므로 동일한 자원에서 최대의 결과를 얻는다는 측면과, 특정 결과를 얻기 위해 최소의 자원을 사용한다는 측면에서 생각해 볼 때 경제적 접근을 통한 금전적 이득 평가와 더불어, 품질 만족에 대한 심리적 접근이 함께 이루어져야 한다(박명숙, 1991).

가격과 품질 관계에 대한 연구를 살펴보면, 한국과 미국 패션제품의 객관적 가격과 객관적 품질 비교 조사 연구에서 두 나라 모두 상관관계(한국=0.09, 미국=0.19)가

그림 6-2. 가격-품질-소비자 효율성과의 관계
자료: 박명숙(1991). 소비자 효율성에 관한 연구. 동국대학교 박사학위논문 재구성

매우 약하게 나타나 가격이 품질의 지표가 되지 못하는 것으로 나타났다(백수경, 황선진, 2002). 그리고 프리미엄 분유시장의 가격과 품질 조사에서는 고가격의 분유라고 해서 더 많은 영양성분이 들어 있지 않은 것으로 나타났다. 특히 분유 광고에서 많이 언급되고 있는 면역 및 초유성분 등의 특수 영양성분은 함유량이 5% 전후에 불과한 것으로 나타났다. 그럼에도 불구하고 동일 제조사 내에서 프리미엄 제품 간 가격 차이가 최대 1.31배까지 나타났다(한국미래소비자포럼, 2013, pp.40-41). 이 결과들은 가격이 품질을 나타내는 역할 기능의 미흡함을 보여주는 것으로, 소비자가 제품구매 시에 품질의 판단 기준으로 가격을 이용할 경우, 비효율적인 선택을 할 가능성이 있음을 시사한다. 그러므로 소비자는 단순히 가격을 품질이 반영된 가치의 척도로 여기지 말고 보다 적극적인 정보 탐색으로 합리적인 가치 산정이 반영된 제품을 구매하도록 노력해야 한다.

최근 소비자는 가심비(價心比)를 중시하는 경향이 나타나는데, 이는 가격 대비 성능을 의미하는 가성비(價性比)에 마음 심(心)을 더한 것으로 가성비는 물론이고 심리적인 만족감까지 중시하는 것을 의미한다. 즉, 가심비는 가성비에 주관적·심리적 특성을 반영한 개념이다. 가심비의 대표적 사례는 소비자가 좋아하는 인물이나 콘텐츠, 브랜드와 연관된 제품인 '굿즈'를 구매하며 만족감을 추구하는 것이다. 아이돌 상품에서 시작한 굿즈는 과거의 기념품 수준을 넘어 게임 굿즈, 영화 굿즈, 대통령 굿즈 등으로 확산되고 있다. 소비자는 굿즈 소비를 통해 애정을 갖는 대상에 대하여 의미를 부여하고 이를 기념하며 주관적인 심리적 만족감을 추구한다(김난도 외, 2017).

(2) 가격분산에서의 효율적 소비

가격분산price dispersion은 동일 시점에서 동일 제품에 대해 판매점마다 가격 차이가 나는 것을 의미한다. 시장 내 가격분산이 존재하면 소비자는 특정 제품의 구매 시에 더 많은 비용을 지불할 가능성이 높아지고, 그 결과 전체적인 구매력은 그만큼 저하되어 소비자의 경제적 복지수준이 낮아지게 된다. 그리고 가격분산은 품질에 대한 지표로서 작용하는 가격 기능을 미약하게 하므로, 만약 소비자가 가격을 품질의 지표로 사용한다면 많은 경제적 위험이 따르게 된다(박명희 외, 2005, p.156).

가격분산은 시장의 불완전성에 기인되며, 판매자의 가격 차별화 전략 및 상점 규모에 따른 판매 비용의 차이로 나타난다. 그리고 소비자의 가격과 품질에 대한 그릇된 인지에 의해서도 나타난다. 즉, 소비자가 가격분산의 정도를 잘못 파악하거나 가격분산을 과소평가하게 되면 정보 탐색을 적게 하게 되고, 이는 시장의 규율을 늦추고 가격분산을 지속시키는 데 기여하게 된다(김기옥, 유현정, 2001, p.227). 소비자 시장에서 가격분산의 발생은 필연적이고 구조적인 것이라고 할 수 있다. 이는 소비자가 가격정보 탐색을 통해 구매이득을 얻을 수도 있지만 동시에 충분히 정보화되어 있지 않은 소비자는 손실을 볼 수도 있다는 점을 시사한다.

3. 비합리적 소비 행동

소비가 만족감과 행복을 제공하는 수단임에도 불구하고 그 이면에는 어두운 면이 존재한다. 소비환경이 발달할수록 충동적인 욕구가 높아지고 계속 소비를 탐닉하는 중독성이 깊어지면서, 소비자는 소비의 궁극적인 목적을 상실해가고 있다. 풍요로운 소비사회에서 소비자는 비합리적인 소비 행동을 취하기도 하는데 그 소비 행동은 충동구매, 중독구매로 나타난다.

1) 충동구매

(1) 충동구매 개념과 특성

충동구매는 사전에 구매계획이나 의도 없이 일어나는 갑작스런 구매 행동이다. 소비자 누구나 충동구매를 경험하게 되는데, 지나가다가 너무 저렴하거나, 진열된 제품이 마음에 들어서 등의 여러 가지 이유로 구매를 하게 된다.

① 충동구매와 비계획구매의 차이

충동구매와 비계획구매는 사전에 구체적인 구매 의사계획이 존재하지 않았다는 점에서 동일하게 여겨져 왔으나 필요성 인식 형태, 행동양식, 구매 시점 관여와 심리적 갈등 측면에서 차이를 나타내고 있다(Stern, 1962). 충동구매와 비계획구매의 차이점은 표 6-2와 같다.

충동구매는 자극에 의해서 욕구가 환기arousal되어 충동적이고 반사적으로 행동하게 되는 것으로, 소비자는 충동구매 당시 강한 구매 욕구와 함께 상대적 고관여 상태에 놓이며 심리적 갈등을 크게 느끼게 된다. 비계획구매는 제품을 보고 이전에 사려고 했던 욕구가 상기remind된 것으로, 소비자는 상대적 저관여 상태에서 적은 심리적 갈등을 겪으며 정형화된 행동을 하게 된다.

표 6-2. 충동구매와 비계획구매의 차이

구분	충동구매	비계획구매
사전의 구체적 계획 존재 여부	없다	없다
필요성 인식 형태	욕구 환기(need arousal)	욕구 상기(need remind)
행동양식	충동적, 반사적(impulsive, reflexive)	정형적(routinized)
구매 시점 관여	상대적 고관여	상대적 저관여
심리적 갈등	크다	작다

② 충동구매 유형

충동구매 유형은 스턴(Stern, 1962)이 분류한 비계획적 구매유형인 순수충동구매, 환기충동구매, 제안충동구매, 계획된 충동구매로 나눠진다. 순수충동구매는 소비자가 진기한 제품을 발견하고 순간적인 욕구를 느껴 구매하거나 심리적 탈출을 위해 구매하는 것을 의미한다. 환기충동구매는 특정 제품을 보고 이전에 사려고 했던 제품구매나 재고가 떨어진 것이 생각나서 구매하는 경우를 말한다. 제안충동구매는 점포 내 진열된 제품 중 지금까지 전혀 몰랐던 신제품이 현재 소비자의 요구에 맞는 상품일 때, 소비자가 제품에 대한 이성적이고 기능적인 측면을 고려하여 구매하는 경우이다. 계획된 충동구매는 어떤 것을 살 것인지 대략 부류만 정하고 상점에 들어가 가격이나 쿠폰 제공 등과 같은 제반 조건에 따라 구체적인 제품을 정해 구매하는 것이다. 이러한 비계획적 구매유형 중에서 소비생활에 부정적 의미의 충동구매로 간주되는 것은 순수충동구매이며, 다른 비계획적 구매유형은 부정적 의미의 충동구매라고 보기 어렵다.

③ 충동구매 특성

충동구매는 높은 정서적 반응과 낮은 인지적 평가가 일어나는 것이 특징이다. 소비자가 무엇을 즉각적으로 사고자 하는 갑작스럽고 강력한 욕구를 경험할 때 구매 충동은 높은 감정적인 갈등을 유발하며 인지적 사고를 약하게 한다. 소비자는 소비 과정에서 인지적인 평가뿐만 아니라 감정적인 부분도 경험하게 되는데, 이성적인 판단에 의한 실용적인 평가를 중요하게 여기면서도 쾌락적인 측면, 즉 오락이나 감정적인 가치를 경험하며 즐거워하기 때문에 일시적으로 내적 구매 갈등을 거치며 충동구매를 하게 된다(서문식, 천명환, 안진우, 2009, p.74).

(2) 충동구매의 원인

충동구매는 제품 자체의 요인, 구매 환경적 요인, 그리고 소비자 개인적 요인에 의해 나타난다.

제품 자체 요인은 제품이 가지는 가격, 성능, 디자인, 색상, 희귀적인 자극과 점점 짧아지는 제품 수명주기를 의미하며, 구매 환경적 요인은 판매원의 태도, 디스플레이, 매장 분위기 등이다. 소비자 개인적 요인은 자신이 가지고 있는 구매 충동성 경향, 긍정적이거나 부정적으로 나타나는 일시적인 기분 등을 의미한다. 기분이 침체되거나 스트레스가 쌓였을 때 이를 해소하기 위하여 쇼핑을 할 경우에는 충동구매 가능성이 높아진다(박명희, 송인숙, 박명숙, 2009).

2) 중독구매

(1) 중독구매 개념과 특성

① 중독구매 개념

중독구매는 부정적인 감정을 줄이고자 반복적이고 만성적으로 소비를 행하는 것으로, 심리적, 경제적, 사회적으로 심각한 결과들을 초래하는 구매 행동이다. 구매에 대한 과도한 충동이나 집착으로 분별없이 필요하지 않은 제품을 구매하거나 자신의 경제력보다 더 많이 구매하는 경우가 빈번하게 나타나는 것이다. 정신의학에서는 중독구매를 충동조절장애의 일종으로 간주하고 있다. 단순히 쇼핑을 많이 하는 것이라기보다는 쇼핑의 충동을 스스로 조절하지 못해 자신이나 타인에게 해가 되기 때문이다. 중독구매는 쇼핑에서 오는 흥분과 설렘으로 일시적 행복감을 느끼게 되나, 이는 곧 후회와 함께 부정적 감정으로 연결되어 여러 문제들을 동반하게 된다(Faber & O'Guinn,1992, p.459).

그림 6-3. 중독구매

② 중독구매 특성

중독구매의 특성은 다음과 같다(O'Guinn & Faber, 2005, pp.9-10).

중독구매는 끊임없이 억제할 수 없는 구매 충동을 느끼며 자신의 행동을 조절하지 못하는 특성을 보인다. 중독구매자는 구매하는 제품 자체에 대한 애착이 적은 반면, 쇼핑하는 과정에서 제품을 사는 자신을 판매자가 중요 고객으로 대해 주는 과정을 즐긴다. 따라서 새로운 제품들에 흥미를 느끼며 계속해서 구매하는 중독성향이 나타난다. 그들은 간혹 쌓여가는 물건들과 영수증을 가족과 지인에게 숨기기도 한다.

중독구매자는 구매하고 싶은 제품이 있으면 가격에 전혀 신경을 쓰지 않고 즉시 사버리는 경향이 있다. 이에 부채 급증, 신용 불량, 파산으로 이어지는 경제적 문제가 심각하게 나타난다. 또한 중독구매는 가정불화와 이혼 등으로 가족에게 심각한 문제를 일으키며 정상적인 생활을 어렵게 만든다.

중독구매자는 대체적으로 구매 후에 과도한 구매 행동을 후회하고 죄책감을 갖기도 한다. 본래 쇼핑의 목적이 제품 자체의 효용성, 즉 구매한 제품을 사용하면서 얻는 만족감이나 즐거움이 아니기 때문에 쇼핑 뒤에는 곧바로 제품에 대한 흥미를 잃어버리고 다시 우울해하거나 후회한다.

(2) 중독구매의 원인

중독구매의 가장 중요한 원인은 심리적 문제로 나타나고 있다. 중독구매자는 심리적으로 부족하다고 생각되는 부분의 보상을 위해 구매를 한다. 심리적으로 결핍되어 있는 경우, 중독구매자는 제품을 구매할 때 시선의 집중을 즐기면서 행복감과 함께 심지어 카타르시스를 느끼기도 한다. 그러나 이러한 보상은 잠시일 뿐 구매 후에는 지속되지 않아 다시 심리적인 문제를 겪게 된다.

중독구매자는 낮은 자아존중감, 우울증, 좌절감, 정서적 불안감 등을 해소하기 위해 제품을 계속해서 구매하는 성향을 보인다(O'Guinn & Faber, 2005, pp.12-13). 자아존중감은 자신을 스스로 얼마만큼 가치 있게 생각하며, 얼마만큼 좋아하는지를 의미하는 것으로, 자아존중감이 낮은 사람은 이를 보상하기 위하여 끊임없이 제품을 구매하는 중독 성향을 보인다. 그리고 우울증이 있거나 일상생활이 무기력하다고 느끼는 사람일수록, 그리고 타인과의 관계에서 정서적 불안감을 많이 느낄수록 중독구매 성향을 보인다. 중독구매자는 우울함, 타인과의 갈등 등의 부정적 감정에서 도피하고, 권태에서 벗어나 즐거운 감정과 자극을 추구하고자 반복적으로 구매를 한다 (김영신 외, 2016, p.323).

중독구매자가 심각한 구매중독으로부터 벗어나기 위해서는 반드시 가족과 전문가의 도움을 받아야 한다. 이를 위해서는 가족의 따뜻한 지지 속에 심리적 문제 해결을 위한 상담심리치료가 적극적으로 행해져야 하며 아울러 경제적인 측면에서 합리적이고 효율적인 소비 교육이 함께 이루어져야 한다.

나의 쇼핑 중독 정도는 어떠한가?

자신에게 해당된다고 생각되는 문항에 ☑ 하시오.

1. 도무지 쇼핑 습관을 스스로 통제할 수가 없다. ☐
2. 쇼핑할 때 죄책감이 든다. ☐
3. 내가 얼마나 쇼핑을 하는지 잘 모른다. ☐
4. 가족들이 보지 못하도록 쇼핑한 물건을 숨기곤 한다. ☐
5. 쇼핑은 긴장이나 불안감을 풀어주는 아주 좋은 방법이다. ☐
6. 사는 물건보다 물건을 사는 행위 그 자체를 더 즐긴다. ☐
7. 쇼핑을 한 뒤 사용하지 않은 물건들이 가득하다. ☐
8. 경제적으로 감당할 수 없을 만큼 쇼핑을 많이 한다. ☐
9. 내가 얼마나 쇼핑을 많이 하는지 다른 사람이 알면 기절할 것이다. ☐
10. 기분을 더 좋게 하기 위해 물건을 산다. ☐

자료: EBS 자본주의 제작팀(2013). EBS 다큐프라임 자본주의 p.263–264

※ 평가기준
▷ 건전형 → 10개 문항 모두 해당되지 않는 경우에는 물건 구매에 대해 매우 실용적인 태도를 가지고 있다.
▷ 기분파 → 5, 6, 10번에 하나라도 해당되는 경우에는 충동구매를 하는 경향이 있으며 과시 소비로 이어지기도 한다.
▷ 과다 쇼핑 → 2, 3, 4, 7, 9번에 하나라도 해당되는 경우에는 일상적으로 쇼핑을 자주하며 중독으로 이어질 가능성이 높다.
▶ 쇼핑 중독 → 1, 8번에 하나라도 해당되는 경우에는 정신과 상담이나 치료를 받아야 한다.

생각해보기

1. 최근 자신의 소비 행동 중 소비를 잘 했다고 느낀 경험을 떠올려보자. 그 소비에 대해 왜 그런 생각을 하게 되었는지를 합리적 · 효율적 소비와 연결하여 생각해보자.

2. 최근 자신이 행한 비합리적 소비 행동 중 하나를 선정하여 비합리적이라고 생각하는 이유에 대해 이야기해 보자.

참고문헌

국내문헌

김난도 · 전미영 · 이향은 · 이준영 · 김서영 · 최지혜 · 이수진 · 서유현(2017). 트렌드 코리아 2018. 서울: 미래의 창.

김기옥 · 유현정(2001). 인터넷 시장의 식료품 마켓바스켓 가격분산과 소비자의 구매 이득. 소비자학연구 12(4), 223-255.

김난도(2003). 소비합리성의 개념에 대한 연구. 소비자학연구 14(3), 85-106.

김영신 · 이희숙 · 정순희 · 허경옥 · 이영애(2016). 새로 쓰는 소비자 의사결정. 경기: 교문사.

박명숙(1991). 소비자효율성에 관한 연구. 동국대학교 박사학위논문.

박명희(2002). 소비자 의사결정론. 경기: 학현사.

박명희 · 송인숙 · 박명숙(2005). 토론으로 배우는 소비자 의사결정론. 경기: 교문사.

백수경, 황선진(2002). 한국과 미국 패션제품의 가격과 객관적 품질에 관한 비교연구-1990년대를 중심으로. 한국의류학회지 26(3/4), 527-538.

서문식 · 천명환 · 안진우(2009). 충동구매-낭비적인가?. 소비자학연구 20(1), 65-92.

하영원(2012). 의사결정의 심리학. 경기: 21세기북스.

허경옥(2008). 소비시장과 소비자 행동의 효율성 분석: 제품과 서비스를 대상으로. 소비문화연구 11(3), 149-169.

EBS 자본주의 제작팀(2013). EBS 다큐프라임 자본주의. 서울: 가나출판사.

국외문헌

Faber, R. J., & O'Guinn, T.(1992). A clinical screener for compulsive buying. Journal of Consumer Research 19(3), 459-469.

O'Guinn, T. C., & Faber, R. J.(2005). Compulsive buying: review and reflection. Handbook of Consumer Psychology. April, 1-22.

Stern, Hawking(1962). The significance of impulsive buying today. Journal of Marketing 26(2), 59-62.

기타자료

이투데이(2021.01.06.). "MZ세대 명품 '플렉스' 덕" 지난해 온라인 명품 시장 10% 커졌다
https://www.etoday.co.kr/news/view/1981347

헤럴드경제(2021.11.12.). 팬데믹 잊은 글로벌2030 '명품 열풍'…올해 383조원 팔려 'V자형' 급반등

http://mbiz.heraldcorp.com/view.php?ud=20211112000332&a=99

서울신문(2021.02.07.). 명품에 푹 빠진 'MZ 세대'… 수입차 · 샤넬백으로 '플렉스'

https://www.seoul.co.kr/news/newsView.php?id=20210207500088

한국미래소비자포럼(2013. 3. 29). 소비자는 궁금하다─식품의 가격 · 품질 · 안전. 제24차 한국미래소비자포럼.

사진자료

6-1 명품가방

https://www.shutterstock.com/ko/image-photo/singapore-january-20-2020-interior-shot-1661737600

6-3 중독구매

https://www.shutterstock.com/ko/image-photo/colorful-paper-shopping-bags-trolley-ideas-1531818530

CHAPTER 7

쾌락적
소비

7

쾌락적 소비

소비자가 소비를 통해 추구하는 가치는 실용적 측면과 쾌락적 측면으로 설명할 수 있는
데, 오늘날은 소비 경험이 다향해지면서 소비자의 사고와 행동의 범위가 넓어지고 소비를
통해 즐거움과 흥미를 추구하는 쾌락적 소비에 대한 관심이 높아지고 있다.

이 장에서는 오늘날과 같은 소비사회에서의 쾌락적 소비의 의미와, 쾌락적 소비자 의사결
정과정, 쾌락적 소비와 행복과의 관계에 대해서 살펴보고자 한다.

관련용어 → 소비가치 쾌락적 소비 실용적 소비 플렉스 소비 MZ세대 쾌락적 소비와 행복

▶▶ **CASE**

어떤 것이 쾌락적 소비인가?

현우와 예린이는 대학교 2학년 학생으로 단짝 친구이다. 이들은 아르바이트와 학업을 병행하느라 늘 바쁘게 보내고 있지만 주말에는 가끔씩 쇼핑도 하고, 맛집을 탐방하며 맛있는 음식을 사먹기도 한다. 그런데 어느 날 현우가 예린이에게 다가오더니 "나 어제 플렉스 해버렸어~"라는 말과 함께 쇼핑백을 내밀었다. 그건 다름 아닌 그동안 현우가 평소에 갖고 싶어 했던 고가의 스니커즈 운동화였다.

예린이가 부러움과 염려스러운 눈으로 현우를 쳐다보면서 말하였다. "아~ 부럽다. 그런데 현우야 운동화 값이 3개월 치 아르바이트 월급을 고스란히.." 둘은 잠시 말이 없었다. 그래도 현우는 자신이 평소 갖고 싶어 했던 고가의 스니커즈 운동화를 갖게 되어 너무 좋았다. 현우와 예린이는 잠시 생각에 잠겼다. 우리는 왜 고가의 스니커즈 운동화를 이토록 갖고 싶어 하는 걸까? 갖고 싶은 것을 소유하는 것. 이것이 행복한 소비인가?

▶▶ **Q&A**

Q1　여러분은 현우처럼 플렉스 소비를 해본 경험이 있는가? 있다면 사례를 들어 말해보자.

A1　_____

　　　_____

　　　_____

Q2　자신의 소비 중 쾌락적 소비라고 할 수 있는 것은 무엇인가? 쾌락적 소비를 했을 때의 느낌을 서로 얘기해보자.

A2　_____

　　　_____

　　　_____

1. 쾌락적 소비의 의미

소비자학 관점에서 소비자 행동을 이해하기 위한 노력은 심리학이나 사회학, 경제학 관점에서의 한계점을 보완하기 위해 행동과학적 접근으로 이루어졌다. 그 결과 소비자 행동을 소비자 정보처리적 관점에서 나아가 쾌락적, 경험적 관점에서 설명하는 연구들이 많아지고 있다.

1) 쾌락적 소비의 의미

쾌락적 소비의 의미를 이해하기 위하여 쾌락적 소비에 대한 정의와 쾌락적 소비가 갖는 속성은 무엇인지 살펴보자.

(1) 쾌락적 소비의 정의

쾌락적 소비는 합리적이고 논리적인 사고보다 정서적 동기에 의해 이루어지는 구매 행동으로, 소비 과정에서 즐거움, 판타지와 같은 감각적으로 좋은 느낌을 경험하기 위한 소비라고 정의할 수 있다. 허쉬만과 홀브르크(1982)는 소비자가 소비를 통해 궁극적으로 얻고자 하는 목표는 상품을 구매하는 것이 아니라 구매를 통해 기쁨과 즐거움을 추구하는데 있다고 함으로서 쾌락적 소비의 의미를 강조하였다.

쾌락의 의미는 흔히 대중적으로 육체적이고 말초적인 자극에서 오는 즐거움이란 의미로 쓰이지만, 사실 일시적인 즐거움뿐 아니라 자아실현 등으로 비롯될 수 있는 일체의 지속적인 즐거움까지 포괄한다. 쾌락에 대한 이러한 정의는 제러미 벤담의 주장인 "쾌락이 곧 행복이며, 최대 다수에게 최대의 쾌락을 가져다주는 것이 선(善)이다."를 통해 그 뜻을 더욱 분명히 하였다. 또한 쾌락주의는 세월의 흐름과 함께 현대 긍정심리학에서 최대한 많이 경험할수록 행복한 것이라는 관점에 영향을 주어, 주관적 안녕감subjective well-being이라는 개념이 주창되는 계기가 되기도 하였다(나무위키, 2022. 03. 11).

(2) 쾌락적 소비의 구매동기

소비자는 왜 소비를 하는가? 일반적으로 소비자가 제품 및 서비스를 구매하는 이유는 크게 2가지, 실용적 이유utilitarian achievement와 쾌락적 만족감hedonic gratification으로 구분할 수 있다(강신혜, 박세범, 정난희, 2021). 따라서 소비자의 구매동기는 정보처리적 관점과 쾌락적 관점에서 비교하여 설명할 수 있다. 정보처리적 관점에서의 구매동기는 제품의 실용적 가치를 기준으로 구매가 이루어지는데, 실용적 속성은 인지적 관점에서 제품, 서비스가 제공하는 기능적 및 도구적 역할과 관련된다. 반면에 쾌락적 관점에서의 구매동기는 제품의 상징적 가치를 기준으로 구매가 이루어지는데(김영신 외, 2012, pp.93-95), 쾌락적 속성은 제품이나 서비스를 이용하는 과정에서 감각적인 즐거움을 비롯해 기쁨과 재미를 느끼는 것을 의미한다. 따라서 쾌락적 차원에서의 소비자 구매동기는 감성적 측면으로 설명할 수 있고, 정보처리적 차원에서의 구매동기는 인지적 측면에서 설명할 수 있다(표 7-1).

이때 하나의 제품, 서비스에 대한 쾌락 혹은 실용적 속성은 절대적인 것은 아니며 소비자가 지각하는 가치에 따라 동일한 대상이 쾌락적 혹은 실용적으로 평가될 수 있다. 예를 들어 스마트폰 구매 상황에서 배터리 수명이나 용량을 중요하게 생각하면 스마트폰을 실용적 속성을 가진 제품으로 판단하는 것이지만, 색상이나 디자인 등을 우선적으로 고려한다면 동일한 대상을 쾌락적 속성의 제품으로 판단한다고 볼 수 있다(강신혜, 박세범, 정난희, 2021).

물론 소비자는 특정 제품이 2가지 형태의 편익을 모두 제공하기 때문에 구매할 수도 있다. 전망이 좋은 아파트에 대한 구매는 쾌락적 측면으로 설명할 수 있지만, 아파트가 일터에 근접해 있다는 이유로 구매했다면 실용적 측면으로 설명할 수 있는 것이다(마이클 솔로몬 저, 황장선 외 역, 2022).

표 7-1. 정보처리적 관점과 쾌락적 관점의 소비 행동

구분	정보처리적 관점	쾌락적 관점
구매동기	합리적이고 논리적 동기	감각적이고 정서적 동기
구매 태도	인지적 측면	감성적 측면
평가 기준	객관적 제품 속성 (예: 자동차의 연비, 성능)	정서적, 상징적 제품 속성 (예: 자동차의 이미지, 디자인)
소비제품	물리적 속성	주관적 상징성

자료: 김영신 외(2012). 소비자와 시장환경. p.95 재구성.

2) 쾌락적 소비의 속성

(1) 객관적 · 주관적 상품평가 기준

소비자는 상품을 평가할 때 여러 가지 평가 기준에 비추어 평가하게 된다. 이러한 평가 기준evaluative criteria은 소비자가 구매할 때 추구하는 제품이나 상표의 특성으로서 주관적일 수도 있고 객관적일 수도 있다. 예를 들면 승용차를 구매할 때 안전성, 연료비, 내구성 등은 객관적 상품평가 기준이며, 승용차의 사회적 이미지, 디자인 등은 주관적 상품평가 기준이다.

이 경우 안전성이나 연료비 등과 같은 객관적 기준의 평가 기준을 정보처리적 관점에서의 평가 기준이라고 하며, 사회적 이미지와 같은 주관적 평가 기준을 정서적 관점에서의 평가 기준이라고 한다.

(2) 실용적 · 쾌락적 소비 속성

소비자들이 소비할 때 어떤 속성을 더 중요하게 생각하는 지에 따라 실용적 소비와 쾌락적 소비로 구분할 수 있다. 소비자가 정보처리적 관점을 더 중요시하게 고려한다면 실용적 소비라고 할 수 있으며, 경험적, 정서적 관점을 더 중요시하게 고려한

다면 쾌락적 소비라고 할 수 있다. 정보처리적 관점에서의 상품평가 기준은 실용성에 근거를 둔 객관적 제품 속성을 평가한다는 점에서 실용적 소비라고 할 수 있다. 반면에 경험적, 정서적 관점에서의 소비는 제품 사용으로부터 얻게 되는 사회적 지위, 즐거움과 같은 쾌락적 정서나 상징적 이미지에 의한 자아 이미지의 강화 등 제품이 주는 주관적 속성을 평가한다는 점에서 쾌락적 소비라고 할 수 있다. 대부분의 소비 상황에서 실용적 소비와 쾌락적 소비는 선택적discretionary이며, 쾌락적 상품인지 실용적 상품인지의 구분은 '실용적'과 '쾌락적'의 정도degree와 인식perception의 차이에 따라 구분된다. 그러나 소비의 본질로 보았을 때 일반적으로 쾌락적 소비는 선택적으로, 실용적 소비는 필수적으로 생각하는 경향이 있으며, 동일한 상품이라도 어떤 사람에게는 필수적인 상품이, 또 다른 사람에게는 선택적인 상품이 될 수도 있다. 키브츠와 시몬슨(Kivetz & Simonson, 2002)은 선택 상황에서 특정한 욕구가 채워질 때까지 소비자들은 쾌락적 속성보다 실용적인 속성에 더 집중한다는 점을 강조했으며, 치트리 등(Chitturi, Raghunathan & Mahajan, 2007)도 필수적인 기능이 충족된 이후에만 소비자들이 쾌락적인 속성을 기능적인 속성보다 더 중요하게 여긴다고 주장하였다. 이들의 주장도 소비의 본질로 보았을 때 쾌락적 소비는 선택적이며, 실용적 소비는 필수적임을 뒷받침하고 있다.

실용적 재화의 소비를 정당화하는 것보다 쾌락적 재화의 소비를 정당화하기가 훨씬 어려운데, 그 이유는 쾌락적 소비와 관련해서는 죄책감과 같은 부정적 감정을 보다 크게 느낀다는 점, 소비를 통한 이득benefit을 정량화하기가 어려울 뿐만 아니라 쾌락적 소비는 선택적이며, 낭비로 생각하는 경향이 있기 때문인데, 이는 그동안 근검절약이 중요했던 문화의 반영일 수도 있다. 또한 실용적 속성은 인지적 측면을 우세하게 고려하는 반면, 쾌락적 속성은 감성적 측면을 우세하게 고려하는 것도 쾌락적 소비를 정당화하는데 어려움을 주는 또 하나의 요인이다. 쾌락주의와 실용주의를 측정한 보스 등(Voss et al, 2003)의 연구 결과에 의하면 상대적으로 필수적일 때necessary가 선택적일 때unnecessary보다 소비에 대해 정당화하기가 쉬운 것으로 나타났는데 이러한 결과도 같은 맥락에서 설명할 수 있다.

2. 쾌락적 관점에서의 소비가치

소비가치는 소비자의 소비 및 선택행위와 관련된 가치로 소비자의 시장선택, 즉 제품구매를 결정하고 특정 상표를 선택하기까지의 과정에서 의사결정의 기준이나 목표가 되는 추상적 개념으로 정의할 수 있다(Sheth et al, 1991). 소비자가 소비를 통해 추구하는 가치는 제품 본래의 일차적 기능인 기능적(실용적) 욕구를 충족시키는 것으로 볼 수 있다. 그러나 소비사회가 발전하면서 이러한 일차적인 기능적 욕구는 대부분 충족되기 때문에 소비자들은 소비를 통한 사회적 욕구, 즉 사회에서 소비를 통해 타인에게 인정받기 위하여 혹은 자신의 정체성을 표현하기 위한 상징적 수단으로서의 욕구 충족에 보다 많은 관심을 가지게 되었다.

보드리야르는 그의 저서 ≪소비의 사회≫에서 소비가 갖는 계급적 성격을 설명하였는데, 그에 따르면 소비라는 개념은 가시적이고 구체적인 사물이나 이미지, 또는 어떤 시각적인 실체에 의해서 정의되지 않고, 실체를 지닌 모든 것의 의미작용에 의해 정의된다고 하였다(배영달, 2009, p.22). 예를 들면 텔레비전을 소비하는 경우, 텔레비전은 도구로서 쓰이는 것과 함께 행복, 위세 등의 요소로서의 역할도 하며, 바로 이 후자의 영역이 오늘날의 소비의 영역이라고 할 수 있다는 것이다. 즉, 보드라야르의 주장은 소비사회 안에서의 사물은 어떤 구체적 필요성을 만족시키는 기능이나 사용가치 때문에 소비되는 것이 아니라 그 사물이 내포하고 있는 '특정의 의미하는 무엇'을 기호로서 소비한다는 것이다(윤태영, 2020, p.296). 이런 의미에서 오늘날의 소비는 경제적 의미보다 사회적 의미가 강하다고 볼 수 있다.

1) 경험적 관점에서의 쇼핑가치

홀브루크와 허시만(Holbrook & Hirschman, 1982)은 경험적 관점에서의 쇼핑가치를 설명하기 위하여 소비자 행동 전반에서 정보처리적 관점information-processing view과 비교하여 설명하였다. 정보처리적 관점에서 소비자 의사결정의 성공을 평가하는 기준은 기능성과 효용성이고 소비자로서 해야 할 일work의 완수를 중시한다. 반면에 경험적 관점에서는 심미성, 쾌락, 즐거움이 구매 결정의 성공을 평가하는 기준이다. 이러한 정보처리적 관점과 경험적 관점은 쇼핑가치와 관련하여 실용적 쇼핑가치utilitarian shopping value와 쾌락적 쇼핑가치hedonic shopping value 로 나누어질 수 있다(표 7-2).

쇼핑에서 실용적 가치는 쇼핑 시 목표하는 물건을 사거나 서비스를 제공받는 과업을 완수하는지와, 얼마나 쇼핑 과업을 효율적으로 하는지와 관련되는 가치로서 쇼핑 행동은 해야 할 일work 혹은 과업으로 설명하는 것이 적절하다. 그러나 쾌락적 가치는 쇼핑의 결과보다는 쇼핑 과정에서 발생하는 주관적이고 개인적인 즐거움, 유희성, 오락성, 정서적 가치, 자아 증진 개념 등과 관련되고, 쇼핑 활동이 과업이 아니라 그 자체가 즐겁고 쾌락적인 활동으로 설명하는데 적합하다(Babin, 1994). 즉, 실용적 가치는 외재적 편익과 관련되고 쇼핑을 해야 할 일로 보며 지불한 가격 대비 제품이 제공하는 혜택처럼 결과 지향적이지만, 쾌락적 가치는 내재적 편익과 관련되며 쇼핑을 즐거움으로 보고, 쇼핑할 때 느끼는 일상의 해방감처럼 과정 지향적이라고 할 수 있다(김우성, 2012).

표 7-2. 정보처리적 관점과 경험적 관점의 쇼핑가치

구분	정보처리적 관점: 실용적 쇼핑가치	경험적 관점: 쾌락적 쇼핑가치
인식	• 과업(work) • 해야 할 일	• 쇼핑 그 자체를 즐거움으로 인식
특성	• 쇼핑 과업의 효율성 • 외재적 편익 • 결과 지향적	• 쇼핑 과정에서의 주관적 즐거움 • 내재적 편익 • 과정 지향적

2) 소비가치 유형과 소비행태

제품의 혁신성과 관련된 소비가치를 밴데카스틸 등(Vandecasteele et al. 2010)은 다음 4가지 유형으로 구분하고, 소비가치에 따른 소비행태의 차이를 설명하고 있다.

(1) 기능적 가치

기능적 가치functional value는 소비자 선택에서 가장 중요한 영향요인으로 신뢰성, 내구성, 품질, 가격과 같은 속성에 의해서 창조된다. 기능적 혁신제품을 구매하려는 소비자들은 제품성능과 과업의 생산성 향상, 위험스러운 상황을 회피하기 위해서 혁신제품을 구매하는 경향이 있다. 소비자는 유용성, 간편성, 적합성, 능률성과 같은 기능적 측면에 의해서 소비자 혁신성이 동기화되었으며, 소비자들이 혁신제품을 구매하는 이유는 기능적인 문제를 해결하는 데 있다.

(2) 사회적 가치

사회적 가치social value는 사회 시스템 안에서 자신을 타인과 비교하면서 혁신제품을 상대적으로 일찍 기꺼이 수용하려는 의지에 영향을 받는다. 소비자는 자신을 표현하고 자신의 사회적 지위 향상을 위해 제품을 구매하기도 하는데, 사회적 보상과 사회적 차별화는 신제품 수용을 자극하며 혁신제품의 소유는 독특한 인상을 만드는 것이 사회적으로 인정된 방법이다. 가시적인 신제품의 소유를 통해서 소비자는 자신의 정체성을 구축하는데, 신제품 수용과 관련된 사회적 요인으로는 대중성, 이미지, 신분, 독특성 등을 들 수 있다.

(3) 쾌락적 가치

쾌락적 가치hedonic value는 감각을 자극하여 새로운 경험에 대한 선호에 영향을 미친다. 쾌락적 가치에 근거한 감각적 혁신성은 외적 자극을 통하여 환희와 자극을 추구하는 경향을 보이며, 신제품과 관련된 신기한 정보와 같은 자극적인 정보를 추구하는 경향을 보인다. 따라서 쾌락적 혁신 소비자는 즐거움, 재미, 긴장해소 욕구와 같은 감각적인 자극과 느낌을 경험하고 환기, 행복과 만족에 의해서 소비자 혁신성이 동기화된다. 쾌락적 혁신성은 환희와 정서적 환기를 통하여 경험하기 좋아하고, 즐거움을 주는 것을 즐기는 경향이 있다.

(4) 인지적 가치

인지적 가치cognitive value는 마음을 자극하는 대상물에 대한 새로운 경험을 선호하며, 설명, 사실, 제품작동과 학습에 집중되는 인지적 체계와 과정을 좋아하는 경향이 있다. 인지적 가치에 근거를 둔 소비자들은 사고와 정신적 활동을 즐기는데, 신제품을 사용하고 배우면서, 인지적 능력을 발휘하는 실제적인 수용과 사용 경향이 높으며, 신제품의 실제적 수용에 관심이 있다.

3. 쾌락적 소비의 의사결정과정

쾌락적 소비와 실용적 소비는 의사결정과정에서 어떤 차이를 보이는가?

쾌락적 소비에 대한 의사결정은 실용적 소비와 비교했을 때 구매동기, 정보처리과정, 구매 의도 등에서 차이를 보이는 것으로 나타났다.

1) 구매동기

사람들이 쾌락적 재화에 대한 구매동기가 높은 경우는 일반적으로 소비를 통해 자신을 표현하기appealing 위한 의사결정을 할 때이다. 이러한 구매동기는 의사결정 상황에서 재화의 노출 상황에 따라서 선택이 달라질 수 있다. 첫째, 일반적인 상황에서는 쾌락적 상품과 실용적 상품, 두 개의 대안 중 사람들은 쾌락적 상품을 보다 높게 평가하는 경향이 있다. 그러나 쾌락적 상품과 실용적 상품이 개별적으로 노출됐을 때는 쾌락적 상품을, 두 제품이 나란히 노출됐을 경우에는 실용적 상품을 선택하는 경향이 높다. 둘째, 두 개의 품목을 얻기 위해 필요한 비용 즉, 돈의 지불과 시간 사용의 관계에서 소비자들은 실용적 상품의 경우에는 돈을 지불하는 것에, 쾌락적 상품의 경우에는 노력(시간)을 사용하는 것을 선호하는 것으로 나타났다(Okada Erica Mina, 2005).

2) 정보처리과정

실용재 혹은 쾌락재로 제품을 구분하는 가장 큰 이유는 소비자들이 제품의 특성에 따라 상이한 과정으로 정보처리를 한다는 것이다. 실용재의 경우는 소비자의 인지적 측면이 주도적인 역할을 하며 상품평가 과정이 분석적이고 체계적이므로 소비자는 주로 상품의 물리적 속성과 같이 구체적이고 객관적인 기준을 바탕으로 상품을 평가하게 된다. 반면 쾌락재인 경우는 소비자의 감성적인 부분이 주도적인 역할을 수행하며 분석적이기보다는 총체적인 느낌의 평가를 한다. 즉, 객관적이고 유형의 물리적인 속성보다 무형의 혜택이나 이미지 상품 소비에 대한 소비자의 느낌이나 감정, 환상 혹은 상상 등이 중요한 기준으로 작용하게 된다.

소비의 경험적 모델을 제안한 홀브루크와 허시만(Holbrook & Hirschman, 1982)은 정보처리적 관점과 경험적 관점에서의 소비자 의사결정과정의 차이를 설명하고 있다. 경험적 관점에서의 소비자 의사결정과정은 합리적 의사결정을 추구하는 정보처리적 관점에서는 다루지 않는 주관적 의식상태에 의해 영향을 많이 받는다고 하면서 소비자 행동이 심미적 준거aesthetic criteria와 상징적 의미symbolic meaning 및 쾌락적 반응 hedonic response과 관련되어 있음을 설명하고 있다. 그들에 의하면 전통적 관점에서의 소비자 정보처리과정은 단지 쾌락적 반응의 한 측면인 태도만을 고려하는데(예: 특정 브랜드에 대한 좋아함, 싫어함과 같은 것) 이런 태도적 측면은 경험적 측면에서 봤을 때 감정 요소의 일부분에 지나지 않는다는 것이다. 따라서 경험적 측면에서 봤을 때 태도 요소에는 다양한 느낌의 감정 요소, 예를 들면 사랑, 미움, 즐거움, 지겨움, 슬픔,

동정심, 화남 등과 같은 관련된 감정들이 포함되어야 한다는 것이다.

3) 구매 의도

보스 등(Voss et al. 2003)은 쾌락적 소비의 구매 의도를 2가지 모델로 설명하고 있다. 그들에 따르면 구매 의도와 관련된 의사결정은 쾌락적 소비구조와 실용적 소비구조는 분리되어 있고, 이는 상품 혹은 상표 태도에서 중요한 기준dimension이 된다는 것이다. 이를 그림으로 나타내면 다음과 같다(그림 7-1, 그림 7-2).

그림 7-1은 감성적 요인과 인지적 요인이 상표 태도를 형성하고, 상표 태도가 구매 의도에 영향을 미치는 경우이다.

그림 7-2는 감성적 요인은 쾌락적 태도에, 인지적 요인은 실용적 태도에 각각 분리되어 구매 의도에 영향을 미치는 경우이다. 현실 세계에서 사람들은 정서가 개입되지 않은 순수한 의미의 이성적 의사결정을 하기란 불가능하며, 사람들은 의사결정과

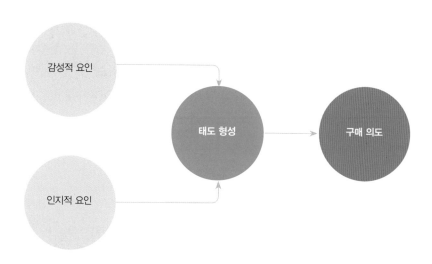

그림 7-1. 태도 형성의 일차원적 모델

자료: Voss et al.(2003). Measuring the hedonic and utilitarian dimensions of consumer attitude. Journal of Marketing Research 11. p.317 재구성.

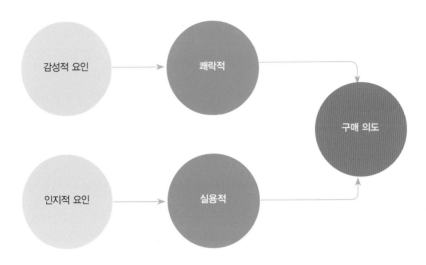

그림 7-2. 태도 형성의 이차원적인 쾌락적 · 실용적 모델

자료: Voss et al.(2003). Measuring the hedonic and utilitarian dimensions of consumer attitude. Journal of Marketing Research 11. p.317 재구성.

정에서 각 대안별로 자신이 중요하게 생각하는 가치에 어느 정도 부합되는지를 판단하는데, 정서는 그 과정에서 중요한 판단기준이 된다(안광호, 2011, pp.72-88). 정서는 이성적 판단 과정에 필요한 평가 기준을 선택하고 각 평가 기준의 상대적 중요성을 결정하는데 영향을 주기 때문에 소비자의 의사결정과정에서 이성적 판단에 의해 해결될 수 없는 부분을 채워주게 되는 것이다. 경우에 따라서는 소비자의 제품 선호도는 순전히 감정affect이나 느낌feeling에 의해 결정될 수도 있다고 본다. 감정이나 느낌은 제품 선호도를 형성하는 과정에서 기억 속에서 바로 인출할 수 있으며 인지적 노력을 덜어주는 이점이 있다. 예를 들면 소비자는 과거 콜라를 마시면서 가졌던 즐거웠던 경험을 기억 속에 저장할 수 있는데, 청량음료를 마시고 싶은 욕구가 발생할 때마다 이러한 긍정적 감정이 상기된다면 여러 청량음료 가운데 특정 콜라가 선택될 가능성이 높아지는 것이다. 즉, 전문적 제품지식이 부족하거나 충분한 제품정보를 갖고 있지 못한 소비자는 감정에 호소하는 광고유형에 쉽게 설득되거나 다른 사람들이 좋아하는 시장선도제품을 선택하는 경향을 보인다. 소비자들은 부족한 제품정보에 대처하기 위해 종종 대안에 대한 호감도 혹은 느낌에 의존하여 선택하게 되는 것이다.

이와 관련된 소비자 관련 조사에 의하면 소비자는 많은 인지적 노력을 투입하여 제품의 장·단점을 신중하게 고려한 후 제품을 구매한다고 응답하지만, 실제로 많은 구매 상황에서 소비자들은 심사숙고하지 않은 상태에서 단순히 느낌으로 구매하며 구매 이후에 자신의 선택에 대해 합리화하는 경향이 있다는 것이다. 이처럼 정서는 소비자가 제품 속성에 대한 신념을 형성하고 대안을 판단하는 데 영향을 준다. 즉, 소비자는 제품에 대한 정서적 경험에 맞추어 그 제품의 속성수준(성능)이 어떠할 것이라는 속성신념들의 집합을 구성하고 이를 토대로 의사결정을 내리고 행동한다. 어떤 제품에 대해 긍정적 정서를 경험한 소비자는 그 제품이 실제로 바람직한 속성들을 많이 가지고 있는 것으로 믿으며, 긍정적인 정서 경험이 우수한 제품 속성수준에서 비롯된 것으로 판단하고, 자신의 경험에 반하는 제품 속성에 대한 정보를 무시하는 경향이 있다(안광호, 2011, pp.72-88). 최근에 이와 같이 정서 지배 소비자 행동에 대한 관심이 높아지는 것도 쾌락적 소비에 대한 소비자의 관심이 높은 것과 관련이 있다고 생각할 수 있다.

4. 쾌락적 소비 형태

오늘날의 소비는 경제적 차원을 넘어서 사회·문화적 차원으로 이해해야 한다. 사회·문화적 차원에서 소비자가 정서적으로 가치 있게 생각하는 소비인 쾌락적 소비의 유형은 어떻게 분류되고, 상품에 따라 쾌락적 상품과 실용적 상품은 어떻게 구분되는지에 대해서 살펴보자.

1) 쾌락적 소비유형

소비자의 정서적 가치에 근거를 둔 쾌락적 소비의 유형은 다음과 같이 4가지 유형으로 설명할 수 있다(안광호, 2006, pp.46-53).

(1) 자아이미지를 강화할 수 있는 소비

소비자는 자아이미지를 반영하고 자아존중감을 보호하는 제품이나 서비스를 가치 있게 생각한다. 소비자는 자신에게 만족감을 느끼는데 도움이 되는 대상물을 가치 있게 생각하며, 따라서 소비자는 자아존중감 유지나 강화에 도움이 된다고 생각하는 제품을 구매할 것이다.

(2) 품위와 품격을 높여줄 수 있는 소비

소비자는 품격 또는 품위유지에 도움이 되는 대상, 이를테면 환경친화적 제품 등을 가치 있게 생각한다. 일반적으로 사람들은 개인적 품위를 유지하고 싶어 하고, 품위 있는 행동은 소신 있는 자세를 지녔다는 지각과 훌륭한 시민이 되었다는 만족감을 느끼게 하기 때문이다.

(3) 대인관계를 강화시킬 수 있는 소비

소비자는 집단의 규범에 부합되는 제품을 가치 있게 생각하며 강하게 정서적으로 몰입한다. 사람들이 정서적·물질적·지적 이유로 타인과의 관계에 의존하듯이 소비자도 대인관계 유지, 강화에 도움이 되는 대상물에 가치를 부여한다. 예를 들면 할리데이비슨 오토바이 소유자는 할리 소유자 커뮤니티에 가입하여 다른 회원과 친밀한 인간관계를 형성하고 해당 커뮤니티에 소속감을 느끼게 되어 할리데이비슨 브랜드 소유에 대한 강한 자긍심과 애착을 보일 수 있다는 것이다.

(4) 지각된 위험을 줄여줄 수 있는 소비

사람들은 삶에서 확실한 것, 불필요한 위험을 피하는 것에 가치를 부여한다. 따라서 소비자는 제품구매 상황에서 인지도가 낮은 브랜드, 구매 결과(혹은 제품성능 확인)에 불확실성이 있는 제품, 제품 정보가 충분하지 않은 브랜드에는 지각된 위험을 높게 느껴 부정적 태도를 보인다는 것이다.

2) 쾌락적·실용적 상품 영역

상품을 '제품의 속성'을 기준으로 하여 구분할 때, 인지적cognitive, 기능적functional, 필수적necessitous 등으로 평가되는 경우는 실용적 상품이고, 감성적affective, 사치성 luxurious 등으로 평가되는 경우는 쾌락적 상품이라고 할 수 있다. 즉, 실용적 상품은 기본적인 욕구 충족과 기능적 수행에 얼마나 도움이 되는지에 따라 평가되는 반면, 쾌락적 상품은 제품의 소비를 통해 얻을 수 있는 즐거움에 의해서 평가되며 감각적 즐거움과 환상에 대한 욕구에서 구매동기가 발생한다고 할 수 있다(김주호, 2011).

어떤 소비가 쾌락적 혹은 실용적 소비인지는 상품 카테고리나 소비자에 따라, 또는 동일 상품이라도 상황이나 상표에 따라 다르다. 또한 쾌락적·실용적 소비는 연속체적인 개념으로 특정 상품이 쾌락적 상품이라고 명확히 말하기보다 A상품이 B상품에 비해 상대적으로 쾌락적 속성이 높다거나more hedonic, 혹은 상대적으로 쾌락적 속성이 낮은less hedonic 상품이라고 말할 수 있다. 이와 관련하여 바트라와 아톨라 (Batra & Ahtola, 1990)는 쾌락적인지 실용적인지를 측정하기 위해서 23개의 의미 차이semantic differential 평가항목을 사용하여 분석한 결과 '즐거운, 아름다운, 기분 좋은, 행복한, 흥미로운, 편안한, 진정시키는' 등은 거의 쾌락적 의미로 생각하는 반면, '가치 있는, 현명한, 안전한, 건전한, 정돈된' 등은 실용적 의미로 받아들이고 있다. 그러나 '긍정적인, 좋은, 호감 가는, 보답이 있는' 등의 의미는 쾌락적·실용적 양측면의 의미로 받아들이고 있어, 상황에 따라 쾌락적일 수도 혹은 실용적일 수도 있음을 제시하였다.

그런가하면 보스 등(Voss et al. 2003)은 상품별, 상표별에 따른 쾌락재와 실용재를 구분하여 설명하고 있는데, 연구에 따르면 상품에 따라서도 쾌락재와 실용재는 구분되지만, 동일한 상품이라도 상표에 따라서 쾌락적, 실용적 차원은 다를 수 있다고 제시하고 있다(그림 7-3, 그림 7-4). 보스 등(Voss et al. 2003)은 '실용성'과 '쾌락성' 두 개의 개념을 기준으로 4개의 영역으로 나누어 1영역은 실용적이면서 덜 쾌락적인 상품 영역, 2영역은 실용적이면서 쾌락적인 상품 영역, 3영역은 상대적으로 쾌락적이지도 실용적이지도 않은 상품 영역, 4영역은 쾌락적이나 덜 실용적인 상품 영역으로 구분하였다.

이 분류에 따르면 2영역에 있는 자동차, 휴가 리조트 등은 쾌락재이면서 실용재에 포함되지만 자동차가 휴가 리조트보다는 실용재 쪽에, 휴가 리조트가 자동차보다는 쾌락재 쪽에 속하는 것으로 평가할 수 있고, 3영역에 있는 담배는 상대적으로 실용적이지도 쾌락적이지도 않은 상품으로 분류평가되었다. 또한 동일한 상품이라도

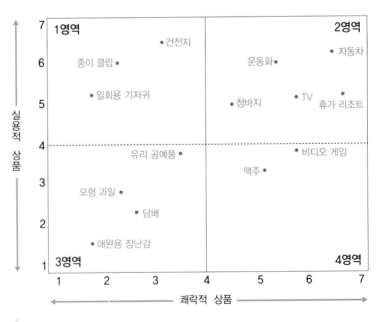

그림 7-3. 상품별 쾌락적 · 실용적 상품

자료: Voss et al.(2003). Measuring the hedonic and utilitarian dimensions of consumer attitude. Journal of Marketing Research 11. p.315 재구성.

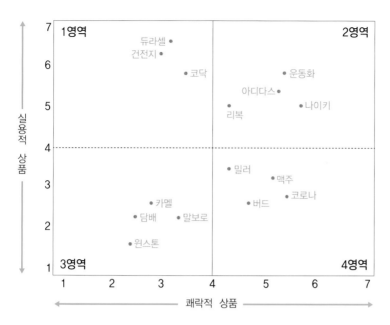

그림 7-4. 상표별 쾌락적·실용적 상품

자료: Voss et al.(2003). Measuring the hedonic and utilitarian dimensions of consumer attitude. Journal of Marketing Research 11. p.315 재구성.

소비자들은 상표에 따라 쾌락적·실용적 인지 정도에 차이를 보였는데, 운동화의 경우 나이키는 리복에 비해 쾌락적이나, 아디다스는 나이키에 비해 실용적인 상표로 인지하고 있는 것으로 나타났다.

5. MZ세대와 쾌락적 소비

세대의 역사적 의미를 처음 주목한 인물은 독일의 W. 딜타이다. 그는 세대를 한 사건의 영향을 받고 있는 같은 시대의 사람들이며, 그들이 생각하고 느끼는 방식에서 공통적인 부분이 있다고 설명하고 있다. 세대가 다르다는 것은 특정 대상이나 이슈에 대한 가치관이나 판단의 체계에 차이가 나타남을 의미 한다. 즉, 세대에 관한 이야기를 할 때에는 특정 세대는 다른 세대와는 차이점이 나타난다는 전제하에 설명이 되는 것이다. 예를 들어 나이가 많은 세대와 젊은 세대 사이에 인식과 가치의 차이가 나타나고, 이를 분석하여 이 특정 세대를 설명할 수 있는 명칭을 붙이게 된다(손정희 외, 2021).

1) MZ세대와 다른 세대와의 차이점

소비자 연구에서 세대에 주목하는 것은 세대가 단순한 연령대로 치환되지 않고 소비자 특성을 복합적으로 반영하는 유용한 변수이기 때문이다(권정윤, 김난도, 2019).

기본적으로 세대를 유형별로 분리하면 다음과 같다. 2021년을 기준으로 현재 76세 이상의 노인층을 사일런트 세대, 1946년부터 1964년 사이에 태어난 사람들을 베이비붐 세대, 그리고 65년부터 80년까지의 세대를 X세대, 베이비붐 세대의 자녀들로서 에코부머스Echo Boomers 혹은 디지털 세대라고도 불리는 Y세대, 그리고 지금의 20~30세대로 설명되는 밀레니얼 세대인 M세대, 그리고 포스트 밀레니얼 세대인 Z세대가 있다.

시대를 대표했던 세대들과 MZ세대를 비교해보면, 과거 베이비붐 세대나 X세대가 조직 중심과 미래 중심으로 설명된 반면에 MZ세대는 개인 중심과 현재 중심이라고 할 수 있다. 과거의 세대가 1등, 결과, 안정적인 삶, 다른 사람에게 인정받는 삶 등의 사회적 기준이 중심이었다면, 현재의 MZ세대는 노력, 소소한 성공, 행복, 과정, 다양한 삶의 방식, 나 자신이 만족하는 삶 등 자신이 기준이 되는 방향으로 변화되고 있다.

특히 밀레니얼 세대는 앞의 X세대와 다르게 개방되고 진보적인 사고를 하는 것으로 나타났는데, X세대가 추상적인 반항아의 성격을 가지고 있다면 밀레니얼 세대는 앞의 세대보다 훨씬 현실적이고 실용적인 가치를 중시하는 것을 선호하고, 행동을 중요하게 생각하는 성향이 강한 것으로 나타났다. 또한 밀레니얼 세대는 이전의 세대보다 디지털기기 및 미디어를 좀 더 편안하게 접하고 사용하는 것으로 분석된다. 베이비붐 세대와 일부 X세대는 디지털 세계에 태어나지는 않았지만 특정 시점부터 디지털 기술에 익숙해진 디지털 이민자digital immigrant로 설명된다면, MZ세대는 태어나고 자라는 시점에서 이미 인터넷과 컴퓨터에 익숙하고 모바일 디바이스 등의 사용이 자유로운 디지털 원주민digital native의 특성을 가지고 있다고 설명된다. 베이비붐 세대가 빠르게 변화되는 기술을 따라잡는데 노력을 했다면, MZ세대는 학창시절에 이미 컴퓨터를 생활화한 첫 세대이며, 컴퓨터와 인터넷을 기반으로 멀티태스킹이 가능한 장점을 가지고 있는 세대로 기술된다. 특히 Z세대의 스마트폰 이용률은 90% 이상으로 매우 높은 편이며, 동영상 콘텐츠를 주로 유튜브에서 스트리밍 방식으로 시청하는 경향이 있다고 보고되고 있다.

Z세대는 다른 세대와 비교해서 SNS에서의 영향력이 큰 것이 특징이다. 이들은 SNS상에서의 네트워크를 선호하는데, 페이스북에 대해 Z세대는 자신만의 기호가 뚜렷하면서도 타인에게 보이는 부분을 많이 고려하는 성향을 가지고 있다. 또한 넓은 인간관계를 선호하면서도 인간관계의 결핍을 동시에 느끼는 세대이기도 하다. 전체적으로 MZ세대는 삶의 방식에 있어서 행복감을 느끼고, 미래를 가꾸어가는 방식은 이전 세대가 해온 방법에 기대거나 기성세대나 학교가 가르쳐준 가치관을 그대로 따르지는 않는다고 설명된다. 다양한 글로벌 문화를 경험하고 적극 교류하며 쌓은 문화적 감수성과 자부심, 저출산으로 인한 1인 자녀 가구 환경에서 성장한 지금의 MZ세대는 과거 X세대나 베이비붐 세대보다 훨씬 더 온전한 나로서의 정체성을 확고히 하게 되는데, 이들은 남들이 볼 때 극히 평범해 보일 수 있는 소소한 보통 정서와 다수 무의미해 보이는 것들도 자신이 좋아하고 관심이 있는 것이라며 떳떳하게 밝히는, '나' 스스로에게 가장 솔직할 수 있는 단단하고 건강한 자존감을 가진 세대라고 할 수 있다(손정희 외, 2021).

2) MZ세대의 소비 특성

'MZ세대'는 지금의 20~30대 세대를 일컫는 '밀레니얼 세대'와 '포스트 밀레니얼 세대'인 Z세대를 합친 젊은 세대를 지칭한다. 이 세대들은 과거 세대들과는 다른 소비행태로 자신의 행복과 가치를 중시하며, 합리적인 소비 특성이 강한 것으로 보고되고 있다. 예를 들면 MZ세대는 자신의 성공과 부를 과시하는 플렉스 문화를 즐기며 자신에게 가치를 줄 수 있는 브랜드나 상품에 대해서는 과감하게 소비하면서도(플렉스 하면서도)(박태호, 정채은, 임강진, 2020), 일상에 필요한 생필품 등에서는 꼼꼼히 따져보고 절약하며 합리적인 소비를 하는 양면적 소비 행동의 특징을 지니고 있다(송선민, 장성호, 2021).

또한 MZ세대는 디지털 미디어 환경의 가상 세계에 대한 정보공유와 의사소통에 익숙하고, 디지털 기술에 대한 활용력이 높다. 또한 새로움과 재미를 추구하는 특성을 보이기도 하며, 자기표현 욕구가 강해 차별화된 소비문화와 다양한 라이프스타일을 추구한다. 이러한 이유로 최근 소비시장의 흐름을 주도하는 주요 소비자층으로 MZ세대를 꼽고 있기도 한데, MZ세대의 특성을 요약하면 다음과 같다(이주영, 조경숙, 2021).

(1) 디지털 네이티브

MZ세대는 태어날 때부터 스마트폰과 IT 기기에 익숙한 디지털 네이티브digital native 세대로 인터넷과 다양한 디지털 디바이스를 다루는 데 능숙하다. 이들은 새로운 가상공간 속에서도 거부감 없이 유연한 사고를 발휘하며 쇼핑, 책 읽기, 배달 주문 등과 같은 거의 모든 일상생활에서 디지털기기를 활용한다. 또한 활자보다 영상, 이미지 등 시각적인 요소를 선호하여 미디어 환경의 주 선호 채널로 자리 잡고 있는 유튜브나 인스타그램이 발전하게 된 것도 MZ세대의 영향이라고 할 수 있다.

(2) 펀슈머

MZ세대는 새로운 즐거움에 열광하는 소비자로서 펀슈머funsumer라고도 불린다. 펀슈머는 제품의 소비과정에서 재미fun를 중요한 요소로 생각하는 소비자consumer를 의미하는 합성어로 재미와 즐거움을 선호하는 소비자를 일컫는다. 과거 기성세대에게 가격대비 기술과 성능이 주요 제품구매 요인이라면, MZ세대는 가격대비 호기심을 자극할 만한 재미, 즉 심리적 만족을 주는 소비가 더 중요시 된다.

(3) 플렉스

MZ세대가 영향력 있는 주력 소비층으로 등장하면서 일상적 소비에서도 드러나는 그들의 또 다른 문화적 특징을 플렉스flex 문화하고 할 수 있다. 플렉스란 1990년 미국 힙합문화에서 부나 귀중품을 드러내는 모습에서 유래돼 젊은 층을 중심으로 '과시하다', '뽐내다'라는 뜻으로 쓰이기 시작했다. MZ세대의 새로운 문화로 플렉스 문화가 등장했을 당시에는 유튜브, 인스타그램 등 소셜미디어 플랫폼의 활성화와 맞물려 타인에게 과시하고자 하는 과도한 욕구로 인식되었으나, 최근에 플렉스는 개인의 만족을 위한 가치소비로 인식되고 있다.

3) MZ세대와 플렉스 소비

우리는 어떤 특정 문화의 구성원이 되면, 그 문화의 구성원으로서 내면적 욕구 psychogenic needs에 따라 소비하게 된다. 한 세대는 그 집단만이 갖는 고유한 문화를 형성하게 되고, 따라서 세대에 따른 소비성향은 차이를 보인다.

세대별 소비자 구매 의사결정에 나타난 쇼핑 경향의 차이를 조사한 연구에 따르면, Y세대 소비자들은 베이비붐 세대 소비자들과 X세대 소비자들보다 쾌락적 쇼핑 경향이 높은 것으로 나타났으며, 구매 의사결정과 관련해서 스타일·디자인의 영향과 그에 따라 감각 마케팅의 영향도 많이 받는 것으로 나타났다. 다시 말해, Y세대 소비자들은 소득의 많은 부분을 자신의 개성을 드러내주는 제품에 지출하는 반면, 베이비붐 세대들은 자신이 속한 그룹에서 두드러지지 않으려고 할 수도 있다는 것이다(김우성, 2012). 그런가하면 MZ세대의 쾌락적 소비성향은 다른 세대에 비해 높은 것으로 평가된다. MZ세대는 상대적으로 부유한 부모세대의 환경적 영향 속에서 디지털, 온라인을 기반으로 트렌드에 민감하며 새롭고 다른 경험을 추구하는 고유의 소비 특성을 추구해왔다. 이들은 일상의 소비에서도 세대 특성을 명확하게 내보이는데, 미래를 위해 저축하거나 검소하게 소비하지 않고 욜로YOLO, 플렉스FLEX 등과 같이 지금의 나를 위해서 고가이거나 유행 중인 상품을 구매하고 이를 SNS 등을 통해서 자랑스럽게 표현하는 등(전대근, 2020), 쾌락적 소비성향이 높다고 하겠다. 2030세대를 대상으로 플렉스 소비문화에 대해 설문조사한 결과 2030세대의 절반(52.1%)가량은 플렉스 소비를 긍정적으로 바라봤는데, 가장 큰 이유로는 '자기만족이 중요(52.6%)', '즐기는 것도 다 때가 있다(43.2%)', '스트레스 해소에 좋을 것 같아(34.8%)', '인생은 즐기는 것이라 생각(32.2%)' 등을 제시하고 있는 것도 MZ세대의 쾌락적 소비 특성을 반영한 결과라고 볼 수 있다(시사오늘·시사ON, 2021. 11. 27.).

6. 쾌락적 소비와 행복

쾌락은 인간이 행복하다고 느끼는 가장 단순하면서도 직접적인 감각으로, 맛있는 음식이나 향수 냄새를 맡을 때 느껴지는 즐거운 감각처럼 오감을 통해 경험하게 되는 긍정적인 감각을 의미한다. 그러나 쾌락은 육체적인 것이든지 정신적인 것이든지 일정 정도 동일한 쾌감을 반복해서 얻게 되면 그에 대한 적응, 둔감화, 습관화의 과정을 겪게 되어 동일한 자극에 대해 점점 덜 느끼게 된다(송인숙 외, 2012, pp.179-200). 쾌락의 쳇바퀴hedonic treadmill에 따르면, 제품 및 서비스를 소비함으로 유발된 행복감은 시간이 지나면서 줄어드는 경향을 보인다(Kahneman, Knetsch, & Thaler, 1991). 따라서 쾌락적 소비에 대해 적응하게 되면 소비자가 지속적으로 새로운 양상의 쾌락을 추구하기 위해 쾌락의 쳇바퀴 속에서 쾌락적 소비를 유지하기 위해 노력하게 된다는 것이다(한성희, 2012).

현대 소비문화의 특성 중의 하나로 쾌락적 소비에 대한 강한 욕망을 들 수 있다. 소비자가 소비를 재화의 기능적 사용을 넘어 자아개념의 전달 수단 및 의사소통 수단으로 이용하여 소비의 상징성이 강조되고, 소비의 의미가 개인적으로 해석될 뿐만 아니라 사회적 연관 속에서 의미가 부여되므로, 오늘날의 소비사회에서 대부분의 상품은 상품의 본래 실용성보다 즐거움을 추구하는 쾌락적 소비에 대한 열망이 있는 것이다. 그러나 실용재는 소비를 정당화시킴으로서 행복감이 비교적 오래 지속되는 성격을 가졌지만, 쾌락재는 소비를 통해 발생한 행복감이 오래가지 않고 빠르게 줄어드는 성격을 가진다(Lee, Cryder, & Nowlis, 2014). 따라서 소비의 궁극적인 목적인 소비를 통한 만족, 즉 행복을 추구하기 위해서는 욕망을 통제하고 자기 주도적으로 욕구를 조절하는 욕망의 자기조절과 즐거운 삶과 의미 있는 삶의 균형을 추구하는 '쾌락과 의미 균형'을 유지할 때 소비를 통한 행복에 접근할 수 있다고 생각한다.

1) 욕망의 자기조절

욕망충족이론은 욕망이 충족되었을 때 행복해진다는 이론으로 쾌락주의적 입장과 일치한다. 쾌락주의적 입장에서 보면 욕망충족상태는 일시적이고 하나의 욕망이 충족되면 곧 그런 상태에 익숙해지게 되고, 다른 욕망이나 상위의 욕망이 부각되어 행복과는 다시 멀어진다. 따라서 욕망의 자기조절이란 끊임없는 타인과의 비교나 외적 자극에 따라 발생하는 욕망에 의해 살기보다는 자신에게 도움이 될 수 있도록 비교기준을 선택하고 소비 욕구를 자극하는 마케팅 활동에 선택적으로 반응하여 자신의 욕망을 능동적으로 조절하는 것이다(송인숙 외 2012, pp.179-200). 모든 욕망은 실제 필요와 결핍으로 인해 생기기도 하지만, 보드리야르의 말처럼 욕구에는 한계가 있지만 욕망과 욕망체계엔 한계가 없다고 볼 수 있다. 현대사회에서는 마케팅 활동(광고 등)에 의해 욕망이 생기는 경우가 더 많기 때문에 우리의 욕망은 끝이 없어 보이고 항상 결핍감에 시달리게 된다. 따라서 자신의 욕망을 능동적으로 조절하려는 노력은 더욱 중요하다고 할 수 있다(윤태영, pp.126-127, 2020).

2) 쾌락적 소비와 삶의 의미 균형

쾌락hedonic은 자기 삶을 즐겁고 행복하게 하는 것으로 소비자는 본능적으로 쾌락을 추구하며 이러한 행동은 다양한 라이프스타일과 마찬가지로 각양각색의 소비생활로 표출되고 있다. 흔히 쾌락적 소비와 실용적 소비는 '원하는 것want'과 '해야 하는 것should'에 비유된다. 원하는 것은 해야 하는 것에 비해 보다 감성적이며 경험적으로 소구되는 경향이 있으며, 종종 악덕에 비유되기도 하는데 담배나 술의 소비를 예로 들 수 있다. 이러한 소비는 쉽게 자신을 즐겁게 할 수 있지만 결국에는 자신에게 해로움을 준다는 것이다(한성희, 2012, pp.207-221). 따라서 행복해지기 위해서는 즐거움과 삶의 의미라는 2가지를 충족시키기 위한 균형적 소비가 이루어져야 하며(송인숙 외 2012, pp.179-200), 이를 위해서는 자기 삶에서 스스로 중요하게 여기는 의미 있는 소비는 어떤 것이며, 즐거움을 위한 소비는 어떤 것인지에 대해 '생각하는 소비자'가 되어야 할 것이다.

경제성   주차의 용이성   타인의 시선   사회적 이미지

그림 7-5. 실용적·쾌락적 구매 의사결정의 비교

생각해보기

1. 자신이 가지고 있는 상품 중 10개를 제시한 후 이를 쾌락적 상품과 실용적 상품으로 구분하여 제시한 후 친구들과 비교 평가해보자.

   1) 자신이 쾌락적 상품으로 분류한 것을 친구들은 실용적 상품으로 분류한 것이 있는가?

   2) 만약 있다면 친구들과 다르게 분류한 이유에 대해 토론해보자.

2. 우리 삶에서 쾌락적 소비는 행복을 가져다주는가? 그렇다면(혹은 아니라면) 그 이유는 무엇인지 예를 들어 설명해보자.

참고문헌

국내문헌

강신혜, 박세범, 정난희(2021), "구독유형, 구독기간, 지불방식이 구독 취소의사에 미치는 영향", 소비자학 연구 32권 3호, 1-25.

김경자(2010). 우리나라 소비문화와 소비트렌드 연구의 동향과 전망. 소비자학 연구 21(2), 115-139.

김영신, 서정희, 송인숙, 이은희, 제미경(2012). 소비자와 시장환경. 서울: 시그마프레스.

김시월(2005). 소비자의 소비가치 유형별 및 세대별 생산·소비 관련 속담에 대한 공감도 연구. 소비자학연구 16(3), 133-156.

김우성(2012). 소비자의 구매 의사결정에 나타난 세대차이. 마케팅관리연구 17(4), 115-137.

김주호(2011). 중국의 사회문화가 쾌락재와 실용재 간 소비자 선택에 미치는 영향: 대도시 소비자의 위조품 구매를 중심으로. 마케팅관리연구 16(4), 19-49.

마이클 솔로몬 저, 황장선, 이지선, 전승우, 최자영 역(2022). 소비자 행동론. 서울: 한빛아카데미.

마이클 J. 실버스타인, 닐 피스크 저, 이병남 외 역(2007). 소비의 새물결 트레이딩업. 서울: 세종서적.

박동배(2007). 소비자 시장의 2010 메가트랜드. 한국경제신문.

박태호, 정채은, 임강진 (2020), "플랙스 소비 트랜드", 마케팅, 54권 8호, 56-67.

배영달(2009). 보드라야르의 아이러니. 동문선

성제환(2012). 보드리야르의 소비사회론과 문화경제학. 문화경제연구 15(2), 57-78.

손정희, 김찬석, 이현선(2021), "MZ세대의 커뮤니케니션 고유 특성에 대한 각 세대별 반응 연구 −MZ세대, X세대, 베이비붐 세대를 중심으로−", 커뮤니케이션 디자인학 연구 77권 pp. 202-215.

송인숙, 천경희, 윤여임, 윤명애, 남유진(2012). 행복론 관점에서 본 현대 소비문화의 특성에 대한 비판적검토. 소비문화연구, 179-200.

안광호(2006). 정서마케팅. 서울: 애플트리테일즈.

유순근(2012). 소비자의 기능적, 쾌락적 및 사회적 혁신성이 구매의도에 미치는 영향: 지각된 사용성과 성능의 매개효과. 마케팅관리연구 17(3), 45-68.

이정우(2010). 화장품시장의 양면적 소비. 가천대학교 석사학위논문.

한성희(2012). 자기효능감과 불안감에 따른 쾌락소비행동 및 삶의 만족도. 한국소비자학회 2012년 춘계학술대회, 207-221.

국외문헌

Arnould, E., L. Price & Zinkhan(2005). Consumers. NY: McGraw-Hill.

Babin B. J. & W. R. Darden & M. Griffin(1994). Work and/or fun: measuring hedonic and utilitarian shopping value. Journal of Consumer Research 20, 644–656.

Batra R. & O. Ahtola(1990). Measuring the hedonic and utilitarian sources of consumer attitudes. Marketing Letters 2(2), 159–170.

Heijden H. V. D(2004). User acceptance of hedonic information systems. MIS Quarterly 28(4), 695–704.

Hirschman E. C. & M. B. Holbrook(1982). Hedonic consumption: emerging concepts, methods and propositions. Journal of Marketing 46, 92–101.

Holbrook M. B. & E. C. Hirschman(1982). The experiential aspects of consumption: consumer fantasies, feelings, and fun. Journal of Consumer Research 9, 132–140.

Holbrook Morris(1999). Introduction to Consumer Value. NY: Routledge.

Kahneman, D., Knetsch J. L. & Thaler R. H.(1991), Anomalies: the endowment effect, loss aversion and status quo bias", Journal of Economic Perspectives, 5(1), 193–206.

Lee K.K., C.E., Cryder & S. M. Nowlis(2014), "Jimmy Choo vs. Nike: Experienced adaptation for hedonic vs. utilitarian products," in Advances in Consumer Research, eds. June Cotte and Stacy Wood, Duluth, MN: Association for Consumer Research, 42, 220–224.4

Maenpaa K & A. Kanto & H. Kuusela & P. Paul(2006). Analysis papers more hedonic versus less hedonic consumption behaviour in advanced internet bank services. Journal of Financial Services Marketing 11(1), 4–16.

Nowlis S. M & N. Mandel & D. B. Mccabe(2004). The effect of a delay between choice and consumption on consumption enjoyment. Journal of Consumer Research Inc 31, 502–510.

Okada Erica Mina(2005). Justification effects on consumer choice of hedonic and utilitarian goods. Journal of Marketing Research 42(2), 43–53.

Sheth, J. N., Newman, B. I., & Gross, B. L,(1991). Consumption Value and Market Choice: Theory and Applications. South–western Publishing Co.

Voss K. E., Eric R. Spangenberg and B. Grohmann(2003). Measuring the hedonic and utilitarian dimensions of consumer attitude. Journal of Marketing Research 11, 310–320.

기타자료

시사오늘 · 시사온(2021.11.27.). '플렉스'에 울고 웃는 MZ세대
https://www.sisaon.co.kr/news/articleView.html?idxno=133879

CHAPTER 8

윤리적
소비

윤리적 소비

합리적이고 경제적인 선택을 넘어 윤리적 소비에 주목하고 있다. 윤리적 소비는 가격이나 품질, 상표 명성 등 주된 선택기준 이외에 환경, 인권, 동물복지에 관한 관심을 반영하며, 생산과정에서부터 유통, 소비에 이르기까지 사회에 미치는 영향을 고려한다. 소비자들은 이전보다 훨씬 사려 깊은 소비패턴으로 변화하고 있으며, 고차원적인 도덕적 욕구와 가치가 구매과정에서 중요한 요소가 되고 있다. 현재 윤리적 소비는 전 세계적으로 증가하고 있으며, 소비자들은 다양한 동기에 의해 윤리적 소비를 한다. 윤리적 소비는 제품선택에서 정치적·종교적·영적·환경적·사회적 또는 다른 동기를 가질 수 있으나 구매 선택이 자신과 자신을 둘러싼 외적 세계에 미칠 영향에 관심을 둔다는 것이 공통점이다.

이 장에서는 윤리적 소비의 개념과 소비의 전 과정인 구매, 사용, 처분, 자원의 배분 과정에서 윤리적 소비의 유형과 평가 기준을 살펴보고, 윤리적 소비 실천의 장애요인과 윤리적 소비의 실천 행동에 대해 알아보고자 한다.

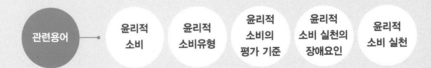

관련용어 · 윤리적 소비 · 윤리적 소비유형 · 윤리적 소비의 평가 기준 · 윤리적 소비 실천의 장애요인 · 윤리적 소비 실천

패스트 패션 vs. 윤리적 패션

최유행 씨는 패션과 쇼핑에 관심이 많은 대학생이다. 최유행 씨는 SPA(specialty store retailer of private label apparel; 저렴한 가격에 빠른 상품 회전을 하는 다품종소량생산방식의 자가상표부착제 유통방식)로 잘 알려진 패스트 패션 브랜드에서 옷을 자주 구매한다. 빠르게 유행을 반영하면서도 가격이 비교적 저렴한 편이라 계절마다 몇 벌씩 사서 즐겨 입는 편이다. 그러나 한 철만 입으면 옷이 후줄근해지고 유행이 지난 것처럼 느껴져서 옷장 안에는 입지도 못하고 쌓아두는 옷이 점점 늘어났다. 그런데 요즈음 의류 구매에 변화가 생겼다. 얼마 전 다큐멘터리 영화를 통해 좁은 공장에서 기계처럼 작업하는 노동자들의 모습을 보며 제3세계 빈민국 노동자들의 열악한 노동 현실을 알게 되었기 때문이다. 무심코 샀던 제품 이면에는 저가격을 유지하기 위해 노동자들의 희생이 있었다는 것을 깨닫게 되면서 패스트 패션의 구입을 자제하게 되고 쉽게 사고 버렸던 자신의 소비패턴을 되돌아보게 되었다.

최근에는 환경을 고려하여 하나를 사더라도 이전보다 신중하게 구입하게 되고 특히 제3세계 생산자에게 공정한 대가를 지불하는 친환경 공정무역 패션 브랜드에도 관심이 가기 시작했다. 최유행 씨는 단순히 제품을 구매하는 것이 아니라 생산의 이면과 자신의 소비를 통해 만들어지는 것을 고려하기 시작하였다.

▶▶ **Q&A**

Q 소비자는 일상적인 구매를 통한 화폐투표로서 기업과 사회, 환경에 긍정적인 영향을 미칠 수 있다. 자신의 구매 선택이 윤리적 · 사회적 책임의 동기에서 이루어진 경험이 있는가? 있다면 어떤 경우였는가?

A _____

_____

_____

1. 윤리적 소비의 개념

고전 경제학에서 경제 행위의 동기는 자기의 이익을 추구하는 것이다. 자기 이익을 추구하는 이기적 합리성에 기반을 둔 의사결정을 토대로 이루어진 소비를 합리적 선택으로 바라본다(이의원, 박도영, 2020; Smith, 1776). 이러한 이기적 선택에 기반을 둔 소비는 오늘날 우리가 경험하고 있는 자원고갈, 환경오염으로 인한 지구온난화와 기후변화, 빈곤과 빈부격차 등의 지속가능성을 위협하는 다양한 문제를 더욱 악화시키게 한다. 그렇다면 이러한 문제들을 해결하고 지속가능한 사회로의 변화를 위해 우리는 어떤 소비를 해야 하는가?

이에 대한 해답은 옳고 그름, 해야 할 것과 하지 말아야 할 것의 기준이 되는 윤리를 통해 살펴볼 수 있다. 윤리ethics는 사회구성원으로 지켜야 할 바람직한 행동의 기준 혹은 규범으로 자신뿐 아니라 공동체 사회에 속한 타인도 함께 고려하고 존중하는 보편적 규범이자 기준이다(천경희 외, 2017). 이러한 윤리의 기준에 비추어 일상적 경제활동 중 하나인 소비행위의 기준을 규정지을 수 있다. 윤리 개념에 비추어 소비 행동의 기준이 되는 규범체계를 규정하는 것을 소비윤리ethics of consumption라 한다. 즉, 소비윤리는 소비생활에 필요한 재화와 서비스의 생산, 구매, 사용 및 처분을 둘러싼 행동을 규율하는 윤리이다. 소비윤리가 소비행위에 대한 이론적 윤리 판단기준이라면, 윤리적 소비는 소비생활 속에서 소비윤리를 실천하는 소비자의 소비 행동을 의미한다(천경희 외, 2017).

윤리적 소비ethical consumption는 인간과 동물, 자연과 환경 등 다양한 사회적 이슈에 도움을 주는 제품의 구매 행위에 초점을 맞추었다(Cowe & Williams, 2001; Mintel International Group, 1994). 하지만 오늘날 윤리적 소비의 개념은 과거 구매 행동에 초점을 둔 정의와 달리 보다 광범위한 영역을 포함한 소비 실천의 범위로 그 개념이 확대되고 있다. 바네트 외(Barnett, Cafaro & Newholm, 2005)는 윤리적 소비를 소비 자체에 대한 통제로써 소비자의 사회적 실천을 강조하였으며, 크레인과 매튼(Crane & Matten, 2004)은 윤리적 소비를 소비자의 개별적, 도덕적 신념에 의한 절제된 소비 행동으로 보았다. 윤리적 소비는 거시적 측면에서 소비의 사회·문화적 영향력을 포함하고 있다. 따라서 윤리적 소비는 인권, 환경, 동물, 사회정의와 같은 다양한 가치 측면에서 소비자의 개별적·도덕적 신념을 기초하여 의사결정을 토대로 한 절제된 소비 행동으로 정의할 수 있다(천경희 외, 2017).

2. 윤리적 소비의 유형과 평가 기준

1) 윤리적 소비의 유형

윤리적 소비는 소비의 전 과정인 구매, 사용, 처분과 자원 배분에서 소비자의 도덕적 신념에 의해 인간, 사회, 환경에 대한 사회적 책임을 실천하는 소비 행동으로 표 8-1과 같이 소비의 전 과정에서 윤리적 소비 행동을 살펴볼 수 있다(천경희 외, 2017).

(1) 구매

윤리적 구매 행동은 재화와 서비스의 구매 선택의 과정에서 인간, 사회, 환경 등의 사회적 책임을 고려한 행동이다. 윤리적 구매 행동은 경제주체로써 소비자가 상거래 관계에서 타인이나 사업자에게 불법적인 소비행위를 하지 않고, 계약관계 이행의 의무, 주의의무, 소비자 책임 등의 상거래 소비윤리를 준수하는 것을 말한다. 또한 윤리적 판단기준을 어기는 재화와 서비스를 생산·유통하는 기업, 독과점 행위 등과 같이 상거래 관계에서 불이익을 제공하는 기업과 그 기업의 제품에 대해 불매운동을 하고, 윤리적 재화와 서비스를 생산하는 기업의 제품은 적극적으로 구매하는 구매운동을 하는 것도 포함된다. 인간, 환경, 사회가 모두 함께 살아가는 지속가능한 사회를 실천하기 위해 친환경 제품, 에너지 효율이 높은 제품, 노동기준을 준수한 제품, 공정무역제품, 사회적 기업제품, 지속가능한 여행과 로컬소비 등을 통해 윤리적 구매 행동을 실천할 수 있다. 이러한 윤리적 구매 행동은 단순히 자신의 사적 욕구나 시장 효율성뿐 아니라 소비의 결과가 타인, 사회, 환경 등에 미치는 영향을 고려한 구매 행동으로 볼 수 있다.

(2) 사용

윤리적 사용 행동은 소비자가 소유하고 있는 자원을 효율적이며 집약적으로 사용하고, 자원을 절약하며 환경을 고려한 사용 행동을 의미한다. 윤리적 사용 행동은 에너지, 물 등 자원을 절약하여 사용하고, 불필요한 사용을 줄이기 위해 세탁물을 모아서 세탁하는 등 집약적으로 제품을 사용하며, 쓰레기 배출을 감소시키기 위하여 일회용품 사용을 자제하고 리필제품을 사용하는 등의 행동이 포함된다. 또한 제품의 사용 과정에서 환경에 위해를 줄 수 있는 제품의 사용을 자제하고 천연 제품의 사용을 통해 윤리적 사용 행동을 실천할 수 있다.

(3) 처분

윤리적 처분 행동은 기후변화로 인한 지구온난화 등의 지구환경 변화로부터 자연환경을 지키고 지속가능한 사회의 구현을 고려한 처분 행동을 의미한다. 윤리적 처분 행동은 환경오염과 자원 낭비를 막기 위하여 쓰레기를 최대한 줄이도록 노력하며, 재활용이 가능한 쓰레기는 올바르게 분리수거 및 배출하는 행동을 말한다. 또한 제품이 원래의 기능을 상실하였을 때 필요한 타인에게 기증하거나 물물교환, 중고판매 등을 하고, 필요한 형태로 제품을 리폼하여 다시 사용하는 등을 통하여 실천할 수 있다.

(4) 자원의 배분

자원의 배분에 해당하는 윤리적 소비 행동은 소득의 지출이나 자산관리에 있어

표 8-1. 소비과정에 따른 윤리적 소비 행동의 내용

소비과정	내용	
구매	상거래 소비윤리 실천(계약관계 이행, 주의의무, 소비자 책임 등의 실천), 불매운동, 구매운동(친환경 소비, 고효율에너지제품, 공정무역제품, 지속가능한 여행, 로컬소비, 사회적기업제품 구매)	
사용	자원 절약(에너지, 물 등), 집약적 제품 이용, 일회용품 자제, 리필제품 사용, 천연제품 사용, 물건 오래 사용	자발적 간소화
처분	쓰레기 줄이기, 올바른 분리수거 및 배출, 재활용·중고제품의 윤리적 처분(중고판매, 물물교환 등), 리폼	
자원배분	기부·후원, 윤리적 기업과 사업에 투자, 나눔	

자료: 천경희 외(2017) 행복한 소비 윤리적 소비, p.48 재구성

사회적 책임을 고려한 행동을 의미한다. 자원의 배분은 자선사업이나 공공사업을 돕기 위해 돈 혹은 물건을 대가 없이 내놓거나 사회적·윤리적으로 합당하다고 판단되는 기업이나 사업에 투자하고, 타인과 함께 음식, 옷 등과 같은 물품이나 자신의 능력을 함께 나누는 행동을 통해서 실천할 수 있다(김소민, 2018). 자원의 배분은 주로 지역공동체의 핵심가치, 세대 내 분배와 관련된 소비윤리가 강조되고 있다.

소비자들이 실천하는 윤리적 소비 행동은 윤리적 재화와 서비스를 구매하는 것뿐만 아니라 사용, 처분 및 자원배분 등 소비의 전 과정에서 이루어질 수 있다. 또한 하나의 소비 과정으로는 나눌 수 없고 모든 소비 과정에 걸쳐 소비자는 스스로 자신의 삶을 간소하게 생활하도록 노력할 필요가 있다. 이와 같이 자발적으로 간소화한 삶은 단순히 전반적인 소비의 양을 감소하는 것이 아니라 비물질적인 가치를 추구하며 단순한 생활방식을 통하여 간소한 소비생활로 변화하는 윤리적 소비 실천 행동이다.

2) 윤리적 소비의 평가 기준

윤리적 소비를 실천하기 위하여 소비자는 시장에서 재화와 서비스 혹은 기업이

윤리적인지 아닌지를 판단할 수 있는 기준이 필요하다. 이에 영국의 윤리적 소비연구협회ECRA: Ethical Consumer Research Association에서는 시장에서 유통되는 재화와 서비스 및 기업의 표준화된 윤리적 평가 기준을 제시하고 있다(ECRA, 2022).

(1) 동물복지

구제역, 조류인플루엔자, 아프리카돼지열병 등의 가축전염병과 살충제 달걀 파동 등의 식품안전 문제가 끊임없이 발생하면서 식품의 품질 및 안전관리에 대한 사회적 관심이 증가하고 있다. 이에 따라 소비자의 건강과 안전에 관한 문제뿐 아니라 동물 사육방식 등을 소비자 문제로 인식하기 시작하였다. 또한 동물 사육환경에서 위생과 건강 조건을 되돌아보는 것을 넘어서 동물이 가져야 할 최소한의 복지에 대한 경각심을 인식하게 되었다(김선우, 2013; 김설인, 김은정, 2019).

윤리적 소비를 평가하기 위한 하나의 기준인 동물복지는 동물보호 및 배려에 초점을 둔 가치이다. 인간과 같은 생명체로서 동물에 대한 존중과 배려가 소비에서 중요한 평가 기준이 될 수 있다. 재화의 생산과정에서 동물실험이 일반적으로 필요하지 않음에도 동물실험을 하지는 않는지, 공장식 밀집 사육, 좁은 감금 틀과 비위생적 환경 속에서 동물을 사육하지 않는지, 제품의 생산 과정에서 발생하는 동물 학대의 여부 등을 통해 동물복지의 윤리적 평가를 할 수 있다.

(2) 환경

환경오염에 따른 지구온난화 현상으로 인해 태풍, 홍수, 가뭄이 발생하는 등 이상기후 현상이 세계에서 빈번히 발생하고, 온도 상승으로 인해 빙하가 녹기 시작하는 등 다양한 문제가 발생하고 있다. 소비자들은 이러한 환경문제를 지각하고 관심과 참여가 높아지면서 윤리적 소비 영역 중 환경을 고려한 소비는 가장 널리 알려져 있다(김설인·김은정, 2019). 환경을 고려한 소비는 환경문제에 관심을 가지고 생태 지향적 행동을 하는 것을 의미한다. 기후변화에 대응하기 위해 기업은 생산, 유통과정과 제품에서 발생하는 탄소배출량을 관리하고 이를 감축하기 위한 방안을 마련하고 있는지, 기후변화에 부정적 영향을 미치는 분야의 사업 혹은 활동을 하는지, 환경, 수질, 토양 등에 오염을 유발하는지, 기존 환경을 보존하고 동식물의 추가 멸종을 방지하기 위한 활동을 하는지 등을 통하여 환경과 관련된 윤리적 평가를 할 수 있다.

(3) 인권

생산과 유통과정에서 아동노동 반대, 노동조합의 보호 등 인권 문제가 소비에 중요한 가치로 인식되고 있다. 카펫 공장에서 노동하는 아동들, 절대빈곤에서 벗어나기 어려울 정도로 저렴한 임금으로 커피 농가에서 일하는 농부들, 청바지 공장에서 강한 독성의 표백 물질에 노출된 채 저임금에 매일 12시간 이상 일하는 노동자들 등 세계의 곳곳에서 인권 침해를 통해 제품이 생산되고 있다. 이처럼 경영과정에서의 인권을 침해한 사례가 존재하는지, 노동자의 권리 보호 수준은 어떠한지, 하청공장 혹은 중소기업과의 불공정 계약은 없는지, 군사용 무기의 생산을 하는지 등을 통하여 인권과 관련된 윤리적 평가를 할 수 있다.

(4) 정치

소비자가 재화와 서비스를 선택하는 과정에서 사회적 가치를 중요하게 생각하기 시작하면서, 윤리적 소비가 하나의 사회참여 방식으로 떠오르고 있다. 즉, 윤리적 소비를 통해 생산과 유통과정에서 기업의 활동들이 중요한 윤리적 평가 기준이 될 수 있다. 기업이 불매운동의 대상이 되고 있는지, 탈세, 정부나 단체에 로비활동 등 비윤리적 정치활동을 하지는 않는지 등을 통하여 정치와 관련된 윤리적 평가를 할 수 있다.

(5) 지속가능성

기업과 제품의 윤리적 평가 기준은 일반적으로 기업의 생산·유통과정에서 동물

실험이나 학대, 노동 착취, 환경오염 등을 유발하는지와 같이 부정적인 측면을 가지고 평가하는 경우가 많다. 하지만 긍정적인 변화를 일으키는 기업들의 등장과 함께 이에 대한 적절한 평가도 요구된다. 예를 들어 사회복지법인 위캔쿠키회사는 우리 밀, 버터 등 국내산 재료와 초콜릿, 시나몬 등 수입 원료는 공정무역제품을 사용하여 발달장애인들이 제품을 만들고 있다. 또한 판매 수익금은 장애인의 성공적 자립을 위해 사용되고 있다. 이에 2001년 10명에서 2019년 40명의 발달장애인이 일하고 있으며, 연 매출도 1억 원

그림 8-1. 사회복지법인 위캔쿠키
(https://www.wecanshop.co.kr)

에서 16억 원에 달하게 되었다(라이프인, 2018.11.06). 이처럼 사업 전반에 걸쳐 지속가능성을 고려한 활동을 하는 기업에 대한 긍정적 평가가 윤리적 평가기준에서 요구되는 시점이다. 따라서 소비의 윤리적 평가에서 기업의 내부 정책과 제품의 유통 생산이 친환경 혹은 공정거래 등을 중요시하는지, 혁신적 환경 대안을 구축하고 있는지, 비영리 거래구조로 사업을 운영하는지 등을 통하여 지속가능성과 관련된 윤리적 평가를 할 수 있다.

3. 윤리적 소비 실천의 장애요인

일반적으로 호의적 구매 태도나 의도는 실제 구매 행동으로 연결되지만, 윤리적 소비는 의식과 실제 행동 간에는 격차를 보인다. 우리나라의 윤리적 소비 경험과 인

식조사(윤덕환 외, 2017)에 따르면, 윤리적 소비에 대한 긍정적 인식을 가진 소비자가 약 70%에 달하지만, 실제 윤리적 소비를 실천하는 소비자는 1/3 정도로 나타났다. 윤리적 소비에 대한 관심에 비해 윤리적 소비의 실천을 저해하는 요인을 개인적 차원과 시장환경적 차원으로 분류해 볼 수 있다(천경희 외, 2017).

1) 개인적 차원

(1) 윤리적 소비에 관한 관심

소비의 개념을 개인적 획득과 사용에 한정하여 단편적으로 생각하고, 소비를 사적 영역으로 생각한다면 소비를 둘러싼 다양한 맥락과 영향을 이해하지 못하게 된다. 이는 윤리적 소비의 실천을 저해시킨다.

(2) 소비 행동의 효과에 대한 지각

자신의 소비 행동이 사회와 환경에 영향을 주고, 관련 문제를 해결하는 데 기여할 수 있다고 믿을수록 윤리적 소비 행동을 실천할 가능성이 커진다. 반면, 이러한 효과에 대해 의구심을 갖는 소비자는 윤리적 실천 행동이 세상을 바꿀 수 있을지 불신하면서 윤리적 소비 행동을 방해한다.

(3) 편의를 추구하는 생활습관

윤리적 소비를 실천하겠다는 의지를 갖고 변화를 시도하더라도 편의를 추구하는 생활습관을 버리고 윤리적 소비의 실천으로 급격히 전환하기는 어렵다.

(4) 주변의 시선

소비가 사회적 의미를 갖는다는 측면에서 윤리적 소비 실천은 사회나 주변의 시선에 따라 영향을 받는다. 따라서 윤리적 소비에 대한 사회적 인식이 긍정적일 경우 윤리적 소비의 실천이 강화될 수 있다. 반면 경제적 이익을 중요시하는 사회 혹은 준거집단에서 다른 상품보다 비싼 윤리적 상품을 구매하면 타인의 부정적 시선이 염려스러워 윤리적 소비 실천을 저해한다.

2) 시장환경적 차원

(1) 상품의 가격

지금까지 우리는 경제적 합리성을 근거로 소비를 해왔기 때문에 소비에서 경제적 이익을 먼저 생각하게 된다. 따라서 일반 제품에 비해 친환경제품, 공정무역제품 등 윤리적으로 유통·생산된 재화와 서비스의 상대적으로 높은 가격은 윤리적 소비의 실천을 방해한다.

(2) 정보와 신뢰의 부족

윤리적으로 생산, 유통, 판매되는 제품인지에 대한 적절한 정보를 소비자가 알기 어렵고, 온라인 등을 통해 윤리적 혹은 비윤리적 제품에 대한 정보를 탐색할 수 있지만 구매 시점에 정보를 제공받기는 어렵다. 따라서 윤리적 소비를 실천하기 위해서는 많은 정보 탐색에 노력과 시간이 요구된다. 또한 정보의 부족과 혼란이 정보 신뢰의 부족으로 이어지면서 윤리적 소비의 실천을 저해한다.

(3) 접근성의 부족

윤리적 제품을 판매하는 매장을 방문해야만 제품을 구매할 수 있는 접근의 어려움이 윤리적 소비 실천을 방해하는 요인으로 작용하였다. 하지만 최근 윤리적 상품을 판매하는 상점의 수가 꾸준히 증가하고 있으며, 대형유통매장에서도 윤리적 제품의 구성을 늘리고 있다. 또한 온라인쇼핑몰을 통해 다양한 윤리적 제품을 손쉽게 구매할 수 있게 되면서 윤리적 제품의 접근성이 과거에 비해 높아졌다.

윤리적 제품은 기존 제품에 비해 여전히 높은 가격을 지불해야 하지만, 소비자는 윤리적 제품을 구매하기 위해 추가적 비용을 지불할 의사를 가지고 있다(이유빈, 이상훈, 2021). 착한 소비활동에 관한 조사(엠브레인, 2019) 결과, 윤리적 제품을 구매하기 위해 추가적 비용을 더 지불할 것이라고 과반수가 응답하였다. 이와 같이 윤리적 소비에 대한 인식의 변화와 윤리적 소비의 장애요인의 영향이 감소하면서 앞으로 윤리적 소비는 더욱 증가할 것으로 보인다.

4. 윤리적 소비의 실천

윤리적 소비는 다양한 일상의 소비생활에서 소비자의 소비행위가 자신과 자신을 둘러싼 인간 환경, 사회에 미칠 영향을 고려하여 개별적·도덕적 신념에 따라 사회적 책임을 실천하는 소비 행동이다. 따라서 소비자는 시장에서 품질이 좋은 재화나 서비스를 더 저렴한 가격으로 구매하는 것뿐 아니라 환경문제, 노동문제, 인권 문제 등 다양한 문제를 고려한 소비를 하게 된다. 또한 제품의 생산과 기업, 정책의 변화 등에서 자신의 지지 혹은 반대 의사를 소비를 통해 표현할 수 있다. 즉, 소비자는 특정 후보를 투표하는 것과 같이 소비를 통하여 자신이 마음에 드는 제품이나 기업의 제품을 구매하는 화폐투표dollar voting를 통하여 제품이 얼마만큼 생산될지 결정하는 역할을 할 수 있다. 이와같이 시장에서 구매를 삼가 혹은 촉구하는 소비 행동을 불매운동과 구매운동이라 한다.

1) 불매운동

불매운동Boycott은 경제적, 정치적, 윤리적 문제 등을 해결하기 위해서 특정한 제품이나 기업, 정부 등에 대하여 자발적으로 구매를 포기하거나, 다른 제품을 구매하는 사적 행동, 그리고 타인으로 하여금 동참하도록 홍보·호소·설득하는 공적 행동을 포함하는 총체적 행위이다(전향란, 2013; 천경희 외, 2017). 특히 불매운동은 불합리한 가격 인상 등 경제적 차원의 불매운동 외에도 사회적 이슈에 대한 관심이 더 큰 비중을 차지하는 불매운동이 빈번하게 발생하는데 이를 윤리적 불매운동으로 볼 수 있다. 환경보호, 동물권리 등에 해를 가하는 기업이나 노동자 혹은 기업과 거래관계를 가지고 다양한 파트너들에 대한 불공정 행위를 하거나, 소비자와 기업 간 관계에서 소비자가 지각한 문제들(하자있는 상품, 비효율적 서비스 등)에 대한 처벌의 의미를 가지고 불매운동을 한다(천혜정, 2020; Cruz, Pires, & Ross, 2013).

2) 구매운동

구매운동Buycott은 소비자들이 윤리적 제품 즉, 사람, 동물과 환경에 해를 끼치지 않는 제품 등을 적극적으로 구매함으로써 윤리적 소비를 실천하는 것을 의미한다. 즉, 가격이나 제품의 본래적 효용보다 윤리적 가치에 초점을 두고 사람과 동물, 환경에 해를 끼치지 않는 제품인지를 생각하며 구매함으로써 지구환경에 대한 윤리, 근로자의 인권에 대한 윤리, 동물에 대한 윤리를 실현할 수 있다. 결국 불매운동과 구매운동은 소비자가 화폐로써 바람직한 제품에 투표하는 것으로 사회적으로 바람직한 제품을 구매하고, 비윤리적 제품은 구매하지 않으면서 기업과 정부 및 사회의 나아갈 방향을 제시하게 된다(전병길, 고영, 2009; 천경희 외, 2017). 구매운동은 환경, 지역경제, 제3세계 노동자의 권익 보호 등의 소비자가 중요시 생각하는 윤리적 가치 기준에 따라 적극적인 구매 행동을 실천하면서 다양한 형태의 윤리적 소비 실천 행동이 나타난다. 이와 같이 적극적 구매를 통해 나타나는 윤리적 소비의 실천 행동은 다음과 같다.

(1) 친환경 소비

지구는 매일 100여 종 이상의 동식물들이 멸종하고 있으며, 대기, 물, 토양 등은 빠르게 오염되고 파괴되고 있다. 지구의 기후와 대기 또한 오존층 파괴와 온실효과로 위협받고 있다(이상훈, 신효진, 2012). 예를 들어 식품에서부터 화장품, 생활용품까지 널리 사용되는 팜유의 세계 최대 생산국인 인도네시아에서 25년간 팜유 농장 개간을 위해 파괴된 열대우림의 규모가 영국 영토와 맞먹는다고 한다. 이러한 과정에서 발생하는 문제는 단순히 천연림이 사라지는 것뿐 아니라 원시림에서 살아가는 멸종위기종인 오랑우탄, 코뿔소 등의 개체수가 급감하게 되었으며, 삼림파괴에 따른 탄소배출량의 증가로 인해 기후 위기의 문제도 제기된다. 인간의 삶을 영위하기 위한 경제활동인 재화의 생산과 소비활동은 이와 같은 환경문제의 발생 및 해결과 직접적으로 연결되어 있다. 따라서 소비자의 환경을 고려한 책임 있는 소비가 요구되는 시점이다. 지구생태발자국네트워크global footprint network에서는 지속가능한 생태환경을 위하여 우리가 지구에서 살아가는 방식을 완전히 고쳐야 한다고 주장하였다(천경희 외, 2017). 생태환경을 지키기 위해 정부, 행정기관, 전문가, 기업 등의 노력뿐 아니라 환경문제는 소비생활에 직·간접적 영향을 미치기 때문에 환경문제를 해결하기 위한 소비자의 노력도 필요하다. 따라서 소비자는 전 소비 과정에서 친환경 소비로의 전환이 요구된다.

친환경 소비environment-friendly consumption는 개인의 사적 소비행위가 환경문제를 야기할 수 있음을 인식하고 환경적 결과를 직접적으로 개선하고자 하는 소비를 말한다. 친환경 소비는 구매, 사용, 처분 소비의 전 과정에서 이루어진다. 소비단계별 친환경 소비 행동의 내용과 범위를 살펴보면 표 8-2와 같다. 구매단계에서는 환경을 보존할 수 있는 제품을 구매하는 것으로 환경오염을 줄이는 제품이나 쓰레기를 감소시킬 수 있는 제품을 구매하고 자원 및 에너지를 절약할 수 있는 제품을 구매할 수 있다. 사용단계에서는 소비 혹은 사용 중 환경을 보전하기 위해 친환경적으로 제품을 사용하는 것으로 제품을 장기적으로 사용하고, 자원 및 에너지를 절약하며, 환경오염을 감소할 수 있도록 사용할 수 있다. 처분의 단계는 소비 후 발생한 폐기물을 친환경적으로 폐기하는 것으로 폐기물 발생량을 감소시키고, 폐기물을 분리하여 배출하는 활동을 할 수 있다(김종흠, 박은아, 2015; 이상훈, 신효진, 2012).

표 8-2. 친환경 소비 행동의 내용과 범위

범위	소비 행동의 목표	내용	사례
구매	환경보존형 제품 구매	환경오염을 줄이는 제품 구매	– 환경오염에 영향을 미치는 표백, 염료, 향료 등의 원료를 최소로 포함시킨 단순한 제품선택 – 환경관련 인증마크 제품 구매
		쓰레기를 줄이는 제품 구매	– 재활용 재질이나 리필제품 구매 – 재이용 및 재활용 가능한 제품 구매
		자원 및 에너지 절약형 제품 구매	– 고효율에너지 제품 구매 – 불필요한 과대 포장제품이나 포장수요가 큰 수입제품 구매 억제
사용	환경보전 지향적 사용	제품의 장기적 사용	– 자동차, 청소기, 보일러 등의 제품 성능저하 방지를 위한 지속적 관리 – 물건 버리지 않고 수리·수선하여 사용
		자원 및 에너지의 절약	– 세탁물을 모아서 하기 – 냉난방 온수 적정하게 유지
		환경오염 감소를 위한 사용	– 세제, 샴푸 등 제품에 표시된 적정량 사용 – 대중교통수단 이용
처분	환경보전 지향적 폐기	폐기물 발생량의 감소	– 장바구니와 텀블러 등을 사용하여 일회용 비닐, 종이컵 사용 줄임 – 폐기물은 부피를 적게 하여 배출
		폐기물의 분리배출	– 페트병, 우유팩 등은 내용물을 비운 후 분리배출

자료: 이상훈, 신효진(2012) 윤리적 소비, p.174 재구성

오늘날 친환경 소비에 대한 소비자들의 관심이 증가하고 시장이 커지면서 친환경 이미지로 경제적 이익을 보기 위한 그린워싱green washing 제품도 증가하고 있다. 친환경적, 지속가능한 등의 용어를 사용하거나 증거 없는 주장이나 허위 인증 등을 포함해 소비자에게 친환경제품으로 오인하게 만든다. 기업의 그린워싱을 피하기 위해서는 상품에 기재된 과장된 친환경 관련 문구 및 라벨에 현혹되지 않는 등 올바른 소비 인

표 8-3. 환경관련 인증마크

친환경 환경부	환경표지제도(환경부)
	같은 용도의 다른 제품에 비해 재료와 제품을 제조 · 소비 · 폐기하는 전 과정에서 오염물질이나 온실가스 등을 배출하는 정도 및 자원과 에너지를 소비하는 정도 등 환경에 미치는 영향력을 개선한 경우 부여하는 마크
환경성적 환경부 www.epd.or.kr	환경성적표시제도(환경부)
	제품 및 서비스의 환경성 제고를 위해 제품 및 서비스의 원료체취, 생산, 수송 · 유통, 사용, 폐기 등에 대한 환경영향을 계량적으로 표시하는 제도
CO2 탄소발자국 600g 환경부 ★ 저 탄 소 ★	저탄소제품(환경부)
	환경성적 표지 인증받은 제품 중 저탄소제품 기준 고시에 적합한 제품의 인증
에너지절약	에너지절약마크(한국에너지공단)
	에너지효율이 높고 대기전력 저감 성능이 우수한 제품과 에너지 절약에 노력하는 사업장 · 단체에 부여하는 마크
Good Recycled	우수재활용제품 인증표시=GR(Good Recycled)마크(국가기술표준원)
	국내에서 발생한 재활용 가능자원을 활용한 제품 중 품질 및 환경친화성이 우수하고 에너지 절약 등 재활용 파급효과가 큰 우수재활용제품에 부여하는 마크

자료: 환경부, 한국에너지공단, 국가기술표준원 공식 환경마크

식을 갖도록 해야 한다(2장 참고). 또한 정부에서 친환경 소비의 참여와 실천을 도모하기 위해 마련된 환경표지제도, 환경성적표지제도, 저탄소제품인증 마크 등 신뢰할 수 있는 공인된 친환경 마크를 부여받은 제품인지를 확인하고 제품을 구매한다면 일상생활 속에서 친환경 소비를 손쉽게 실천할 수 있다(표 8-3).

(2) 로컬소비

자본에 의해 주도된 신자유주의의 세계화는 경제적 발전과 성장이라는 이데올로기를 바탕으로 경쟁과 효율만을 강조하였다. 그 결과 경제적 불안정성과 노동 불안정성의 증대, 대규모 실업과 노동조건의 악화, 부와 소득의 불평등과 빈곤의 심화 등이 야기되었다. 또한 세계화 시장 속에서 전 지구적 거래로 인한 거대한 물자의 이동을 위해 대규모의 연료가 사용되면서 기후변화에 직접적 악영향을 미치며, 식품안전의 문제도 발생하였다. 이와 같이 세계화의 문제를 극복하기 위한 운동이 로컬운동이며, 소비를 통해 변화를 도모하고자 하는 로컬소비가 등장하였다(천경희 외, 2017). 로컬소비local consumption는 지역에서의 생산과 소비로 경제 지역화를 이루는 것을 의미하며, 신자유주의적 자본주의의 문제를 규모의 문제로 보고 국가 또는 글로벌경제 대신 지역경제를, 대기업 대신 중소기업을 대안으로 인식한다. 즉, 로컬소비는 지역의 제품을 그 지역에서 소비함으로써 이웃과 동물, 지구환경, 지속가능성을 고려하는 윤리적 소비의 일환으로 볼 수 있다. 대표적인 사례로 로컬푸드의 소비와 지역화폐를 들 수 있다. 로컬푸드local food의 소비는 장거리 수송 또는 다단계 유통과정을 거치지 않은 지역에서 생산되는 식품을 소비하는 것을 의미한다(고주희, 나종연, 2021). 이러한 로컬푸드는 소비자, 사회, 환경에 혜택이 주어진다. 첫째, 소비자에게는 장시간 유통과정을 거치지 않아 신선하고 안전하며, 장시간 유통을 위해 가공 또는 약품 처리가 되지 않아 안전성을 확보할 수 있다(박예슬 외, 2015; 오지현, 홍은실, 2017). 둘째, 사회적 차원에서 지역경제가 활성화되고, 생산자와 소비자 간의 교류를 통해 공동체 의식이 증진되며, 지역의 토종 작물과 전통음식 소비가 활성화되어 지역사회의 식량 체계 및 정책을 자체적으로 통제할 수 있게 됨으로써 식량주권을 확보할 수 있다는 장점이 있다(박예슬 외, 2015; Ferguson & Thompson, 2020). 마지막으로 환경에 있어서 식품이 생산부터 소비에 이르기까지 이동한 거리인 푸드마일리지food mileage 가 단축되어 탄소배출량이 적고, 장거리 유통에 필요한 개별 포장이 적게 사용되어 쓰레기 배출량도 적으며, 지역 농가의 토지 사용이 활성화되어 단작에 따른 토지침식을 방지할 수 있다는 장점이 있다(고주희, 나종연, 2021; 박예슬 외, 2015; Ferguson & Thompson, 2020).

지역화폐local currency는 특정 지역 또는 집단 안에서 통용되는 법정 통화 이외의 지불수단이다(최인수, 2020). 즉, 지역의 경제 활성화와 자립성을 높이고자 하는 목적으로 만든 화폐이다. 지역화폐는 영국, 미국, 일본 등 전 세계에서 3,000여 종 이상이 사용되고

그림 8-2. 지역화폐카드

있다(여효성, 김성주, 2019). 우리나라는 1999년 민간의 자주적 공동체 운동으로 발행된 대전 품앗이 지역회폐 한밭레츠LETS가 대표적이다. 한밭레츠의 시스템은 공동체 화폐인 '두루'를 사용하여 자신이 보유한 능력이나 기술을 다른 회원에게 베풀고 자신도 필요한 서비스를 주고받는 형식으로 거래가 이루어진다. 그러나 현행 화폐와 환전이 되지 않아 비시장 거래를 중심으로 한 공동체 회복의 목적에서 성과를 거둘 수 있지만, 주류 경제 시스템을 혁신하는데 어려움이 따른다는 단점이 있다. 최근에는 지자체에서 소상공인 지원정책으로 지역화폐를 도입하면서 지역화폐 발행이 증가하기 시작했다(여효성, 김성주, 2019). 지역화폐는 지역 내 가맹점에서만 사용이 가능한 재화이며, 사용처, 사용지역, 사용업종 등을 제한하고 있다. 이를 통해 경제적 거래가 지역 내에서 이루어지도록 함으로써 경제적 자원이 지역 내에서 순환되어 역외 유출을 방지할 수 있도록 하며, 지역 내에 금전을 유통함으로써 자체적으로 생산과 소비, 일자리 선순환의 도모를 목적으로 하고 있다(김민정 외, 2021; 류기환, 2015; 최준규, 2018).

(3) 공정무역

자유무역을 기본으로 하는 현재의 경제 시스템은 제3세계의 자원과 노동을 헐값으로 착취하여 그들의 삶과 환경을 더 심각하게 파괴하고 있다. 현재 자유무역은 이익이 고르게 분배되지 않는다. 소수 글로벌 기업은 더 많은 이익을 추구하기 위해 생산자에게 낮은 제조원가로 제품을 공급하도록 강요하면서 제3세계의 생산자와 노동자들은 낮은 임금과 노동착취 등의 문제를 경험하게 된다(한국공정무역협회, 2021). 예를 들어 SPA 브랜드들은 저렴한 비용에 소비자의 기호에 맞춰 옷의 디자인과 스타일을 빠르게 바꾸는 패스트 패션을 추구한다. 소비자 입장에서는 다양한 스타일의 옷을 저렴하게 구매할 수 있어 많은 인기를 얻고 있다(위문숙, 2018). 우리는 이러한 옷을 생산하는 과정에 대해 생각해 볼 필요가 있다. 의류산업은 재단, 봉제, 포장과 같은 제조과정이 노동집약적인 산업으로 저임금 국가에서 주로 제조가 이루어진다. 제3세계 의류공장의 노동자들은 열악한 작업 환경 속에서 장기간의 노동을 하지만 가족의 생계 수준을 보장하기에는 부족한 낮은 임금을 받고 옷을 만들고 있다. 네덜란드 비정부기구 소노SONO에 따르면, 미얀마의 의류공장에서 비용 감소를 위해 아동 노동자들을 불법적으로 고용하여 최저임금의 절반에 해당하는 시간당 185원의 임금을 주고 노동시킨 사례도 있었다(세계일보, 2017. 2. 6). 이러한 공정하지 못한 무역 관행을 개선하기 위한 대안적 실천 방법의 하나가 공정무역이다.

세계공정무역기구WFTO: World Fair Trade Organization의 헌정에서 공정무역Fair trade은 대화, 투명성, 존중에 기초하여 국제무역에서보다 공평함을 찾고자 하는 무역 파트너십으로, 경제발전에서 소외된 생산자와 노동자의 권익을 보장하기 위해 더 나은 무역 조건을 제공함으로써 지속가능한 경제발전에 기여할 수 있는 무역이다(FINE, 2001). 이처럼 공정무역은 공정한 거래를 통해 가난한 나라의 생산자들이 정당한 대가를 받을 수 있도록 하는 것으로 이들이 생산한 제품은 공정하고 안정된 가격으로 거래가 이루어진다. 세계공정무역기구WFTO에서는 공정무역 기관이 지켜야 할 10대 원칙을 제시하고 이를 준수하도록 하고 있다(세계공정무역기구, 2021)(표 8-4).

이와 같이 공정무역의 원칙을 통해 생산된 제품들은 이윤의 극대화를 추구하는

그림 8-3. 공정무역 마크가 부착된 상품

것이 아니라 제3세계의 노동자들이 인간답게 살 권리를 누릴 수 있도록 한다. 실제 생산자들은 최저가격의 보장으로 국제시장의 가격 변동에도 안정된 수익을 누릴 수 있으며, 공정무역기금은 지역에 학교, 도서관, 마을센터 등의 건립, 친환경 농법 등의 사용과 생산자들의 역량 강화를 위한 지원을 한다. 따라서 생산자들은 제품의 품질

표 8-4. 공정무역 기관이 지켜야 할 10대 원칙

1	경제적으로 소외된 생산자들에게 기회 제공	6	차별 금지, 성 평등, 결사의 자유 보장
2	투명성과 책무성	7	양호한 노동조건 보장
3	공정한 무역 관행	8	생산자 역량 강화 지원
4	공정한 가격 지불	9	공정무역 홍보
5	아동노동, 강제노동 금지	10	기후변화와 환경보호

표 8-5. 공정무역 인증마크

	공정무역상표기구(FLO: Fair trade Labelling Organization International)
	공정무역제품의 표준, 규격설정, 생산자 단체 지원 등의 업무 진행. 공정무역제품에 공정무역 인증마크 부여.
	세계공정무역기구(WFTO: World Fair Trade Organization)
	기관의 조직 활동에서 공정무역 활동을 실천하는지 공정무역 기관을 인증. 공정무역 기관에서 생산한 제품이 근로조건, 임금, 노동, 환경 등에서 공정무역 기준에 따라 만들어졌음을 보증.

자료: 국제공정무역기구 한국사무소, 세계공정무역기구

상승과 좋은 가격으로 제품을 생산할 수 있게 된다.

(4) 지속가능한 여행

바르셀로나를 방문하는 관광객은 거주민의 20배에 달하면서 거리 곳곳에는 '관광객 나가라' 또는 '당신의 황홀한 여행이 나에겐 끔찍한 일상이다.' 같은 문구의 낙서가 등장하였다. 트래블 파운데이션Travel Foundation의 보고서(2018)에 따르면, 관광객으로 인해 주거용 임대료와 물가는 상승하고, 교통, 하수시설, 에너지, 수자원 등 공공서비스의 부담이 생기면서 현지인들이 살기 불가능한 도시로 변하는 문제가 발생한다고 발표하였다. 또한 스웨덴의 룬드대학의 보고서(2017)에서 호주 왕복 여행을 한 번 하는 동안 배출되는 탄소의 양이 4t에 달한다고 보고하였다. 이처럼 환경과 지역사회에 부담을 주는 관광을 과잉 관광이라고 한다. 그렇다면 관광객과 지역주민 모두가 자유롭고 평등하게 여행을 즐길 방법은 없을까? 자연과 사람, 사람과 사람을 잘 연결해 줄 수 있는 여행의 방법은 존재하는가? 이는 지속가능한 여행을 통해 가능할 것으로 보인다.

그림 8-4. 과잉 관광에 따른 지역주민 불만의 낙서

UN 산하기구 세계관광기구World Tourism Organization에서 지속가능한 여행sustainable travel은 현재와 미래의 경제적·사회적·환경적 영향에 책임을 지며 여행자·산업·환경과 여행지역 공동체의 요구를 해소하는 여행으로 정의된다(터펜 저, 배지혜 역, 2021). 즉, 지속가능한 여행은 소비가 아닌 관계를 중시하는 여행으로 여행지의 사회, 문화, 역사에 대한 이해와 존중을 통해 지역주민과 관광자원을 공유하며, 관광객과 지역주민 사이에 의미 있는 관계를 형성하는 등 규범적 행동양식을 권유하는 여행으로 정의할 수 있다(김미경, 조승아, 2019; 장은경, 이진형; 2010). 여행지에서 자연보호 기금을 모으거나, 현지의 소외계층을 돕거나, 지역사회가 직접 설계하고 운영하는 프로그램에 참여하거나, 현지의 소수 민족에 대해 배울 기회를 제공하고, 가까운 자연과 문화유산을 깊이 탐구하는 등의 활동을 통해 관광객과 지역주민 모두가 행복해질 수 있는 방식을 모색할 수 있다.

생각해보기

1. 윤리적 소비의 실천 행동 중 일상생활에서 실천하고 있는 행동이 있다면, 그 행동이 무엇인지 이야기해보자.

2. 최근 이슈가 되고 있는 기업의 비윤리적 행동에 대하여 찾아보자.

3. 지속가능한 여행을 실천하는 방법에 관해서 이야기해보자.

참고문헌

국내문헌

고주희 · 나종연(2021). 로컬푸드 소비자의 구매동기와 유형화 연구. 소비자학연구 32(6), 73–99

김미경 · 조승아(2019). 개별여행자의 프로슈머 성향이 여행동기와 공정여행 행동에 미치는 영향. 관광연구 44(4), 83–102.

김민정 · 안민선 · 정연주 · 최인화(2021). 지역화폐의 지속적 이용의도 연구: 대전광역시 소비자를 중심으로. 소비자학연구 32(1), 123–144.

김선우(2013). 한국, 미국, 스웨덴 소비자의 윤리적 기업의 제품 구매성향 비교: 이타적 책무감을 중심으로. 소비자정책교육연구 9(4), 29–54.

김설인 · 김은정(2019). IPA를 이용한 윤리적 소비 행동에 관한 연구. 소비자정책교육연구 15(4), 47–72.

김소민(2018). 소비자의 윤리적 소비와 소비가치가 CSR 요구도에 미치는 영향. 성균관대학교 석사학위논문.

김종흠 · 박은아(2015). 친환경 행동의도 및 친환경 소비의도에 영향을 주는 요인에 대한 탐색적 연구: 규범과 동기를 중심으로. 소비자학연구 26(2), 1–22.

류기환(2015). 지역화폐를 통한 지역경제 활성화 방안. 국제지역연구 19(1), 103–126.

박예슬 · 이성림 · 황혜선(2015). 식품선택 동기와 시장환경이 로컬푸드 구매에 미치는 영향: 서울과 수도권을 중심으로식품선택 동기가 로컬푸드 소비에 미치는 영향. 소비자정책교육연구 11(1), 121–143.

엠브레인 트렌드모니터(2019). 착한소비활동에 관한 조사. 엠브레인.

여효성 · 김성주(2019). 지역사랑상품권 전국 확대발행의 경제적 효과 분석. 강원도: 한국지방행정연구원.

오지현 · 홍은실 (2017). 로컬푸드의 소비자 지식과 태도가 구매의도에 미치는 효과: 로컬푸드 태도의 매개효과를 중심으로. 한국지역사회생활과학회지 28 (4), 581–597.

위문숙(2018). 세상에 대하여 우리가 더 잘 알아야 할 교양: 윤리적 소비, 윤리적 소비와 합리적 소비, 우리의 선택은?. 서울: 내 인생의 책.

윤덕환 · 채선애 · 송으뜸 · 김윤미(2017). 착한 소비 경험 및 관련 인식 조사. 마크로밀엠브레인.

이상훈 · 신효진(2012). 윤리적 소비. 경기도: KSI한국학술정보.

이유빈 · 이상훈(2021). 윤리적 소비 구매갭(gap) 연구: 윤리적 소비 구매의도의 행동전환 가능성을 중심으로. 한국협동조합연구 39(2), 1–26.

이의원 · 박도영(2020). 윤리적 소비는 합리적 선택의 일환일 수 있는가?. 시민교육연구 52(4), 131–151.

장은경 · 이진형(2010). 공정여행의 국내 사례. 한양대학교 관광연구소 22(2), 27–42.

전병길 · 고영(2009). 새로운 자본주의에 도전하라. 서울 : 꿈꾸는 터.

전향란(2013). 소비자 불매운동 인식유형에 따른 윤리적 소비자주의와 소비자불매운동 참여. 울산대학교 대학원 박사학위논문.

천경희 · 홍연금 · 윤명애 · 송인숙 · 이성림 · 심영 · 김혜선 · 고애란 · 제미경 · 김정훈 · 이진명 · 박미혜 · 유현정 · 손상희 · 이승신(2017). 행복한 소비 윤리적 소비. 시그마프레스.

천혜정(2020). 한국 소비자 불매운동사: 기업, 국가, 대중문화를 향한 소비자의 분노와 희망. 이화여자대학교 출판문화원.

최인수(2020). 지역화폐 정책의 의미와 특성. 자치발전 2019(5), 22–27.

최준규(2018). 지역화폐도입 동향 및 과제. 공공정책 156, 59–61.

터펜 저, 배지혜 역(2021). Sustainable travel. 지속가능한 여행을 하고 있습니다. 서울: 한스미디어.

국외문헌

Barnett, C., Cafaro P. & T. Newholm(2005). Philosophy and ethical consumption, in The Ethical Consumer, R. Harrison, T. Newholm and D. Shaw. eds., Sage.

Cowe, R & S. Williams(2001). Who are the ethical consumers?. The cooperative bank.

Crane, A. & R. Matten(2004). Business ethics. Oxford : Oxford University Press.

Ferguson, Benjamin & Christopher Thompson(2021). Why Buy Local?. Journal of Applied Philosophy, 38(1), 104–120.

Mintel International Group(1994). The green consume 1: The gree conscience, Mintel international Group Ltd.

P. A. Cruz B., M. Pires R. J., & D. Ross S.(2013). Gender difference in the perception of guilt in consumer boycott, Revista Brasileira de Gestão de Negócios. 15(49), 504–523.

Smith, A. (1776). An Inquiry into the Nature and Causes of the Wealth of Natio

기타자료

Travel Foundation (2018). Annual Review 2018.

https://www.thetravelfoundation.org.uk/annual-review-2018/

국제공정무역기구 한국사무소 http://fairtradekorea.org/main/index.php

라이프인(2018.11.06.). 오른손/좋은 재료에 희망을 첨가해 만드는 위캔쿠키

https://www.lifein.news/news/articleView.html?idxno=5163

사단법인 위캔쿠키

https://www.wecanshop.co.kr/

생활재 이야기(2017). 아름다운 세상을 위한 한걸음, 사람과 지구를 위한 공정무역. 행복중심생협.

http://happycoop.or.kr/goodsstory/messageDetail.do?messageSeq=41857

세계공정무역기구 World Fair Trade Organization, WFTO

https://wfto.com/

세계관광기구World Tourism Organization

https://www.unwto.org/

세계일보(2017.02.06.). 뉴스투데이 시급 185만원··· '미얀마 아이들의 눈물'

http://m.segye.com/view/20170206003337

윤리적 소비연구협회(ECRA: Ethical consumer research association)

https://www.ethicalconsumer.org/

지구생태발자국네트워크(Global Footprint Network)

https://www.footprintnetwork.org/

한국공정무역협회. https://kfto.org/

한국에너지공단(에너지절약마크)

https://www.energy.or.kr/web/kem_home_new/introduce/introduce/general/ci/mark.asp

한국환경산업기술원(환경성적표시제도, 저탄소제품)

http://www.epd.or.kr/

한국환경산업기술원(환경표지제도)

http://el.keiti.re.kr/

국가기술표준원(우수재활용제품 인증제도)

http://www.buygr.or.kr/

사진자료

그림 8-2 지역화폐카드

https://img.seoul.co.kr//img/upload/2019/03/31/SSI_20190331150231.jpg

그림 8-3 공정무역 마크가 부착된 상품

https://www.shutterstock.com/image-photo/city-ljubljana-slovenia-europe-3-january-318452198

https://www.shutterstock.com/image-photo/bracknell-england-june-02-2014-imported-196466048

https://www.shutterstock.com/image-photo/swansea-wales-november-2018-woman-holding-1402731077

그림 8-4 과잉 관광에 따른 지역주민 불만의 낙서

https://www.shutterstock.com/image-photo/sign-reading-tourist-go-home-1030961341

CHAPTER 9

관계적
소비

관계적 소비

인간의 탄생이 두 사람에 의해 이루어진 것처럼 인간은 태생적으로 서로 관계를 맺도록 만들어졌다. 인간의 수명이 길어질수록 사람들은 부모, 자식, 친구, 동료 등의 관계 속에서 무엇을 가진 것보다 무엇을 함께 했는지를 중요하게 생각하고 있다. 100세 시대인 현대사회에서 남은 인생을 대비하기 위해서 소유소비만을 중시하여 물건을 쌓아놓고 있는 것은 별 의미가 없어졌다. 무엇을 함께 했다는 의미는 관계적·체험적 소비를 의미하고, 이러한 소비는 인생을 풍요롭고 행복하게 해줄 수 있다. 소비자는 사회 속에서 자신의 위치를 정하거나 다른 사람들과 소통하는 수단으로 관계를 원활하게 만들고 잘 유지하기 위해 노력한다. 이러한 관계적 소비는 의례화된 행동으로 나타날 수 있고, 이러한 행동은 소비자가 속한 문화, 관습, 사회적 규범, 사회적 가치 등의 사회문화적 요소에 영향을 받게 된다.

이 장에서는 관계적 소비에 대한 개념과 유형, 관계적 소비인 의례소비와 관계를 잘 유지하기 위해 노력하는 과정에서 매우 효과적인 도구인 선물에 대해 살펴보고, 관계 속에서 행복을 찾기 위한 방안을 모색해 본다.

관련용어 → 관계적 소비의 유형 · 의례소비 · 선물 · 행복 · 커뮤니케이션 이론 · 네트워크 이론

관계를 위한 데이문화는 상술인가?

대학교 2학년생인 오데이 군은 얼마 전에 여자친구가 생겼다. 오늘은 여자친구를 만난 지 200일이 되는 날이다. 오데이 군은 여자친구가 생긴 후에 자신이 챙겨온 특별한 날들에 대해 떠올려 보았다. 여자친구가 생기자마자 11월 11일 빼빼로데이가 있었고, 크리스마스에 밸런타인데이, 100일째 만남까지 다달이 왜 이리도 챙겨야 할 날들이 많은 것인지 모르겠다고 생각했다. 오데이 군은 이러한 날들을 기념하기 위해 용돈을 쪼개거나 아르바이트를 해서 여자친구를 위한 데이트 비용과 선물을 마련하였다. 특별한 관계를 맺고 유지하기 위해 자신이 노력하고 소비해야 하는 행동이 자신에게 얼마나 행복을 가져다 줄 수 있는가 생각하게 되었다.

▶▶ **Q&A**

Q   데이문화는 상술인가? 청소년들이 인간관계를 유지하고 행복한 삶을 살기위한 방편인가? 자신이 알고 있는 또는 기념하고 싶은 데이문화에 대하여 생각해보고, 각자 바람직한 데이문화 이벤트를 만들어 친구들과 비교하고 토론해보자.

A   _____

_____

_____

1. 관계적 소비의 특성, 유형, 이론

1) 관계적 소비의 개념과 특성

아리스토텔레스의 말대로 인간은 사회적 동물이다. 우리는 누구나 사회의 일원으로 살아가며 그 안에서 끊임없이 타인과 관계를 맺고 이러한 관계를 원활하게 만들고 유지하기 위해 노력한다. 관계는 둘 이상의 대상이 서로 연결되어 있는 것으로 관계성은 지역사회 및 공동체에 대한 소속감으로 타인을 보살피며 자신 또는 타인에 의해 보살핌을 받고 있다고 느끼는 감정을 의미한다(Deci & Ryan, 2002).

관계적 소비는 준거집단의 기준에 대응한 소비이고, 사회 속에서 자신을 위치시키거나 다른 사람들과 소통하는 수단으로 소비를 보는 것이다. 또한 이러한 관계는 결혼식, 장례식, 밸런타인데이 등과 같은 이벤트 문화와 같이 소비화 내지 상업화되어 의례화된 행동으로 나타날 수 있고, 이러한 행동은 소비자가 속한 문화, 관습, 사회적 규범, 사회적 가치 등의 사회문화적 요소에 영향을 받게 된다. 최근에는 인터넷과 모바일 통신의 확대로 페이스북이나 트위터 등 SNS를 통해 타인과 관계를 형성하고 커뮤니케이션하는 활동이 증가하고 있는데, 이는 타인과의 관계 속에서 자신을 찾으려 하는 것이다.

이러한 관계를 소비하는 사람들의 특성은 다음과 같이 생각할 수 있다(야마다 마사히로, 소데카와 요시유키 저, 홍성민 역, 2011, pp.189-195).

(1) 동조소비를 위한 소비 특성

동조는 타인의 의견, 신념, 태도, 행위를 같이하는 현상으로, 동조소비는 타인을 의식하는 소비이다. 타인과의 비교에 민감하게 반응하면서 제품의 선택 및 소비와 관련한 의사결정 시에 사회적 판단에 의존하게 되므로 자신의 마음에 드는 상품이 아닌 타인의 눈에 초라해 보이지 않는 상품을 구매하게 된다. 이러한 심리는 타인이 평가하기 용이한 가시적 속성에 중요도를 부여하게 되므로 명품 브랜드 열풍을 불러일으킨다.

(2) 인간관계를 넓히기 위한 소비 특성

사람들은 남을 위해 소비할 때 더욱 활기차고 유쾌하게 돈을 쓴다. 자신을 위해 소비하는 경우에는 구매 여부를 판단하지만 가까운 지인을 위해 소비하는 경우(예를 들어 선물을 고를 때)는 지인을 기쁘게 해줄 만한 것인지를 먼저 고려한다. 선물을 통해 상대방에게 자신의 체험을 이야기하고 그것을 공유하기 위해서이다. 즉, 소비가 인간관계를 넓히는 도구로 작용하는 것이다. 관계를 소비하는 사람들은 다른 소비는 억제하면서도 휴대전화 요금이 많이 나오는 것은 개의치 않으며, 자신의 SNS나 블로그를 방문한 사람들의 이력을 확인하면서 늦은 밤까지 타인과의 관계를 확인하고, 사람들과의 관계를 위해 돈을 쓰는 데 주저하지 않는다.

(3) 체험을 위한 소비 특성

어떤 사람들은 기분이 좋아질 만한 소재거리를 찾거나 아무도 체험하지 못한 것을 한발 앞서 경험하고, 다른 사람에게 이야기할 정보를 만드는 것에 관심을 가지고 소비를 즐기기도 한다. 어떤 소비자는 특정 개인보다 친구나 동료들의 인정을 받는 것을 중요하게 생각하고 타인과의 인간관계를 넓히고 그 관계를 지속하기 위한 도구로서 소비한다. 예를 들어 파티에서 사용하기 위해 몇 시간씩 기다려 유명 맛집의 디저트를 구매하는 것은 자신을 타인이 필요로 하는 존재로 연출하기 위해 관계를 사는 것이라고 할 수 있다.

(4) 상대의 행복을 사는 소비 특성

선물을 할 때는 대개 상대가 좋아할 만한 것을 선택한다. 상대를 행복하게 해주고 스스로 '만족감'을 얻는 동시에 상대방이 선물과 선물을 건네준 자신을 마음에 들어

하면 상대에게 '인정'을 받아 그의 내면에 자신의 '자리'를 만들 수 있기 때문이다.

2) 관계적 소비의 유형

(1) 관계의 형태에 따른 분류

관계적 소비는 관계의 형태에 따라 소유소비를 통한 관계적 소비와 경험소비를 통한 관계적 소비로 분류할 수 있다.

소유소비를 통한 관계적 소비는 눈에 보이고 계속 소유할 수 있는 재화를 갖기 위한 의도로 소비하는 것이며 결과 지향적 소비이다. 시장에서 제공하는 제품을 구매하는 등 일상적으로 발생하는 대부분의 소비가 이에 해당하며 가전, 패션 재화, 컴퓨터 등 대부분의 내구재 및 비내구재 제품의 구매가 포함된다.

경험소비를 통한 관계적 소비는 삶의 경험 그 자체가 목적이며 과정지향적 소비이다. 공연 관람이나 여가와 같이 '경험, 그 자체를 즐기기 위한 소비'를 의미하며, 소비를 통해 소유할 수 있는 제품을 구매하는 것과 달리 구매가 발생하면 소비가 발생한다는 특징을 지닌다(Van Boven & Gilovich, 2003). 경험에 대한 소비는 사람들의 관계에 긍정적으로 기여하며, 자신이 가지고 있는 경험의 특이성은 사회적으로 비교를 하기 어렵기 때문에 재화를 소비하는 경우보다 행복에 더 크게 기여한다(Howell & Hill, 2009).

(2) 관계의 대상 유무에 따른 분류

관계적 소비는 관계의 대상 유무에 따라 개인소비와 공유소비로 분류할 수 있다. 자본주의를 상징하는 '개인의 사유재산 인정' 즉, '소유'가 4차산업의 발달로 '공유'로 바뀌고 있다(투데이 코리아, 2019.08.21). 이는 소비의 새로운 트렌드로 공유경제sharing economy라고 하는데, 이 개념은 2008년 하버드 법대의 로런스 레식 교수에 의해 처음 사용된 개념으로 필요한 순간에만 다른 사람에게 내 물건을 빌려주며, 사지 않고서도 쓸 수 있는 개인 대 개인 대출-반납 시스템이라고 생각할 수 있다. 이는 경제불황으로 인해 소비자의 소비생활 및 문화의 변화와 환경에 대한 관심이 생활화되었기 때문이다.

과거에는 주로 친구나 친인척 등 친밀한 관계에서 개인의 신뢰를 바탕으로 물건을 빌려주고 빌려 쓰는 공유경제가 이루어졌지만 최근 IT 기술과 소셜미디어의 발달, 스마트폰의 보급과 함께 온라인에서 불특정 다수와 신뢰 구축이 가능해지면서 그 범위가 확장되고 있다. 현대에는 주거, 교통, 식문화까지 모든 것을 소유하는 경제에서 공유하는 시대를 맞은 것이다.

(3) 관계의 수단에 따른 분류

관계적 소비는 관계의 수단에 따라 온라인 관계와 오프라인 관계로 분류할 수 있다. 예를 들어 온라인에서는 페이스북, 인스타그램처럼 자아표현을 통해 타인과 관계를 맺고 유지하는 소셜미디어인 관계지향 SNS가 이에 해당한다. SNS를 통해 젊은이들은 끊임없이 대화, 참여, 공감하며 정보를 주고받고 인간적 관계를 확충한다. 그들은 유력 신문, 방송을 매개로 간접 소통하지 않고 마치 '1인 미디어'처럼 직접 소통을 통해 언제, 어디서나 반응을 즉각 확인한다. 인터넷이 모바일 통신과 융합됨에 따라 이메일과 정보 검색에 익숙했던 'Web 시대'를 거쳐 인간적 네트워크를 확충하는 'SNS 시대'로 진화하면서 자신이 원하는 방향으로 이미지를 변화시키며 자신의 정체성을 선택적으로 나타낸다. 반면 네트워크나 인터넷과 연결되지 않은 기존의 일상적인 관계는 오프라인 관계라고 할 수 있는데, 오프라인에서는 자신의 정체성을 숨기기 어렵기 때문에 사회적으로 바람직한 정체성을 나타낼 수 있다.

(4) 제품 사용방법에 따른 관계 분류

피랫(Firat & Dholakia, 1977)은 '소비패턴은 소비자 단위가 소비 활동을 할 때 소비 객체인 재화로 인해 발생하는 사회 관계적 차원과 그때 수반되는 인적 활동의 크기와 재화의 소비공유 범위에서 형성되는 복합적 관계의 양상이다.'라고 정의하였다. 피랫이 제시하는 소비 범주 간의 3가지 관련성은 다음과 같다.

① 사회적 관계 측면 : 개별적 소비 vs. 군집적 소비

소비 단위는 소비를 행하는 동안에 연루되는 사회관계의 범위라고 할 수 있으며, 개별적 소비와 군집적 소비로 구분된다. 개별적 소비는 소비의 주체가 하나의 독립된 소비 단위로 개별 가정에서 사용하기 위해 자동차, TV, 세탁기 등을 소비하는 것이고, 군집적 소비는 둘 이상의 소비 주체가 상호 간에 사회적 관계를 갖는 경우로, 예를 들어 둘 이상의 가정이 자동차 한 대를 빌려 여행을 떠나는 경우에는 두 가정에 공동소비라는 사회적 관계가 형성되므로 군집적 소비에 해당한다.

② 재화의 활용 측면 : 공적소비 vs. 사적소비

어떤 제품이 다수의 소비자에게 공동으로 이용될 경우 공적소비라 하고, 하나의 소비 단위만을 위해 이용될 경우 사적소비라고 한다. 예를 들면 공공박물관, 미술관, 대중목욕탕 등 이용할 의사가 있는 모든 사람이 이용하는 경우 공적 소비라고 할 수 있으며, 사적으로 이용되는 사설미술관, 개인 수영장, 개별 가정의 욕실은 개인 또는 가족에게 제한적으로 이용되므로 사적 소비라고 할 수 있다.

③ 인간 관계적 측면: 능동적 소비 vs. 수동적 소비

인간적 요소와 활동 정도에 따라 소비과정에서 인간의 활동을 필요로 하는 소비를 능동적 소비, 기계 등에 의존하여 인간 활동의 투입이 적은 경우를 수동적 소비라고 한다. 예를 들면 집에서 직접 요리를 하는 것은 능동적 소비이며 조리된 제품을 구입하여 소비하는 일 등은 수동적 소비이다.

개별적, 사적, 수동적 소비양상은 제품 사용의 효율성은 낮아지고 사회적 비용을 증가시키며 제품 사용 후의 폐기물 증가 및 환경오염 문제를 야기할 수 있다. 따라서 바람직한 소비방식은 군집적 소비를 통해 사회관계망의 커뮤니케이션을 늘리고, 공적 소비를 통해 사회적 비용을 줄이며, 군집적 소비와 공적소비의 관리와 유지에 인적 자원을 투입하거나 제품을 활용하는 측면에서 능동적 소비를 하는 것이 일자리 창출에도 기여할 수 있을 것이다(박명희 외, 2011, p.341).

3) 관계적 소비 관련 이론

자신의 의사를 전달하고 관계를 유지하면서 소비 의사결정을 하기 위해 관계적 소비와 관련된 이론은 커뮤니케이션이론과 네트워크이론으로 설명이 가능하다.

(1) 커뮤니케이션이론-사회적 침투이론

커뮤니케이션이론 중의 하나인 사회적 침투이론social penetration theory은 1973년 알트만(Irwin Altman)과 테일러(Dalmas Taylor)에 의해 제안된 이론으로 친밀한 관계의 두 개인의 상호작용을 이해하기 위한 이론이다. 사회적 침투이론은 사람의 성격을 양파에 비유하고 있는데, 그만큼 사람의 성격이 다층적인 구조로 되어 있다는 의미이다. 양파의 바깥 표피는 상대방에게 작은 관심만 가진다면 누구라도 쉽게 접근할 수 있는 공적자아public self로 그 사람의 고유한 속성이 아닌 공동체 구성원이라면 그 정도는 누구에게나 공개되어 있는 일반적인 사실이다. 이에 비해 양파의 중심부 쪽에 속하는 내면적 자아 혹은 사적자아private self는 그 사람의 가치관, 자아상, 상충된 모순, 그리고 정서와 감정의 구조를 포함한다. 이는 눈으로는 잘 보이지 않는 세계이며, 그 사람의 본질적인 성격의 속성을 반영한다.

보통의 경우 자신과 친밀한 관계를 유지하고 있는 사람들과는 사적 자아를 공유하고, 그렇지 못 한 사람들과는 공적인 자아를 공유한다. 공적인 자아에서 사적인 자아로 넘어가는 것은 관계의 발전을 의미하며, 이는 상대방의 양파 중심부에 해당하는 정보를 알아간다는 의미이다.

친밀한 관계를 양파와 같은 다양한 성격 층위의 중심부로 이동하는 것에 비유한 사회적 침투이론은 이른바 관계 형성에 따른 보상과 비용이라는 경제적 손익 계산에 달려 있다. 합리적 경제 동물로서 인간은 어떤 행위를 수행할 때 그러한 행위를 수행하는데 소요되는 비용과 그로 인한 효용을 따지게 된다. 사회적 침투이론은 효용이 비용을 초과할 때 사회적 관계가 형성될 수 있다고 본다. 이러한 사회적 교환의 원칙에 기반하고 있는 사람들은 자아 노출의 위기 상황에서 관계의 결과나 만족, 그리고 관계의 안정성과 같은 개념 요소들의 고차원 방정식에 따라 사회적 침투 여부를 결정한다는 것이다(김동윤, 2013).

(2) 네트워크이론

① 사회연결망이론

사회연결망이론은 인간관계에 따라 인간 행위와 사회구조의 효과를 설명하려는 시도로써 사회는 여러 행위자 간의 연결이나 관계로 이루어진다는 것이다. 네트워크는 사전적으로 '함께 연계되어 소통하는 그룹'으로 정의되며, 복잡한 정보화 사회에서 중요한 지식 습득의 경로로 간주하고 있다.

사회연결망이론social network theory에서 그라노베터(Granovetter, 1983)는 강한 유대strong tie와 약한 유대weak tie라는 개념으로 네트워크 내의 개인적 유대가 사회적 관계에 어떠한 영향을 주는지 연구하였다. 관계를 형성할 때 소모되는 시간, 친밀감, 에너지 등이 관계의 강도를 구분하는데, 예를 들어 가족이나 친구는 강한 유대, 우연히 알게 된 사람들은 약한 유대라고 할 수 있다. 사회연결망이론에서는 가족이나 친구와 같은 강한 유대보다 관심이나 목적의 공유를 통해 새롭게 생성된 약한 유대 관계가 더 중요하다고 강조한다. 참여와 공유가 핵심인 소셜미디어에서는 약한 유대 관계를 통해 소비자 간에 지속적인 상호작용이 이루어진다.

강한 유대는 개인이 속한 네트워크의 한정된 범위 내에서만 정보를 공유할 수 있고 그 정보는 확실성이 높을지 모르지만 상대방이 이미 알고 있는 중복된 정보일 가능성이 높다. 반면에, 약한 유대는 관계 자체에 대한 구성원들의 헌신과 유대의 강도가 낮더라도 많은 사람들로부터 다양하고 새로운 정보를 획득할 수 있다(김민석, 2011).

② 사회적 자본이론

사회적 자본은 사람들 간의 관계를 통해 축적된 자원으로 정의할 수 있다. 네트워크이론 중 하나인 사회적 자본이론social capital theory의 중심 전제는 네트워크 구성원 간의 관계가 사회적 행위를 위한 가치 있는 자원을 형성하여 구성원들에게 집단적인 자본을 제공한다는 것이다.

콜맨(Coleman, 1988)은 물리적 자본physical capital, 인적자본human capital과 구별되는 새로운 유형의 자본으로 사회적 자본의 특성을 제시하며 네트워크를 강조하고 있다.

첫째, 사회적 자본은 사회적이다. 여기서 '사회적'이라는 용어는 사회적 자본이 사회구조나 사회적 관계로 구성되어 있으며 그 사회구조에 참여하고 있는 행위자에게 특정적인 행위를 가능하게 한다는 점을 지칭한다. 따라서 사회적 자본의 특성은 다른 자본들과는 달리 개인이나 물리적 생산시설에 존재하는 것이 아니라 개인들 간의 사회적 관계 내에 존재한다는 점이다.

둘째, 물리적 자본은 가장 구체적으로 관찰할 수 있는 반면 인적자본에서 사회적 자본으로 갈수록 직접적인 관찰은 힘들어진다.

셋째, 사회적 자본은 도덕적 자원moral resources이다. 즉, 사회적 자본은 사용하면 사용할수록 늘어난다. 예를 들어 상호협력의 규범은 많은 사람에게 자주 작용할수록 없어지는 것이 아니라 그 혜택을 통해 늘려갈 수 있다.

넷째, 사회적 자본은 개인적인 속성이라기보다 관계적인 속성이다. 그리고 사회적 자본은 행위자들 간의 사회적 상호관계와 구조에 기초하고 있다는 점에서 의견의 일치를 보이고 있다(김민석, 2011).

다양한 소셜 네트워킹 사이트 SNS는 온라인상에서 개인의 관계를 발전시키는 주요한 미디어로 발전해 왔으며 사회적 자본의 관점에서 SNS 안에서 소비자는 다른 소비자들과 지속적인 관계를 통해 자신의 지식을 공유한다.

2. 관계적 소비의 현상

소비자는 자기 자신, 사회, 주위 사람들과 소통하는 수단으로 관계를 원활하게 만들고 잘 유지하기 위해 노력한다. 이러한 관계적 소비의 대표적인 현상이 의례소비이며, 의례소비 중에서 관계를 유지하는 효과적인 도구가 선물을 주는 행동이다. 또한 소비자는 이러한 관계를 맺어가면서 행복을 느끼게 된다.

1) 관계적 소비와 의례

(1) 의례소비 행동

소비자의 소비활동은 개인의 심리적 요인과 연결되기도 하지만 소비자가 속한 문화, 관습, 사회적 규범, 사회적 가치 등의 사회문화적 요소가 더 직접적으로 연결되기도 한다. 이러한 사회문화적 요인은 '의례ritual' 또는 '의례화된 행동'으로 표현될 수 있

그림 9-1. 통과의례-결혼식과 출생

표 9-1. 의례화된 행동과 소비 물품

의례 행동유형	의례사건	의례화된 소비 물품
종교의례	예배, 세례, 제례 등	예배용품, 의류, 식품, 초, 향 등
통과의례	출생, 입학, 졸업, 결혼, 장례 등	선물용품, 의류, 외식, 혼수, 장례용품 등
명절의례	설날, 추석, 정월대보름 등	선물용품, 전통식품, 카드, 놀이기구 등
집단의례	시민행사, 기업행사 등	이벤트, 서비스 등
유사의례	음악회, 스포츠 관람, 영화관람 등	의류, 레저도구 등
개인의례	가족 행사, 기념일, 각종 데이문화 등	외식, 선물용품 등

다. 의례는 인간이 가지고 있는 독특한 행동 양태로 일상에서 사용하는 '습관적이고 형식적'인 의미와는 달리 '상징성과 절차성'의 의미가 강한 것으로 의례화된 행동은 소비자의 삶과 관련된다.

우리는 출생, 입학, 졸업, 결혼 등 다양한 사건들을 거치고 통과의례를 통해서 다양하게 의례화된 경험을 한다. 또한 설날, 추석, 정월대보름 등과 같은 세시의례를 치르는 데에도 정형화된 절차가 있고 각 의례 절차단계마다 의미가 있으며, 절차를 적절하게 수행하기 위한 의례화된 소비 물품이 필요하다. 그 외에도 집단의례(시민행사, 기업행사), 유사의례(음악회, 스포츠 관람 등), 개인의례(가족 행사, 기념일 등) 등은 우리 삶의 많은 부분과 관련되어 있다(표 9-1 참조).

한편 인터넷의 발달로 커뮤니티, 정보검색, 온라인 구매, 쇼핑, 구전 등 온라인에서의 소비자 행동도 오프라인과 마찬가지로 참여자의 행동과 소통은 상징적인 것들이 많기 때문에 의례화될 수 있다(박철·강유리, 2012).

매크래켄은 소비는 경제적 성격뿐만 아니라 문화적 성격이 강하게 보이는 인간 활동으로 서구사회에서는 문화가 소비와 연관되어 있으며, 또한 소비에 의존한다고 주장하였다(그랜트 매크래켄 저, 이상률 역, 1996). 매크래켄은 어떤 문화적 의미를 창출, 확인, 환기, 재활성화시키기 위해 소비의례를 5가지로 구분하였다.

첫째, 획득의례는 제품의 소비나 구매를 통하여 제품 속에 있는 문화적 의미를 소비자가 획득하는 것을 말하며, 구매를 위한 정보 탐색, 제품 수집, 경매 등을 그 예로들 수 있다.

둘째, 소유의례는 많은 소비자가 새로운 제품을 구매했을 때 새로운 소유를 뽐내고 자랑하며, 친구들의 축하를 받으면서 훌륭한 구매의 재확인을 위해 이와 유사한 의례적 과시를 수행하는 것으로 집들이, 주말에 하는 세차, 정원관리 등을 그 예로 들 수 있다.

셋째, 교환의례는 각종 기념일, 생일 등에서 선물 증정과 같은 행위로 이루어지는 의례적 행동을 말한다.

넷째, 치장의례는 제품으로부터 문화적 의미를 끄집어내어 소비자에게 이전시키는 것과 관련된 의례로 제품과 서비스를 통해 자신을 표현하고 이를 타인과 의사소통하는 소비 행동을 의미한다.

마지막으로 처분의례는 제품으로부터 의미를 제거하기 위한 일련의 행위들로 이미 소비자가 소유하고 있던 많은 제품에는 다양한 개인적 의미가 들어 있다. 이러한 의미는 주로 상징적 의미를 통해서 나타나는데 소비자는 이러한 제품을 없애거나 팔기 전에 개인적 의미를 제거하고자 한다는 것이다. 이때 등장하는 의례적인 행위들에는 아끼던 옷을 기부할 때 이를 세탁하거나 드라이클리닝을 하는 행위, 자동차를 팔기 전 자신이 달았던 오디오, 내비게이션 등을 떼어내는 일련의 행위들을 그 예로 들 수 있다.

(2) 의례소비 사례: 작은 결혼식

결혼식은 인간의 생애를 대표하는 행사이지만 상업화되고 획일적인 고비용 결혼문화의 문제점이 대두되어 새로운 결혼문화의 확산이 요구되고 있다. 소비자와 사회의 의식변화와 함께 천편일률적이고 형식적인 예식 분위기, 체면·상호의존적인 유교적 가치들이 반영된 형태에서 벗어나 소위 '작은 결혼식', '스몰웨딩', '착한 결혼식' 등으로 명명된 형태의 예식이 이루어지고 있다. 작은 결혼식은 "허례 의식과 고비용이 드는 혼례절차를 배제하고 규모와 절차를 간소화하여, 관행적으로 이루어져 왔던 결혼식과는 다른 시대적 트렌드를 반영한 지속가능하고 실효성 있는 건전하고 검소한 결혼식"이라 정의할 수 있다(주영애·홍연윤, 2015).

이를 위해 공공기관에서는 예비부부들에게 장소를 무료 또는 저비용으로 이용할 수 있도록 지원하고 있으며, 지자체에서도 작은 결혼식 문화 확산을 장려하고 실용적인 결혼문화를 정착시키기 위해 앞장서고 있다. 그러나 미혼 남녀를 대상으로 한 연구 결과(김성연, 2017), 작은 결혼식은 긍정적으로 인식하고 있지만, 공공기관에서 예식을 진행하고자 하는 비율은 조사 대상 376명 중 4명(1.1%)에 불과한 것으로 나타났다.

한국 사회에서 결혼은 부조금이나 예물, 예단과 같이 부모 세대의 이해관계가 밀접히 연관된 의례이고, 신혼집과 살림을 비롯하여 결혼식에 모든 제반 비용도 상당 부분 부모가 부담하는 경우가 많기 때문에 자녀 세대보다 부모 세대의 의중이 결혼 준비 과정 전반에 크게 반영된다. 또한 사회적으로 결혼 자체가 감소 추세에 있는 상황에서, 남들과 차별화된 특색 있는 결혼식에 대한 젊은 층의 선호도가 높기 때문에 예식의 규모만 대규모에서 소규모로 달라졌을 뿐, 비용은 그대로 이거나 오히려 늘어나는 '작지 않은 작은 결혼식' 현상도 나타나고 있다. 이러한 현상은 작은 결혼식의 대두를 야기한 본래 취지인 비용 절감이나 규모 축소라는 요인은 크게 고려되지 않고 결혼에 '체면'이라는 요소가 크게 작용하는 한국 사회의 현실이 반영된 결과이다. 이명선·이선민·김신희(2015)의 조사에서 결혼문화의 문제점으로 '형편에 맞지 않는 과다한 혼수(44.8%)'와 '남만큼 성대하게 치러야 한다는 의식(17.2%)'이 높게 나타난 결과는 소비자들이 타인의 시선에서 자유롭지 않음을 보여주고, 형식적 예의와 대인관계를 중시하는 한국인의 체면치레를 나타낸다.

2) 관계적 소비와 선물

(1) 선물이란?

① 선물의 개념

설날, 추석과 같은 명절, 그리고 생일, 밸런타인데이, 크리스마스, 졸업식 등의 기념일이 되면 우리는 타인을 위해 무슨 선물을 할까를 생각하게 된다. 이러한 선물행위gift giving는 일상에 자리 잡은 친숙한 소비의례로 상대와의 커뮤니케이션 수단이라 할 수 있다. 선물은 더 나은 관계를 도모하고자 사용되는 자발적인, 때론 관습이나 필요에 따르기 위해 다소 의무적으로 행해지는 개인 간의 또는 공적인 활동이다. 선물은 가격을 고려한 경제적인 측면, 사회규범을 따르고자 하는 사회적인 측면, 받을 사람의 성격이나 취향 등을 고려하는 심리적인 측면 등 복합적인 요소를 포괄하는 활동으로 선물을 주고받는 행위는 단순히 주어진 선물에 대한 평가가 아니라 그것을 선택한 동기, 정성 등 일련의 모든 과정에 따른 평가이다(박명희, 이상협, 1992; 김정주, 2006).

선물은 광의로 볼 때 이타적인 행동으로 배우자나 자녀에게 주는 것뿐만 아니라 관혼상제 등에 부조 형태로 주는 것을 모두 포함하며, 시간, 활동, 아이디어 등을 포함하는 제품이나 서비스도 선물이 될 수 있다(Belk & Coon, 1993). 적절한 선물 선택이 쉽지 않을 때 현금선물을 주기도 하는데 현금선물이 어떤 상황에서는 개인적인 유대관계를 촉진하고, 마음에 드는 것을 고를 수 있는 자유를 제공할 수 있기 때문에 이상적인 선물이 될 수도 있다.

사람들은 선물을 구매할 때 주는 자와 받는 자 사이의 관계를 가장 먼저 고려하는데(Belk, 1979), 자녀와 배우자에게는 자신이 한 선물 중 가장 가격이 비싼 선물을 하고, 친밀한 사람에게 선물을 할 때는 선물 구매 시 시간을 더 많이 소비하고, 먼 관계의 사람의 경우에는 시간을 덜 소비한다. 그 결과 가까운 관계에서는 표현적인 선물을 선호하며 먼 관계에서는 실용적인 선물이 선호된다(Sherry, 1983). 또한 선물 구매 시 제품 품질, 외관, 브랜드명, 선물을 판매하는 점포 등을 중요하게 여기고, 또한 소비자들은 '가격 대비 가치가 높은best value for money'제품을 구매하기보다는 '적절한right' 가격의 제품을 탐색한다. 선물을 주는 행동은 결국 받는 사람이 자신이 선택한 선물의 가치를 알아주고 만족하기를 원하는 구매 행동을 하는 것이다(Belk, 1979).

그림 9-2. 선물 © asenat29 (플리커)

② 선물의 동기

선물을 하는 동기는 이타적 측면과 자기 이익을 포함하는 자발적 동기와 체면이나 의무감 때문에 하는 의무적 측면이 있다. 셰리(Sherry, 1983)는 선물의 동기가 이타적 동기(수령자의 만족 극대화)에서 이기적 동기(증여자의 만족 극대화)까지의 연장선상의 한 지점에 위치하고 있고, 이타주의는 선물교환 당사자를 즐겁게 하려는 것(예: 부부간의 선물, 불우이웃 돕기 등)이며, 이기주의는 계산된 거래가 관심사라고 하였다. 선물을 하는 사람은 선물을 받을 사람에 대해 사랑과 우정을 표현하는 방법이라고 생각하며, 선물선택 시에 많은 생각과 노력을 하고 선물선택을 즐기는 경험적, 긍정적 동기를 가지고 있다. 다른 한편으로는 사람들이 기대하기 때문에 선물을 하고, 선물을 받았으면 반드시 되갚아야 한다고 생각하며, 선물을 하지 않으면 죄의식을 느끼는 의무적 동기를 가진다(Wolfinbarger & Yale, 1993). 또한 선물을 받을 사람에게 실질적인 도움을 주기 위한 것으로 실용적 동기에서 받을 사람이 필요한 가장 좋은 선물을 주는 행위는 결혼식 때 현금선물을 예로 들 수 있다.

③ 선물교환의 형태

첫째, 개인끼리의 선물교환이다. 이는 가장 일반적인 형태로 선물을 많이 하는 대상은 친구, 부모, 자녀, 형제들이다.

둘째, 단체끼리의 선물교환이다. UNESCO, UNICEF 등이 국제적인 구제 프로그램에 참여하거나 정부 사이의 외국 원조, 부부와 가족 같은 단체의 형태로 결혼식이나 집들이 때 선물을 교환하는 것이다.

셋째, 개인이 주고 단체가 받는 형태이다. 이는 자선의 성격을 띠는 것으로 졸업생이 모교에 기부하는 행위, 장기기증, 종교헌금 등을 말한다.

넷째, 단체가 주고 개인이 받는 형태이다. 이는 보상의 형태로 고용인에게 주는 보너스, 장학금, 종교기관에서 음식물을 주는 것 등(Sherry, 1983)을 일컫는다.

(2) 선물의 기능

선물의 기본적인 기능은 여러 문헌에서 크게 의사소통 기능, 사회적 교환기능, 경제적 기능, 사회화 기능으로 나누어 설명하고 있다(Belk, 1979; 김정주, 2006).

① 의사소통 기능

선물은 주는 사람과 받는 사람 사이의 상징적 의사소통communication 형태로 작용하는데 선물을 통해 축하, 애정, 감사 등 비가시적인 메시지를 전달한다. 즉, 선물이 의사소통을 위한 매개체의 역할을 수행하는 것으로 상징적 의미를 형성한다. 예를 들어 몇몇 문화권에서는 다이아몬드 반지는 청혼, 카네이션은 감사, 거북 형상은 장수의 의미를 담은 전형적인 선물 품목으로 인식되고 있다. 단 그 상징성은 사회, 문화, 시간, 개인에 따라 달라질 수 있으므로 주는 사람은 받는 사람에게 의도하는 메시지를 전달하기 위해 올바른 선물을 선택하는 것이 중요한 일이 된다. 이러한 선물 증여는 4가지 요소로 이루어지는데, 주는 사람giver, 받는 사람receiver, 선물이라는 매개체gift, 그리고 상황situation이다.

② 사회적 교환기능

선물의 교환은 사람 사이의 관계를 확립하고 규정하며 유지하는 데 도움을 준다. 서로의 행동에 영향을 미치는 과정으로 한정되는 것이 아니라 나아가서 서로 간의 유대 관계가 유지 또는 변화되는 기능까지 수행한다. 우리는 일반적인 관계에서는 일반적이고 무난한 선물을, 특별한 관계에서는 가격이나 품목에서 그에 걸맞는 특별한 것을 선물하고자 하는 경향이 있다. 두 사람 사이의 관계가 확정된 후 상호선물의 교환은 둘 사이의 관계를 지속시키는데 도움을 줄 수도 있지만 선물의 불균형은 두 사람 사이의 '관계의 불균형'을 반영할 수도 있다. 그러나 부모와 나이가 어린 자녀의 선물교환과 같이 가족관계 또는 받는 사람의 나이, 건강, 가진 것 등에 의한 선물의 불균형이 일어나기도 하지만, 보통 일방적인 선물은 긴장이 생기고 계속되지 않게 된다. 졸업, 약혼, 종교적 의식이나 결혼과 같은 상황에서 행해지는 선물은 변화된 지위의 승인뿐만 아니라 관계 유지의 목적이 함축된 것으로 볼 수 있다. 결과적으로 사회적 통합이나 사회적 거리감을 형성하게 되므로 이를 사회적 교환기능social exchange이라고 한다.

③ 경제적 교환기능

선물은 사회적 행동이기 때문에 내가 이 정도의 선물을 주는 것은 그만한 감사를 표하기 위함이라든지, 선물을 받았으니 그에 상응하는 답례를 한다는 무언의 계산을 내포하는 경제적 교환기능economic exchange 이 있다. 대부분의 선물증여에는 상호성의 경향이 있기 때문에, 받은 물품과 동등한 가치를 가진 물품을 다시 주고자 한다.

이를 경제학적 관점에서 보면 상대방에게 줄 선물의 가치(비용)가 주는 사람 자신의 직접적 만족을 위해 사용된다면 경제적으로 더 합리적이라고 생각할 수 있다. 선물 증여 행동은 선물이라는 매개체를 통해 선물을 제공하여 사회적 승인을 얻는 것과 같은 상징적 가치뿐만 아니라 선물을 받게 되는 사람에게 경제적 편익을 이전시키는 경제적 가치의 두 측면을 모두 포함한다. 한편 이타적 측면에서 아무런 조건이나 계산 없이 주는 기부, 자선, 장기기증 등의 선물증여 행동도 있으므로 답례의 정의에 가시적인 물품의 답례에서 감사의 마음, 관계의 발전 도모 등 '무형적인 감정의 답례'를 포함해야 한다.

④ 사회화 기능

선물은 받는 사람의 입장에서 선물을 주는 사람이 자신과의 관계에서 어떤 의미를 가지는지와 그들의 관계가 앞으로 어떻게 진행되어야 하는지 도움을 주는 역할을 한다. 즉, 선물은 사회적 유대를 유지하는 도구적 역할을 수행하고 사회적 관계에서 상징적 의사소통의 수단으로 활용된다.

받은 선물이 성인의 자아개념과 행동패턴에 지속적인 효과를 미치지는 못할지라도 자녀들의 자아개념과 행동패턴에는 훨씬 더 많이 영향을 미친다. 존경하는 어른이 주는 선물은 자녀들의 존재와 미래의 희망을 일깨워주고 자녀들의 자아 정체감을 형성시키며 물질주의, 사적소유의 재산, 주는 것, 받는 것, 공격성, 경쟁심, 교훈, 미적 감각 등의 가치 형성에 중요한 영향을 미치는데, 이것이 바로 사회화의 기능이다. 예를 들어 여자아이에게는 인형이나 소꿉놀이 등 전통적으로 여성성을 상징하는 선물을, 남자아이에게는 로봇이나 자동차 등 남성성을 상징하는 선물을 주는 것은 아이들의 성역할 정체성의 형성에 영향을 줄 수 있다.

(3) 선물과 문화

① 선물의 문화적 특성

선물은 각각의 문화적 특성을 반영하여 발전해왔기 때문에 선물의 특성 역시 나라별로 다르다. 선물의 특성을 이해하기 위해서는 그 나라의 문화, 역사 등에 대한 이해가 수반되어야 한다. 예를 들어 크리스마스는 영국, 미국 등지에서는 선물을 주고받는 가장 대표적인 시기 중 하나지만, 이집트, 터키 등 역사적으로 기독교와 무관한 나라에서는 젊은 층이 단지 하나의 기념일로 크리스마스를 축하하는 경향이 짙다. 일본인에게 선물을 할 때는 흰색으로 포장하면 안 되고 주는 사람 앞에서 선물을 열어보면 안 된다. 아랍국가에서는 손님들이 집주인에게 알코올 음료나 사진, 그림 또는 여성 조각상을 선물하면 안 된다. 또 아랍국가에서는 금으로 도금한 만년필이 좋은 선물이 되는 등 선물행위에서도 문화적인 차이가 있다. 선물은 어떤 조건이나 단서 없이 자의적으로 주어지는 마음의 표시이다. 그러나 선물은 뇌물수수는 아니지만 상호호혜가 규범이다. 선물은 준 자가 받은 자에게 받은 만큼 보답하도록 만드는 도덕적 책무를 갖게 하는 반면, 뇌물은 더 많은 보상과 기대의 상호호혜가 원칙이다.

소비 행동은 자신의 주관적 동기와 타인의 영향에 따른 외부적 동기 요소가 합해져 결정되는데, 사회와 문화에 따라 달라진다. 개인주의 성향을 띠는 미국인들은 개인적 요소(태도적 요소)가 더 많이 고려되어 소비패턴을 결정하는 반면 집합주의 성향을 띠는 한국인들은 사회적 요소(규범적 요소)에 비중을 두고 그들의 소비패턴을 결정하는 경향이 있다.

미국과 같은 개인주의적 문화에서는 개인의 취향과 특성을 나타내는 선물을 선사하는 경향이 강하고, 선물비용과 예산, 선물 대상자의 선정에도 개인의 의지와 결정권이 더 큰 영향을 미친다. 반면, 한국의 경우 의사결정에서 타인의 영향력이 크고, 집단 내에서 행동의 통일성이 중요시된다. 따라서 실용적이거나 많이 있어도 좋은 물건들, 사용의 범위가 넓은 것들을 선물하는 경향이 강하다. 한편 선물의 내용보다 상표를 차별화의 수단으로 사용하므로, 선물을 준비한 사람의 특성과 성의를 알리는데 상표가 표현의 수단이 될 수 있다

② 팬덤문화와 선물

팬덤(fandom)이란 '광신자'를 뜻하는 영어의 'fanatic의 fan'과 '영지(領地) 또는 나라'를 뜻하는 접미사 'dom'의 합성어로서 특정한 인물(특히 연예인)이나 분야를 열성적으로 좋아하거나 몰입하여 그 속에 빠져드는 사람을 가리키는 말인데(네이버 국어사전), 팬덤을 이루는 가장 근본적 요소는 의미 있고 활동적인 인간관계다. 소비자들은 인터넷 발전과 참여문화의 유행에 따라 페이스북, 인스타그램 등과 같은 SNS와 유튜브를 통해 다른 소비자들과 쉽고 간편하게 소통한다.

팬덤문화의 특징은 변화하는 선물문화에서도 찾아볼 수 있다. 팬들은 연예인의 이름으로 소외된 이웃에게 나눔을 실천함으로써 스타를 향한 사랑을 표현하고, 타국에까지 기부해 한류에 대한 긍정적인 이미지를 심어준다. 회비를 모아 도시락이나 밥차를 준비해서 가수와 스태프에게 조공을 바치거나, 상을 받는 날 등의 의미 있는 날에는 물질을 기부하는 단체활동을 한다. 팬 공동체 내에서 선물경제는 강력한 유대관계를 만들어내는 규범이 되지만, 그 선물을 제공하는 개개인의 팬에게는 사회적 지위와 인정을 얻는 수단으로도 작동한다(Chin, 2014, 김수아, 2021, p.277에서 재인용). 현재 팬덤문화는 시공을 초월하여 국내뿐 아니라 초국가적으로 확산되었으며, 전 세계 팬덤 간의 커뮤니케이션도 편리하고 빠르게 진행되고 있다.

3. 관계적 소비와 행복

1) 관계와 행복

소비자들은 자신만을 위한 소비보다는 관계 속에서 같이 즐기며 소비할 때 더 행복감을 느낀다. 소비자 행복은 소비 후에 따라오는 이성적, 감성적 상태의 요약변수로서 구매로 인한 결과만이 아닌 소비와 관련된 여러 가지 경험들이 복합적으로 작용한 결과에 따라 유발된다. 그 결과로 인해 '긍정적인 기분을 느끼는 상태'와 자신이 이상적이라고 생각하는 상태에 얼마나 근접했는지에 대한 '인지적 평가'를 모두 아우르며, 이렇게 소비자가 스스로 수치화하여 보고하는 주관적 행복감의 상태를 말한다.

소비자의 행복은 물질적 재화를 구매하는 것보다 경험적 활동에 돈을 사용하는 것이 행복에 더 크게 기여한다. 경험은 사람들의 관계에 긍정적으로 기여하는 동시에 사회적인 비교를 감소시키므로 재화를 소비하는 경우보다 행복에 더 크게 기여한다 (Howell & Hill, 2009). 또한 소비하는 대상이 나와 다른 사람의 관계 향상에 기여할수록 소비자 행복이 높아진다는 관계성을 강조한다.

2) 행복의 단계와 소비 형태

관계적 소비에서 행복을 얻기 위한 단계를 표 9-3과 같이 생각할 수 있다(야마다 마사히로, 소데카와 요시유키 저, 홍성민 역, 2011, pp.112-117).

(1) 자신에 대한 추구

자신이 좋아하는 것에 시간과 돈을 집중적으로 투자하는 소비는 스스로 만족감을 얻으려는 것이다. 무언가를 선택하는 것은 다른 무언가를 포기하는 것을 의미하는데, 예를 들어 좋아하는 물건을 사고 싶어 식사나 패션에 드는 비용을 절약하는 등 재량의 자유를 최대한 발휘할 수 있는 상황을 만들 수 있다. 스스로 가치판단의 기준을 세운 뒤 필요한 것을 소비한다는 점이 특징적이다.

(2) 사회공헌

사회에 공헌하는 것은 개인과 사회와의 관계 속에 발생한다. '사회를 위해서 좋다'는 기준이 구매 시 결정조건이 되는데, 예를 들어 공적무역상품을 구매하거나 환경을 생각해서 친환경 상품을 사용하거나 다소 돈이 들더라도 건강하고 현명한 소비를 통해 사회와 자신의 건강이 지속적으로 순환하도록 행동하는 것이 여기에 해당한다. 이타적인 자세로 스스로를 긍정하고 자신의 노력으로 사회가 조금이라도 풍요로워질 것이라는 기대를 하여 행복을 얻는 단계이다.

(3) 인간관계

인간관계에 따른 행복은 개인과 타인과의 관계 속에서 발생하는 행복이다. 이때 타인은 가족, 친구, 지역사회, 직장동료 등이며 이들로부터 '인정'을 받으면 존재의식을 느낀다. 자신의 이익을 염두에 두지 않고 타인을 위해 행동하는 소비 또한 선물을

표 9-3. 행복의 단계와 소비 형태

행복의 단계	목적	대상	소비 형태
자신에 대한 행복 추구	자기만족 추구	자신	몰두 반응소비
사회공헌	삶의 의미 추구	사회와 미래의 인류	자책감으로부터 자유로워짐 지속가능한 소비
인간관계	자기 자리 확보	인간관계	이타적 소비 일을 (돈으로) 구매

자료: 야마다 마사히로, 소데카와 요시유키 저, 홍성민 역(2011). 더 많이 소비하면 우리는 행복할까?. p.112 재구성.

받을 때도 상대가 자신을 위해 무엇을 고를지 고민한 흔적과 들인 시간, 수고로움을 고맙게 여기게 된다. 즉, 타인과의 관계에서 행복할 기회도 생기는 것이다.

3) 관계 속에서 행복 찾기

소비사회의 행복의 이면에는 관계가 숨어 있다. 소비자들은 가정을 꾸리고 가족의 행복에 필요한 상품과 서비스를 구매하는 것에서 가족관계의 중요성을 실감한다. 세상 사람들의 시선 때문에 타인에게 보여주기 위한 브랜드 소비를 하며 행복을 느끼고 자기 자신, 사회, 주위 사람들과 관계를 맺으면서 행복을 만들어낸다. BBC 행복위원회의 행복헌장 십계명(표 9-4) 중에도 반은 관계적 소비와 관련한 것이다.

최근 국민행복계정National Account of Wellbeing을 통하여 국가발전성과의 측정을 시도한 영국의 신경제재단NEF: New Economics Foundation의 연구에서도 개인의 행복을 결

표 9-4. 관계 속에서 행복 찾는 법-BBC 행복위원회의 행복헌장 십계명

구분	상세내용
1. 운동	운동을 한다. 1주일에 3회, 30분이면 충분하다.
2. 감사	좋았던 일을 떠올려 본다. 하루를 마무리할 때 5가지 감사할 일을 생각해 본다
3. 대화	대화를 나눈다. 매주 온전한 한 시간은 배우자나 가장 친한 친구들과 대화를 나눈다.
4. 식물 가꾸기	식물을 가꾼다. 아주 작은 화분이라도 좋다. 죽이지만 않으면 된다.
5. TV 시청	TV 시청 시간을 반으로 줄인다.
6. 미소	미소를 짓는다. 적어도 하루에 한 번은 낯선 사람에게 미소를 짓거나 인사한다.
7. 전화하기	친구에게 전화한다. 오랫동안 소원했던 친구나 지인들에게 연락해서 만날 약속을 한다.
8. 웃음	하루에 한 번 유쾌하게 웃는다.
9. 선물	매일 자신에게 작은 선물을 하고 그 선물을 즐기는 시간을 가진다.
10. 친절	매일 누군가에게 친절을 베푼다.

자료: 박명희 외(2011). 누가 행복한 소비자인가. pp.17-18 재인용.

정짓는 가장 중요한 요소는 타인과의 사회적 관계와 심리적 자원 혹은 정신적 자본의 2가지 요소라는 것을 밝혔다. 관계적 소비를 통해서 행복한 삶을 살기 위한 실천사항은 다음과 같다(NEF, 2009; 이성림 외, 2011, 재인용).

- 연결connect: 가족, 친구, 동료, 이웃, 집, 학교, 직장, 지역사회 등 주변 사람들과의 관계를 위해 시간을 투자한다. 사회적 관계는 행복의 결정요인이다.
- 움직이기be active: 산책, 달리기, 밖으로 나가기, 자전거 타기, 경기하기, 정원 가꾸기, 춤추기 등의 운동은 우울과 걱정을 낮추고 기분을 증진시킨다.
- 인지take notice: 주위 세계에 대해 느끼는 것에 대한 자각이다.
- 학습keeping learning: 새로운 것을 배우는 것이다.
- 선행give: 사람들 사이의 신뢰를 구축하고 긍정적인 사회관계를 창조한다.

소비자들은 스스로 상대방에게 기쁜 마음으로 관계를 맺고 관계를 위한 소비를 한다. 물질주의의 만연으로 현대사회에서는 관계를 유지하고 행복을 얻기 위해서 보다 풍요해지지 않으면 안 된다고 생각하지만, 부유한 나라의 국민이 빈곤한 나라의 국민보다 행복하지 않고, 풍요로워질수록 행복이 찾아오는 것은 아니다.

생각해보기

1. 선물교환의 형태별 사례를 제시하고 어떤 형태의 선물교환을 가장 많이 했는지 자신의 경험을 이야기 해보자.

2. 우리 주위에서 많이 경험할 수 있는 의례문화 중 결혼식 문화와 장례식 문화가 어떻게 변화하고 있는지 부모 세대와 우리 세대를 조사해 비교해보자.

참고문헌

국내문헌

그랜트 매크래켄 저, 이상률 역(1996). 문화와 소비. 서울: 문예출판사.

김동윤 (2013). 인간관계이론. 서울: 커뮤니케이션북스.

김민석(2011). 개인 네트워크 특성이 사회적 기업 발전모형에 미치는 영향—구조적 특성과 관계적 특성을 중심으로. 숭실대학교 대학원 박사학위논문.

김성연(2017). 라이프스타일 유형에 따른 웨딩이벤트 소비자의 소비가치와 소비성향이 웨딩이벤트 선택속성과 행동의도에 미치는 영향. 경기대학교 일반대학원 박사학위논문.

김수아(2021). 팬덤의 능동적참여와 소비자권리주의. 계간문학동네 여름호 107호, 274–292.

김정주(2006). 우리는 왜 선물을 주고받는가—선물의 문화사회학. 삼성경제연구소.

네이버 국어사전. (2021.04.01.). URL: https://ko.dict.naver.com

박명희 · 이상협(1992). 선물구매행동에 관한 실증적 연구. 동국논총 31, 225–250.

박명희 · 박미혜 · 송인숙 · 정주원 · 손상희(2011). 누가 행복한 소비자인가. 경기도: 교문사.

박철 · 강유리(2012). 온라인 커뮤니티 행동의 의례화 모델—선행요인과 결정요인. 소비자학연구 23(2), 273–298.

야마다 마사히로, 소데카와 요시유키 저, 홍성민 역(2011). 더 많이 소비하면 우리는 행복할까? 경기도: 뜨인돌.

이명선 · 이선민 · 김신희(2015). 고비용 혼례문화 개선을 위한 '작은 결혼식' 국민인식 및 실태. KWDI Brief 36, 1–8

이성림 · 손상희 · 박미혜 · 정주원 · 천경희(2011). 소비생활에서의 행복과 갈등. 소비자학연구 22(1), 139–166.

주영애 · 홍연윤(2015). 자녀와 부모의 소비문화와 결혼식 인식이 작은 결혼식 선호도에 미치는 영향. 대한가정학회지 53(3), 253–263.

투데이 코리아(2019.08.21.). 소유에서 공유로…4차산업의 달라지는 소비패턴. https://www.todaykorea.co.kr/news/articleView.html?idxno=263875

국외문헌

Belk, R.(1979). Gift–giving behavior. Research in Marketing 2, 95–126.

Belk, R. & Coon, G.(1993). Gift–giving as agapic love: an alternative to the exchange paradigm based on dating experiences. Journal of Consumer Reserch 20, 393–417.

Chin, B.(2014). Sherlockology and Galactica.tv: Fan sites as gifts or exploited labor?. Transformative Works and Cultures, 15.

Coleman, J. S.(1988). Social capital in the creation of human capital. American Journal of Sociology 94(Sep), 95–120.

Deci, E.L. & Ryan, R. M.(2002). Overview of self-determination theory: An organismic dialectical perspective. In E. L. Deci & R. M. Rhan (Eds), Handbook of self-determination research(3–33). Rochester: NYL University of Rochester Press.

Firat, A. F. & Dholakia, N.(1977). Consumption patterns and macromarketing: a radical perspective. European Journal of Marketing 11, 291–298.

Granovetter, M. S.(1983). The Strength of Weak Ties: A network theory revisited. Sociological Theory 1(1), 201–233.

Howell, R. T. & Hill, G.(2009). The mediators of experiential purchases: Determining the impact of psychological needs satisfaction and social comparison. The Journal of Positive Psychology 4(6), 511–522.

Sherry, J.F. Jr.(1983). Gift giving in anthropological perspective. Journal of Consumer Research 10(September), 157–168.

Van Boven, L. & Gilovich, T.(2003). To do or to have? That is the question. Journal of Personality and Social Psychology 85(6), 1193–1202.

Wolfinbarger, M.F. & Yale, L. J.(1993). Three motivations for international gift giving: Experimental, obligated and practical motivations. Advances in Consumer Research 20, 520–526.

사진출처

CHAPTER 10

소비자 정보의
진화

10

소비자 정보의 진화

현대 소비자는 더욱 다양해진 제품과 서비스 속에서 더 편리하고 풍부한 생활을 하고 있지만 기존 제품을 이해하고 평가하기 전에 새로운 제품이 나오고 있으며, 기술의 발달로 제품의 재료와 구조는 더 복잡해지고 있다. 시장과 제품의 다양성으로 인해 소비자가 어떠한 경쟁 상품과 서비스가 있는지 이들의 특성이 어떠한지를 상호 비교하고 평가하는데, 적절한 소비자 정보가 필요하다.

더욱이 온라인 소비환경은 누구나 손쉽게 정보를 생산하고 공유할 수 있는 환경으로 변화하였다. 이에 못지않게 오늘날 소비자는 끊임없이 진화하고 있으며 새롭고 창조적인 것을 요구하고 있다. 또한 소비자는 합리적이고 효율적인 의사결정을 하기 위해서 정보의 옥석을 가릴 수 있는 소비자의 정보역량이 점점 증가해야 한다는 뜻이다.

이 장에서는 오프라인과 온라인 소비자 정보의 개념과 유형, 소비자 정보의 진화 과정 및 소비자 정보의 옥석을 가리기 위한 방법 등에 대해 살펴보도록 한다.

관련용어 · 소비자 정보원천 · 구전 · 정보의 진화 · 정보 제공 형태 · 소비자 정보역량 · 진정성

나는 소비에 필요한 정보를 어떻게 얻을까?

직장을 다니는 오소비 씨는 거실용 TV를 새로 장만하려고 한다. 스마트폰을 꺼내 가전제품 정보 가이드 애플리케이션을 통해 가격, 작동방식(패널), 해상도 등을 기준으로 오소비씨 거실에 적당한 A사와 B사의 모델로 축소하였다. 직장을 마치고 모든 브랜드의 전자제품을 판매하는 유통매장을 방문해 전시된 두 제품을 자세히 구경하고 실제 크기와 기능을 확인해보니, A사의 모델이 마음에 들었다. 오소비 씨는 주저하지 않고 스마트폰을 꺼내 가격 비교 애플리케이션을 실행하여, A사의 모델을 바코드에 갖다 대었고, 그 결과 오프라인 매장보다 C온라인 쇼핑몰에서 18만 원이나 저렴하게 제품을 판매한다는 정보를 입수했다. 오소비 씨는 뿌듯한 마음으로 스마트폰을 이용하여 TV를 구매 할 수 있었다.

위의 사례와 같이 직접 제품을 보고 품질확인이 가능한 오프라인 매장의 장점과 가격이 저렴한 것이 장점인 온라인 매장의 장점을 모두 활용하여 구매하는 실속형 소비자를 쇼루밍족이라고 말한다. 쇼루밍족은 정보기술의 발달로 가격 비교가 일반화되면서 유통시장의 새로운 트렌드로 자리 잡고 있다.

▶▶ Q&A

Q1   제품에 따라 쇼루밍showrooming족이 순수 온라인족으로 이동할 가능성이 존재할까?

A1   _____

_____

_____

Q2   기업의 입장에서 온·오프라인 채널에 구애받지 않고 소비자가 원하는 이상적인 구매 경험을 제공하기 위한 노력에는 어떤 것들이 있는지 생각해보자.

A1   _____

_____

_____

1. 소비자 정보

1) 오프라인 소비자 정보

(1) 소비자 정보의 개념

소비자 정보consumer information는 구매 의사결정 시의 불확실성 정도를 감소시켜 주는 것으로 소비자의 욕구 충족 및 목표 달성에 유용하고 유의성 있는 가치를 지니는 것이라고 할 수 있다(김영신 외, 2015). 소비자 정보는 제품이나 서비스를 구매하고 선택하는 데 재정적, 심리적 불확실성과 위험을 감소시켜 주고, 소비자가 원하는 제품에 대한 가격, 품질, 판매점 등에 관한 사항을 알려주며 소비자가 시장 상황을 잘 파악하게 하여 바람직한 의사결정을 할 수 있도록 도와주는 필수적인 요소이다.

(2) 소비자 정보의 특성

소비자 정보는 무형이기는 하나 그것을 획득하고 유통하는 데에는 비용이 수반되는 재화이다. 그러나 소비자 정보는 소비자가 이를 활용하고 처리하는 과정에서 일반적인 사적 재화private goods와 다른 특성을 가진다. 소비자 정보의 특성은 다음과 같다(김영신 외, 2015).

① 비소비성과 비이전성
소비자 정보는 아무리 사용해도 소진되지 않기 때문에 반복적으로 계속해서 사용할 수 있는 비소비성과 타인에게 양도해도 자신에게 그대로 남아있는 비이전성의 특성이 있다.

② 비배타성과 비경합성

일반적 재화와 달리 소비자 정보는 얼마만큼 공급되더라도 일단 공급되기만 하면 공급자가 누구든 관계없이 모두가 불편이나 효용의 감소 없이 공동으로 이용할 수 있는 비배타성과 비경합성을 가지고 있다. 즉, 비배타성non-exclusion은 정보에 대한 대가를 지불한 사람뿐 아니라 대가를 지불하지 않은 사람까지 이용할 수 있는 것이고, 비경합성non-rivalry은 정보로부터 특정 소비자가 얼마나 혜택을 받고 있는지가 다른 소비자의 혜택과는 상관이 없다는 의미이다.

이러한 소비자 정보의 공공재적 특성으로 인해 소비자 문제는 여타의 공공재의 경우와 마찬가지로 무임승차자free-rider의 문제가 야기된다. 즉, 모든 소비자가 정보를 필요로 하지만, 개개의 소비자는 다른 누군가가 소비자 정보를 획득하여 제공해주기만을 원할 뿐 스스로 이를 위한 시간과 비용을 들이지 않으려 하는 성향을 보인다.

③ 비대칭성

정보의 비대칭성information asymmetry은 거래 당사자 중 한 사람이 가지고 있는 정보를 다른 사람이 정확하게 파악할 수 없는 현상을 가리킨다. 제품 판매자는 제품 특성에 대한 정보를 소비자보다 많이 알고 있지만, 소비자에게 진실하고 충분한 정보를 제공하지 않으려 하므로 정보의 비대칭성이 생겨난다.

④ 비귀속성

일반적으로 생산자나 판매자는 자신에게 유리한 정보만을 소비자에게 전달하려고 하는데, 이는 소비자와 판매자 사이에 존재하는 정보의 비귀속성inappropriability 때문이다. 소비자는 판매자나 제조업자에게 자세한 상품 특성의 설명을 들은 후, 마음을 바꾸어 그 상품을 사지 않기로 하고, 다른 상점이나 다른 상표로 전환할 수도 있다. 그뿐만 아니라 이렇게 얻은 정보는 그 소비자를 통해 다른 소비자에게 파급되기도 한다. 따라서 판매자는 진실하고 충분한 정보를 소비자에게 제공하려는 유인을 하지 못하고 그 결과 소비자 정보는 바람직한 수준만큼 제공되기가 어렵다.

⑤ **정보 이용자의 능력에 따른 효용성**

현대사회에서 소비생활에 필요한 정보의 양은 재화와 서비스가 늘어나는 것에 비례하여 기하급수적으로 증가하였다. 또한 소비자 정보의 양이 많이 있더라도 모든 사람이 이를 획득하여 활용할 수 있는 것은 아니다. 정보는 이용자의 목적 지향적 행동 능력에 따라 효용이 달라진다. 즉, 소비자의 능력에 따라 구매 의사결정에 필요한 정보를 적절한 방법으로 탐색하여 획득하는 데 차이가 있으며, 소비자의 정보처리 능력에 따라 획득한 정보들을 토대로 대체안을 비교·평가하는 데에도 차이가 있을 것이다.

2) 온라인 소비자 정보

(1) 온라인 소비자 정보의 개념

오늘날 소비자는 인터넷 환경과 스마트기기의 보급으로 인해 언제나 원하는 장소에서 정보탐색을 하고 사람과 사람을 쉽게 연결해주며, 개인의 취향이나 특성에 맞추어 정보를 활용할 수 있게 되었다(신현주, 이규혜, 2018). 따라서 온라인상에서 소비자는 시간과 노력의 비용을 줄이고, 다양한 정보원천을 활용하여 합리적인 의사결정을 하기 위한 정보 탐색을 할 수 있게 되었지만, 많은 정보는 오히려 소비자의 의사결정을 방해할 수 있다. 따라서 소비자는 자신에게 필요한 정보를 취사선택할 수 있는 역량이 요구된다.

인터넷이 가지는 정보원천으로서 가장 큰 특성은 인터넷을 통하여 소비자가 제공된 정보를 수동적으로 획득할 수 있을 뿐만 아니라 다른 사람들과 능동적으로 정보를 교환할 수 있다는 점이 있다. 온라인 소비자 정보는 소비자와 생산자 간의 정보 비대칭을 해소할 수 있을 뿐만 아니라 오히려 소비자에게 유리한 정보 비대칭도 상정해 볼 수 있는 소비자 정보혁명을 가져왔다.

(2) 온라인 소비자 정보의 특성

인터넷은 익명성과 물리적 속성의 파악이 힘든 특성이 있다. 따라서 인터넷 커뮤니티 등에서 소비자 행동에 대한 구전의 영향은 사회적 보다는 정보적 측면으로 좌우되기 쉽다. 온라인 구전의 정보적 특성은 다음과 같다(김영훈, 2018).

① 정보의 동의성
온라인 구전에서 유용성과 타당성을 판단하는 중요한 단서는 소비자에 의한 동의 정도이다. 동의성은 '둘 또는 다수의 개인이 제품의 성과에 대해 동의하는 정도'로 정의된다. 재화 및 서비스를 평가하는 댓글 등이 많거나 자신과 같은 의견이 많은 사람에 의해 게시된 정보를 더 높게 신뢰하고 자신의 판단기준으로 삼는 경우가 많다.

② 정보의 생생함
정보의 이용가능성은 정보가 감성적으로 재미있거나 분명하고, 상상력을 불러일으키거나 감정적·공간적으로 친근한 정보일수록 높아진다. 이처럼 정보를 현실적으로 느껴지도록 말하는 것이 정보의 생생함이다(김지숙, 권혁기, 2016). 구전은 소비자가 직접 열의를 가지고 경험을 전달하기 때문에 다른 매체에 비해 생동감 있는 정보를 전달할 수 있다. 특히 온라인에서 전달되는 구전은 개인적 경험에 대해 상세한 묘사나 의견 혹은 감정 상태를 표현하기 위하여 문자, 사진, 동영상 등의 구체적 단서를 포함하는 정보이기 때문에 더욱 사실감과 구체성을 높일 수 있다.

③ 정보의 차별성
전통적 구전은 개인의 경험을 주로 언어적 형태로 표현했지만, 온라인 구전에서는 다양한 멀티미디어 요소를 동시에 사용할 수 있다. 정보의 범위가 무한대로 확대된 온라인 구전 환경에서는 타인과 차별화되고, 사실적으로 설득력 있는 형태의 정보가 신뢰성의 중요한 판단기준이 된다. 온라인 구전에서 정보의 차별성을 증대시키는 주요 수단은 다양한 상황을 수반한 조언, 이모티콘 등의 감정적 상태를 나타내는 구체적 단서를 포함하는 구전이다. 특히 온라인 구전은 현장감이나 사실감을 증가시킬 수 있는 다양한 멀티미디어 도구를 동시에 손쉽게 사용할 수 있고, 사진이나 파일을 첨부할 수 있기 때문에 정보의 차별성을 증폭시킬 수 있다.

④ 구전의 신뢰성

온라인 구전의 신뢰성은 정보의 전문성, 순수성, 객관성, 일관성을 바탕으로 소비자가 지각하게 되는 정보의 신뢰 정도를 말한다. 전통적 구전에서도 정보의 신뢰성은 중요한 요소였지만, 기존의 구전은 주로 정보가 일회성을 보이기 때문에 정보평가와 측정이 어려웠다. 하지만 온라인 구전의 경우 정보의 저장과 편집이 손쉽고, 시공간의 제약 없이 정보탐색, 평가와 측정이 가능하다. 또한 소비자가 검색기능을 통해 맞춤화된 정보를 획득하고, 인터넷과 모바일기기 등을 통하여 다양한 형태의 정보를 손쉽고 빠르게 획득할 수 있어 정보 신뢰성이 구전 활동에 중요한 요인으로 부각되고 있다.

(3) 전통적 구전과 온라인 구전

구전WOM: Word-Of-Mouth은 소비자가 재화와 서비스를 사용하면서 체험한 정보와 경험을 입에서 입으로 전달하는 행위로 자신이 속한 사회공동체 환경에서 상호 간에 대화를 통해 정보를 공유하는 행위이다. 이러한 구전은 상업적 의도를 가지고 있지 않기 때문에 소비자 의사결정에 미치는 영향력이 크다(황용철, 송영식, 2019). 오늘날 인터넷 환경 속에서 재화와 서비스의 경험을 타인과 공유하는 온라인 구전 활동이 활발히 이루어지고 있다. 기존 전통적 구전과 온라인 구전 간의 특징적 차이를 살펴보면 다음과 같다(표 10-1).

❶ 전통적 구전은 준거집단과 직접 대면을 통하여 정보를 획득하기 때문에 정보 제공자의 신뢰성 여부에 따라 정보의 신뢰도가 결정된다. 반면, 온라인 구전은 웹사이트, SNS, 블로그, 커뮤니티 등을 통해 정보를 획득하기 때문에 정보제

공자를 직접 확인하기 어려운 상태에서 정보를 수용하게 되므로 구전 정보에 대한 신뢰성이 상대적으로 낮다.

❷ 전통적 구전은 쌍방향적 의사소통이지만, 온라인 구전은 일방향과 쌍방향적 의사소통 모두가 가능하다. 즉, 다른 소비자의 구매 경험을 올린 인터넷 게시판의 정보를 단순히 보기만 할 수도 있지만, 해당 정보를 보고 추가 질문을 하거나 직접 평가도 할 수 있다는 점에서 쌍방향 의사소통이 가능할 수 있다.

❸ 온라인 구전은 텍스트, 사진, 동영상 등으로 정보가 생성되고 유통되기 때문에 저장과 편집이 용이하고, 가상공간에서 구전 정보를 불특정 다수에게 무제한으로 제공할 수 있어 정보전달의 범위가 광범위하고 파급력이 크다.

❹ 온라인 구전은 정보탐색 비용이 저렴하다. 원하는 재화와 서비스의 정보를 시공간의 제약 없이 쉽게 수집할 수 있고, 동시에 많은 사람의 의견을 들을 수 있다. 이러한 정보를 구매 시점에도 손쉽게 탐색할 수 있다는 장점이 있다.

표 10-1. 전통적 구전과 온라인 구전의 비교

구분	전통적 구전	온라인 구전
장소	현실공간	가상공간
방법	면대면	인터넷 기반 비대면
시점	특정 시점	상시, 시공간 초월
소통의 흐름	쌍방향적 소통	일방향 / 쌍방향적 소통
정보원천	지인, 준거집단 등	익명성
지속성	일회성, 휘발성	사용자 의지에 따라 지속가능성, 저장용이
속도	비교적 느림	사용자 의존, 빠름
정보제공자/수용자의 수	소수	다수
정보수집 비용	높음	낮음
피드백	즉각적	즉각적 또는 지연가능

자료: 황용철, 송영식(2019). 소비자행동론. 학현사, p.532 재구성

3) 소비자 정보원천과 정보소비

(1) 소비자 정보원천

소비자가 활용하는 정보원천은 채널을 기준으로 온라인과 오프라인으로 나눌 수 있고, 특성을 기준으로 마케터 주도적 정보원천, 중립적 정보원천, 소비자 주도적 정보원천으로 나눌 수 있다. 특히 온라인 정보채널은 소비자가 활용할 수 있는 정보원의 수를 기하급수적으로 증가하게 하였고, 정보의 내용 면에서도 특정 제품과 서비스를 사용해본 경험이 있는 소비자를 중심으로 정보가 생산, 유통되었다. 정보원천의 채널과 특성을 기준으로 분류하면 표 10-2와 같다. 정보원천별 정보의 특성을 살펴보면 다음과 같다(김영신 외, 2015).

① 마케터 주도적 정보원천

마케팅 주도적 정보는 적은 노력과 비용으로 쉽게 정보를 획득할 수 있다. 하지만 기업 입장에서 정보를 제공하기 때문에 편견이 개재될 가능성이 크고, 필요한 정보가 모두 제공되지 않아 신뢰성이 결여 될 수 있다.

② 중립적 정보원천

정부산하 기관, 소비자 단체, 언론에서 제공하는 소비자 정보를 바탕으로 사실에 근거한 객관적 정보를 편견 없이 개재하여 신뢰할 수 있는 정보를 제공받을 수 있다. 하지만 정보생산을 위해 높은 비용이 발생하고, 정보의 최신성이 결여된 경우가 많다. 또한 정보를 규칙적으로 이용하지 못하며, 정보의 이해에 지적기술이 요구되기도 한다.

③ 소비자 주도적 정보원천

가족, 동료 등 마케터의 직접적 통제하에 있지 않은 모든 개인 간의 정보원천을 포함한다. 소비자의 욕구에 맞춘 정보를 여러 곳에서 다양하게 획득할 수 있으며, 정보비용이 낮고 정보의 신뢰성이 높다. 반면 정보가 간헐적으로 제공되며, 잘못된 정

표 10-2. 정보원천 채널과 특성에 따른 분류

구분	마케터 주도적	중립적	소비자 주도적
오프 라인	• 매장, 판매원 • 카탈로그, 제품설명서 • 광고, 판촉물	• 신문 및 뉴스 기사 • 소비자시대, 월간 소비자 등 중립적 간행물	• 지인(가족, 친구) 조언

온라인	• 제조사 홈페이지
	• 온라인 쇼핑몰, 라이브커머스
	• 기업이 제공하는 정보제공 플
	  랫폼(기업 및 제품 홍보 SNS,
	  블로그 등), 노출 검색광고
		• 가격비교사이트
		• 인터넷 신문, 뉴스
		• 정부, 소비자 관련 단체 홈
		  페이지
			• 온라인 쇼핑몰 및 어플의 사용 후기
			• 지식인 등 지식 검색
			• 온라인 커뮤니티, 개인 블로그,
			  SNS, UCC(유튜브, 틱톡 등)의 소
			  비자 평가

자료: 류현재, 이경탁(2021). 정보특성과 정보원천특성의 효과: SNS 패션 인플루언서를 중심으로. 마케팅논집, 29(94), p.72 재구성

보가 있을 수 있다.

(2) 원천별 정보소비

2000년대 이후 합리적 구매 의사결정을 위해 다양한 채널을 이용하는 소비자들이 증가하고 있다. 오프라인 매장에서 제품을 살펴본 후 온라인 채널에서 제품을 구매하는 쇼루밍showrooming과 제품에 대한 정보를 온라인으로 탐색 후 오프라인 점포에서 구매하는 역 쇼루밍reverse showrooming 현상이 늘어나고 있다(채진미, 2020). 이와 같이 소비자가 단일화된 원천에서 제품을 인지하고 최종 구매까지 이어지는 획일화된 패턴에서 벗어나 다양한 원천을 활용하여 자신이 원하는 조건에 부합한 소비를 하는 성향이 나타나고 있다. 즉, 제품을 구매하기 전 온라인을 통해 사전에 가격 비교 및 구매에 관한 세부적인 정보를 획득한 뒤, 오프라인 매장을 방문하여 제품의 기능 및 성능, 품질 등을 꼼꼼하게 따져 최종 구매 시 합리적 가격과 최적화된 서비스를 제공하는 곳을 선택하는 패턴으로 변화하고 있다(김형택, 2018).

소비자의 정보획득과 소비패턴이 변화되면서 기업은 온라인과 오프라인 채널을 통합하고 연결하여 일관된 커뮤니케이션을 제공하는 옴니채널omni channel로 유통채널을 전환하고 있다. 예를 들어 서점에 방문하여 책의 내용을 살펴본 후 할인 혜택을

제공하는 온라인으로 책을 구매하는 소비자를 위해 서점에서는 온라인과 동일한 할인 혜택을 제공하고 주문한 매장에서 책을 받을 수 있는 서비스를 제공하고 있다.

2. 정보의 진화

1) 온라인 구전의 영향력 증대

온라인 구전eWOM: electronic word-of-mouth은 인터넷을 이용하여 특정 기업이나 제품, 서비스에 대한 소비자 간의 직·간접적 경험을 통해 얻은 긍정적 혹은 부정적 정보를 교환하는 커뮤니케이션 행위 또는 과정을 말한다. 즉, 인터넷을 통하여 소비자가 제품의 정보 혹은 사용 경험, 추천 등의 정보를 타인과 공유하는 행위를 의미한다. 온라인 정보원천의 대표적 형태는 다음과 같다.

(1) 사용 후기와 댓글

온라인 구전의 대표적 형태로는 사용 후기와 댓글을 들 수 있다. 사용 후기는 해당 기업의 홈페이지, 브랜드 동호회, 포털사이트의 지식검색 서비스 등을 통하여 소비자의 경험을 공유하면서 제품에 대한 소비자의 직접적인 경험을 다수의 예상 소비자들에게 제공된다는 점에서 구전효과를 기대할 수 있다. 댓글은 인터넷 게시물에 남기는 글로 제품을 구매한 소비자가 자신의 구매 경험과 제품 사용 후 만족과 불만족에 대해 알리는 것이다. 온라인 댓글은 소비자 주도적 정보원천으로써 구매 의사결정에 중요한 영향을 미친다. 소비자는 제품정보를 얻기 위해 인터넷을 검색하고 구매 후기나 댓글 등의 정보를 이용하여 제품을 구매하는 경향이 있는데(유은아, 최지은, 2020), 개인이 의사결정을 위해 필요한 정보나 판단이 부족할 때 해당 제품에 대한 상품후기가 소비자 의사결정에 중요한 요인이 된다. 2017년 엠브레인의 트렌드 모니터에 따르면 소비자의 구매 의사결정과정에 가장 큰 영향을 미치는 정보원천은 인터넷 후기나 댓글이 53.3%로 나타났으며, 전통적 정보원천인 TV 광고가 19.9%, 인터넷 광고가 15.9% 순으로 나타났다.

온라인상에서 댓글은 긍정적 정보와 부정적 정보 혹은 긍정과 부정이 혼합된 양면적 형태로 나뉠 수 있는데, 소비자는 긍정적 댓글보다 부정적 댓글을 더 신뢰하고, 구매 의사결정에서도 부정적 구전이 더 많은 영향을 미친다(김연주, 이희준, 2020). 최근에는 댓글 알바가 하나의 비즈니스화 되면서 소비자 의사결정을 더욱 어렵게 하고 있다. 댓글 알바의 거짓 정보로 인한 피해가 고스란히 소비자의 몫이 되어 돌아온다는 사실을 명심하고 솔직한 댓글인지 조작된 댓글인지 각별히 주의하여야 할 것이다.

(2) 블로그

블로그blog는 인터넷을 의미하는 웹web과 자료를 뜻하는 로그log의 합성어인 웹로그weblog의 줄임말로, 개인적, 공적, 정치적, 상업적 메시지를 전달하는 데 사용할 수 있기 때문에 효과적인 커뮤니케이션 수단으로 인식된다. 블로그 정보는 사진, 텍스트, 링크, 비디오 등의 다양한 미디어를 활용하여 개인의 의견과 정보가 여러 사람에게 공개되는 방식으로 쌍방향 정보전달의 특성을 보인다. 블로그는 상품 뉴스, 조언 제공, 개인적 경험으로 구분되는 구전의 내용 범주에 모두 해당하기 때문에 구전의 일종이며, 인터넷 게시판을 매개로 커뮤니케이션이 일어나기 때문에 온라인 구전으로 볼 수 있다.

기업에서도 소비자들과 자연스러운 소통을 통해 소비자의 욕구와 필요를 파악할 뿐 아니라 차별화된 마케팅 수단으로 블로그를 활용하고 있다(전정아, 2016). 기업에 대한 메시지를 알리기 위한 기업 블로그는 마케팅 수단으로 여러 면에서 장점이 있는데 블로그를 통해 브랜드가 하나의 인격체로 인식될 수 있고, 특정 집단에 대한 타깃 마케팅도 가능하며, 개인적 커뮤니케이션을 통한 관계 구축으로 브랜드에 대한 소비자 충성도를 높일 수 있으며 소비자와의 장기적 관계 유지에도 효과적이다. 또한 온라인상에서 기업 블로그 정보 품질은 온라인 고객충성도에도 긍정적인 영향을 준다(정은복, 2010).

기업은 마케팅 비용에 비해 저렴하면서 소비자 구전효과는 크기 때문에 개인 블로그를 마케팅 방법으로 활용하기도 한다. 새로운 제품이나 서비스 도입 단계에서 입소문 마케팅 차원으로 제품을 체험하고 이용 후기를 블로그에 올려줄 소비자를 모집하여 체험 상품이나 지원금을 제공하고 블로거는 사용 후기를 올린다. 기업이 특정 분야에서 높은 인지도와 신뢰도를 구축한 블로거에게 일정한 대가를 제공하고 제품의 사용 후기를 해당 블로그에 게시하여 다른 방문자에게 노출하기도 한다. 또한 웹 광고, 에이전시를 통한 배너광고, 문맥광고 등을 블로그에 게시하고 방문자의 클릭 비율에 따라 대가를 지불하기도 한다. 이처럼 블로거가 마케팅의 일환으로 제품의 기능을 긍정적이거나 과장 혹은 왜곡하여 제품을 평가하는 경우 심각한 소비자 문제를 유발할 수 있다(박미희, 2012).

(3) 소셜미디어

소셜미디어social media는 온라인상에서 공통된 관심사를 가진 사용자 간의 정보를 공유하고 의사소통을 할 수 있도록 하는 서비스 혹은 플랫폼이다. 소셜미디어의 발전으로 인해 기업과 소비자의 쌍방향 정보전달이 가능해졌고, 소비자 간에 자유로운 정보의 이동과 공유도 가능하게 되었다(류현재, 이경탁, 2021). 이에 따라 시장에서 힘의 균형이 소비자에게로 넘어가고 있다. SNS의 발전과 정보의 확산은 온라인 커뮤니티 속에서 수많은 의견 선도자들을 양산하였고, 의견 선도자들은 다른 소비자들에게 정보를 제공하면서 소비자의 의사결정 전반에 강력한 영향을 미치고 있다(Thakur, Angriawan & Summey, 2016). 이러한 의견 선도자를 인플루언서influencer라고 지칭한다. 온라인 커뮤니티에서 수많은 팔로워follower를 보유한 인플루언서가 소비자들에게 제공하는 정보나 경험, 혹은 최신 동향이나 이슈 등은 기업이 제공하는 브랜드나 제품의 프로모션 광

그림 10-1. 소셜미디어

고 등의 정보 이상으로 파급력이 있다(류현재, 이경탁, 2021). 인플루언서들이 생산한 정보를 소비자들은 거부감 없이 수용하며 의사결정에 직접적 영향을 주는 정보원천의 기능을 하고 있다(오지연, 2019; 임세원, 한상인, 황선진, 2021).

(4) 큐레이션 서비스

오늘날 제품과 관련된 정보 탐색을 위해 활용하는 채널이 다양화되고 정보 자체의 양이 증가하면서 소비자는 의사결정을 위한 수많은 정보를 얻을 수 있다. 그러나 정보의 과잉으로 소비자는 많은 정보 탐색 비용이 발생하고 정보의 이해 부족에 따른 소비자 혼란을 경험하게 된다(유연주, 2020). 따라서 정보에 대해 의미를 부여하고 체계화하는 작업이 더 많이 필요한데, 이러한 때 등장한 것이 바로 큐레이션 서비스curation service이다.

큐레이션 서비스는 이미 존재하는 막대한 정보를 분류하고 유용한 정보를 골라내어 수집하여 다른 사람에게 배포하는 행위로 정의할 수 있다. 큐레이션 서비스는 정보 필터링에 주로 누가 관여하느냐에 따라 유형을 분류할 수 있다. 우선, 콘텐츠 큐레이션은 서비스 제공자가 정보 혹은 콘텐츠의 속성과 사용자의 선호도 정보를 활용하여 서비스를 제공하는 것이다. 일반적인 큐레이션 커머스의 대부분이 이에 속한다. 반면, 소셜 큐레이션은 콘텐츠 필터링의 주체가 소비자가 된다. 소비자는 다른 사람이 필터링한 콘텐츠를 구독할 수 있고, 자신의 콘텐츠를 타인과 공유할 수도 있다(이효주, 박민정, 2018). 예를 들면 소비자의 흥미, 취미와 같은 테마 기반의 이미지를 포스팅하고 다른 이용자와 공유할 수 있는 서비스를 제공하는 핀터레스트가 있다.

2) 기업의 정보제공 형태의 진화

(1) 쌍방향 소통의 거래 방식 – 소셜커머스, 라이브커머스

소셜커머스Social commerce는 소셜미디어나 온라인 미디어를 활용한 전자상거래를 의미한다. 1세대 소셜커머스는 온라인 쇼핑몰에 소셜네트워크와 연동할 수 있는 링크를 마련하여 바이럴 효과를 누리는 방식으로 국내에서는 주로 공동구매 형태로 확산하였으며, 티켓몬스터, 쿠팡, 위메프 등이 있다. 이들 소셜커머스 기업은 대기업과 포털사이트 등으로 확장되었고 소셜커머스의 개념을 벗어난 시장에 진입하면서 소셜커머스의 본래 개념에서 벗어났다. 이후 소셜커머스는 SNS 자체가 커머스화 되면서 2세대 소셜커머스 시장이 발현되었다. 2세대 소셜커머스는 4가지 형태로 분류할 수 있다(INCROSS, 2018).

❶ 사이트 링크형: SNS에서 직접 제품을 구매하거나 구매사이트로 이동할 수 있는 링크를 제공된다.
❷ 소셜 경험 공유형: SNS에서 개인 또는 기업이 제품에 대한 정보를 업로드하면 댓글, 좋아요 버튼 등으로 반응하며 구매를 유도한다.
❸ 개인 공동구매형: SNS에서 개인이 최저가 구매가 가능하도록 공동구매를 대행을 하는 형태로 주로 개인 콘텐츠로 이루어진다.
❹ 오프라인 체험형: 오프라인 공간을 VR 등을 통하여 온라인 내 제품과 연동하여 간접 체험할 수 있는 형태를 의미한다.

최근 소셜미디어를 통해 영향력을 얻게 된 인플루언서들이 자신의 개인 계정을 통해 물건을 판매하면서 소셜커머스는 활성화되기 시작했다. 2019년 서울시전자상거래센터에서 서울시 거주자 4,000명을 대상으로 SNS 이용실태를 조사한 결과, 조사대상자의 90%가 SNS를 이용하고 있으며, 2명 중 1명은 SNS를 통해 제품을 구매한 경험이 있었다. 주요 SNS 쇼핑의 이용 빈도가 높은 매체는 인스타그램이 가장 많았으며, 다음으로 네이버, 다음 등의 블로그 및 카페, 카카오스토리, 페이스북 순으로 나타났다.

라이브커머스live commerce는 실시간 영상 전송방식인 라이브 스트리밍live streaming 기술을 이용하여 방송진행자가 상품을 광고하고 소비자에게 전자문서를 사용하여 판매하는 전자상거래의 한 유형이다(최미영, 2021). 라이브커머스 쇼핑환경에서는 스트리밍 서비스를 통하여 제품정보를 영상으로 소개하기 때문에 단순한 제품기능의 검색, 이미지 소개보다 좀 더 직접적으로 제품을 확인할 수 있다(Chen & Lin, 2018). 또한 텍스트를 기반으로 채팅 기능을 갖춘 커뮤니케이션 채널이 혼합되어 있어서 시청자들은 스

그림 10-2. 라이브커머스

트리밍 서비스를 통해 영상을 시청하면서 방송진행자와 실시간 의사소통을 하며 궁금한 것은 채팅창을 통해 바로 질문하고 이를 해결할 수도 있다(김진봉, 2020; Prerna, Tekchandani, & Kumar, 2020). 기존 전자상거래환경에서 소비자는 검색을 통해 제품을 찾는 순차적 정보 탐색과 구매 의사결정 방식을 취하게 된 데 비해 라이브커머스는 소셜네트워크와 쇼트 클립을 통해 판매자와 실시간으로 소통하면서 사용자 경험을 향상함과 동시에 온라인 구전으로 제품을 결정하는 순환적 방식으로 정보 탐색과 구매 의사결정이 이루어진다.

(2) 온라인 추천 시스템

온라인 추천 시스템recommender system은 소비자의 정보, 온라인 행동 데이터 등을 이용하여 소비자가 원하는 상품과 서비스를 제공하는 시스템이다(주수빈, 장성봉, 전수영, 2021). 소비자의 행동과 표현된 선호 등의 데이터를 바탕으로 구매를 자극할 수 있는 맞춤화된 대안을 제시하고, 이 대안이 소비자의 니즈에 맞을 경우, 소비자 의사결정과정 중 정보 탐색과 대안 평가시간을 줄여 더 효율적인 의사결정을 수행함과 동시에 자신에게 적합한 대안을 선택할 수 있다. 예를 들어 아마존이나 네이버 등의 온라인 쇼핑몰에서 제공하고 있는 상품 추천 시스템으로 가장 많이 구매가 이루어지는 인기 상품을 추천하거나 개별 소비자의 구매내역을 바탕으로 소비자가 선호할 만한 개인 사용자의 맞춤형 추천 제품을 제시한다. 또한 유튜브YouTube, 넷플릭스

Netflix, 웨이브Wavve 등 인터넷망 기반의 동영상 플랫폼에서 시청 시간, 반복 시청 횟수 등의 소비자 행동과 소비자 선호를 바탕으로 개인화된 추천을 제공하고 있다. 네이버의 에어즈AiRS, 다음카카오의 루빅스RUBICS 등 포털사이트에서는 소비자의 성별, 연령, 노출된 기사의 클릭 여부 등을 참조하여 관심 분야에 따라 적합한 뉴스를 제공하고 있다. 소셜네트워크상의 자신과 유사한 성향을 보이거나 관심사가 비슷한 친구를 제안하는 것까지 온라인 서비스에서 다양하게 활용되고 있다(이윤재, 2020).

그림 10-3. 온라인 추천 시스템

(3) 소비자 공유지향 방식- 크라우드소싱

크라우드소싱crowdsourcing은 대중crowd과 외부자원활용outsourcing의 합성어로, 제품이나 서비스 개발과정에서 조직이 보유한 소수의 전문가 집단보다 다양한 분야의 전문가 또는 다수의 대중이 더욱 현명할 수 있다는 전제하에 그들의 참여를 유도하여 해결책을 찾는 경영기법을 의미한다(제프 하우 저, 박슬라 역, 2012). 흔히 집단지성collective intelligence과 맥락을 공유하기도 하는데 이미 글로벌 기업은 새로운 아이디어를 기존 전문 집단뿐만 아니라 내·외부의 다양한 집단에서 획득하는 추세이다.

크라우드소싱은 티셔츠 디자인 등 비교적 단순한 영역에서 시작하여 비즈니스뿐만 아니라 문화예술, 디자인, 일상의 라이프스타일까지 확대되고 있다. 기업 입장에서는 크라우드소싱은 저비용의 유연한 인력과 온라인에서 쉽게 접근할 수 있다는 점 때문에 매력적으로 인식하는 분야가 되었다. 크라우드소싱을 통해서 부분적으로 제품 개발에 참여할 뿐 아니라 최종제품이나 아이디어를 제공받기도 한다(에릭조, 한재훈, 2012). 예를 들어 월마트는 인력난 문제를 해결하기 위해 생산과 서비스 과정에서 소비자를 적극적으로 참여하도록 하고 있다. 오프라인 소비자들이 자신과 가까운 곳에 거주하는 온라인 소비자의 물건을 배달하는 경우, 구매 물품에 대한 할인을 제공하는 크라우드소싱 전략으로 배달 시간과 물류비용을 동시에 줄일 수 있었다. 또한 온라인 티셔츠 제작 판매회사인 트레드리스Threadless에서는 웹사이트에 가입한 회원들이 직접 디자인하거나 아이디어를 제공하여 티셔츠 제작에 참여하고 구매하는 사업방식으로 경쟁사들의 매출 총이익의 30% 이상을 초과하는 성과를 이루었다.

3) 중립적 정보원천의 진화

(1) 잡지형 소비자 정보 제공지

미국의 소비자협회CU: Consumer Union는 소비자에게 과장광고와 사실을 구별하고 좋은 제품과 나쁜 제품을 구별하는 데 도움을 주는 신뢰할 수 있는 정보를 제공하기 위하여 1936년 컨슈머리포트consumer reports를 발간하였다. 컨슈머리포트는 정보의 독립성과 형평성을 유지하기 위하여 외부 광고와 무료 샘플을 허용하지 않고, 매월 자동차, 가전제품, PC 등 특정 품목을 선정, 업체별로 성능과 가격 등을 비교 평가하여 정보를 제공하고 있다.

우리나라에서도 소비자 정보 제공지를 발간하고 있는데, 한국소비자원에서는 1988년 소비생활 정보지인 소비자시대를 창간하여 매월 발간하고 있으며 상품테스트, 서비스 비교정보, 상품구매가이드, 안전정보, 금융·보험·의료 등 소비생활과 관련 전문정보를 제공하고 있다. (사)한국소비자단체협의회에서는 1978년부터 월간 소비자를 발간하여 실태조사, 특집기사, 소비자 정보, 소비자 상담분석, 해외 소비자 소식, 단체 소식 등에 대한 정보를 제공하고 있다.

잡지형 소비자 정보지들은 온라인 환경에 맞추어 인터넷 사이트 및 소셜미디어와 스마트앱을 통해 재화와 서비스에 관한 소비 정보를 제공한다. 최근에는 스마트앱을 통해서도 제품의 정보를 쉽게 살펴볼 수 있도록 서비스를 제공하고 있다.

미국 소비자협회 컨슈머리포트   한국소비자원 소비자시대   (사)한국소비자단체협의회 월간 소비자

그림 10-4. 잡지형 소비자 정보 제공지

(2) 중립적 소비자 정보 서비스 제공 사이트

공정거래위원회에서 운영하는 소비자종합지원시스템 소비자 24는 정부, 공공, 민간기관에 분산되어있는 소비자 정보를 맞춤형으로 제공하고, 피해구제기관에 대한 종합적 창구를 구축하였다. 소비자 24는 상품·안전정보(상품정보, 리콜정보, 인증정보)와 소비자 피해구제·분쟁조정신청 부분으로 구성되어 있다. 상품안전정보 제공서비스는 26개 기관이 보유하고 있는 상품·안전정보를 종합하여 소비자에게 제공하며, 피해구제·분쟁조정신청 서비스는 69개의 소비자 상담 및 피해구제 기관의 접수창구를 한곳에 모아 인터넷 포털과 모바일앱을 통해 편리하게 소비자 상담과 피해구제 신청을 할 수 있다.

한국소비자원에서 운영하는 스마트컨슈머는 소비자 교육과 소비자 정보를 제공하고 있다. 생애주기별(영유아기, 아동기·청소년기, 청년기, 중·장년기, 노년기)로 소비자 역량 강화를 위해 필요한 소비자 교육 자료를 제공하고 있으며, 안전정보, 위해정보처리속보, 피해예방정보, 품질·서비스 비교 등 소비생활에 필요한 소비자 정보를 카드뉴스 형태로 제공하고 있다. 또한 소비자에게 신뢰할만한 가격정보, 소비자시대 웹진, 분리배출정보 등 소비생활에 유용한 정보를 제공하고 있다.

(사)소비자와 함께는 과장되고 왜곡된 정보를 찾아내 소비자의 알권리를 높이고,

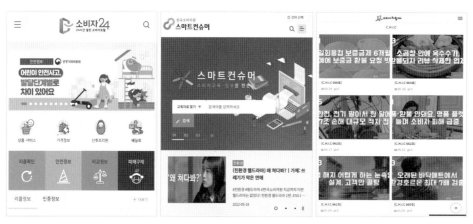

| 공정거래위원회 소비자24 | 한국소비자원 스마트컨슈머 | (사)소비자와함께 C.H.I.C |
| https://www.consumer.go.kr | https://www.kca.go.kr/smartconsumer | http://www.withconsumer.org |

그림 10-5. 중립적 소비자 정보 서비스 제공 사이트

소비자의 올바른 선택을 돕기 위한 소비자 정보를 제공하고 있다. 특히 정보화 시대에 맞는 정보를 제공하기 위하여 매주 발행되는 핫이슈 시크CHIC는 최근 소비생활에서 필요한 소비자 이슈를 큐레이션 하여 웹사이트, SNS와 이메일로 제공함으로써 최신성 높은 소비자 정보를 제공하고 있다.

3. 소비자 정보의 채택

1) 소비자 정보역량

(1) 정보리터러시의 개념

소비자에게 정보는 감각 도구로부터 수신되는 모든 실체로 문자, 이미지, 음성, 동영상, 멀티미디어 정보 등 다양한 형식으로 존재한다. 이러한 각종 정보를 수신하고, 이해하고, 정보의 분석과 평가를 하는 등의 종합적인 정보 활용 능력을 정보리터러시information literacy라고 한다(오의경, 2013; 이유림, 2017).

현대 소비자의 경우 자신에게 필요한 정보를 수집, 평가하여 목적에 맞게 활용하기까지 개인차가 존재하고 있다. 소비자 의사결정과정 역시 소비를 통해 문제를 해결하는 과정이라는 점에서 정보리터러시 개념을 적용할 수 있다. 정보리터러시는 소비자가 전반적으로 가지고 있는 정보 관련 능력을 설명하는 개념인 소비자 정보역량consumer information competency의 이론적 틀을 제공한다(황혜선, 김기옥, 2012).

(2) 소비자 정보역량의 구성과 요소

소비자 정보역량은 정보화 사회의 출현을 가능하게 한 다양한 첨단정보기술을 활용하여 자신이 필요한 정보를 수집하고 스스로 문제를 해결할 수 있게 하는 것을 의미한다. 일반적으로 가장 널리 알려진 문제해결을 위한 접근방식인 아이젠버그와 버크위츠(Eisenberg & Berkowitz, 1996)의 Big Six Skills이라는 6단계의 접근방식 모델은 특정 분야에 국한되지 않고 일상적인 환경에서 경험하는 문제해결 상황에 활용된다. 각종 정보 욕구를 반영하여 정보 탐색을 하기 전의 과정에서부터 정보 탐색, 정보 활용, 과정 평가의 전체과정에서 요구되는 기술적 능력을 강조하고 있다(이유림, 정재은, 2019). 다음은 Big Six Skills 모델의 정보와 관련된 활동 과정 6단계이다(이균식, 김성용, 2020; 이유림, 2017).

- 1단계- 과업 정의task definition: 소비자가 의사결정을 하기 위해 고려해야 할 점이 무엇이고, 이를 달성하기 위하여 필요한 정보는 무엇인지 식별하는 것이다.
- 2단계- 정보 탐색information searching strategy: 필요한 정보를 찾기 위한 정보원천을 선택하고, 자신이 필요한 정보는 어디서, 어떻게 획득할 것인지 대한 전략을 수립한다.
- 3단계- 정보 접근information access: 정보 탐색 활동을 실행하고, 다양한 정보

가운데 소비자에게 중요한 정보를 분리하고 선별하는 과정으로 정보를 열람하고 적절한 정보를 추출한다.

- 4단계 – 정보 활용information utilization: 다양한 정보원천 중에서 추출한 정보를 체계화하고 재구성하여 구매 과정에 필요하다고 판단되는 정보를 선택한다.
- 5단계 – 정보 종합information synthesize: 추출된 정보를 체계화하고, 필요한 정보에 대한 결과물을 창출한다.
- 6단계 – 평가evaluation: 소비자가 정보 탐색과 활용을 통해 원하는 소비를 하였는지 평가하고, 소비자가 구매 과정에서 의도한 목적을 달성하였는지 판단한다.

(3) 소비자 정보격차

정보화 사회는 소비자와 생산자 간의 거의 대등한 정보력을 보유하면서 시장의 효율화를 이룰 수 있고, 시장의 주도권이 소비자 중심으로 전환되어 소비자주권의 실현이 가능하게 되었다(김기옥 외, 2015). 하지만 새로운 정보기기 및 기술이 확산되면서 인종, 소득, 학력, 세대 간의 정보격차의 문제는 더욱 심화할 것으로 보인다. 즉, 정보기기 구입비 및 정보이용료 지불 능력과 정보 활용 지식 등에 따라 정보의 양이 많은 소비자와 적은 소비자 간의 정보의 차이는 더 벌어질 것으로 예측된다. 또한 전달되는 정보의 양이 폭발적으로 증가하고 커뮤니케이션 기술이 급속히 발전됨에 따라 이를 활용할 수 있는 사람과 없는 사람 간의 능력 차이로 인한 정보의 격차는 더욱 벌어질 것으로 보인다. 이처럼 정보의 접근과 이용이 개인마다 다르게 작용하는 정보 불평등 현상을 정보격차digital divide라고 한다. 정보격차의 심화는 결과적으로 생활의 질에 차이를 가져온다. 즉, 온라인상에서 정보획득뿐 아니라 전자상거래, 원격진료, 재택근무 등은 소비생활과 관련이 있는 온라인 공간에서 배제되면 사회적 참여뿐 아니라 소비생활도 제약이 따르게 된다(김기옥 외, 2015).

한국지능정보사회진흥원(2021)의 2021년 디지털정보 격차 실태조사 결과에 의하면, 컴퓨터 및 모바일 기기 보유 및 인터넷 사용 가능 여부의 차이는 개선되는 추세이지만 컴퓨터 및 모바일 기기 이용 능력이나 컴퓨터·모바일 기기의 활용을 통해 정보를 탐색하는 수준은 연령, 지역, 소득 등의 사회적 여권에 따라 많은 격차를 보이는 것으로 나타났다. 정보격차는 소비자에게 단절과 고립을 의미한다. 소비자가 사회적 활동을 통해 관계를 형성하고 상호작용하여 관심을 공유하는 네트워크에 동참할 수 있는 기회가 부여될 수 있도록 정보 격차를 해소할 수 있는 정책적 방안이 요구된다.

(4) 소비자 정보 혼란

오늘날 소비자는 다양한 정보채널을 통해 정보를 손쉽게 탐색하고 획득할 수 있게 되었다. 수많은 정보제공자가 생산한 정보들이 범람하는 환경 속에서 소비자는 지나치게 많은 정보, 정보제공자에 의해 의도된 정보, 모호한 정보 등에 맞닥뜨리게 되었다. 이러한 정보환경 속에서 소비자는 정보를 탐색하는 과정에서 혼란을 느낄 수 있다(이유림, 정재은, 2019). 즉, 소비자가 정보 탐색 과정에서 소비자 정보의 인지 어려움으로 인한 혼돈스러운 상황을 소비자 정보 혼란consumer information confusion이라 한다(박명숙, 최경숙, 2021). 소비자가 정보 탐색 시 느끼는 혼란의 발생 원인에 따라 소비자 정보 혼란 유형을 분류할 수 있다(박명숙, 최경숙, 2021; 남유진, 김경자, 2015).

① 중복 혼란

각 정보채널에서 얻은 정보 간의 차이점이 없고 다른 채널과 차별화된 정보를 제공하는 채널을 찾기 어려워 발생하는 혼란이다. 즉, 소비자는 다양한 채널을 활용하여 정보를 수집하고 있지만 각각의 채널에서 얻을 수 있는 정보가 비슷하고 내용이 크게 다르지 않아 정보채널의 속성과 정보 성격을 구분할 수 없다면 시간을 낭비한다고 생각하게 된다.

② 과부화 혼란

주어진 시간이나 능력에 비해 사용할 수 있는 정보채널과 채널에서 얻는 정보의 양이 지나치게 많아 효율적으로 정보를 처리하기 어려워 발생하는 혼란이다. 특히 온라인 환경에서는 탐색할 수 있는 과도한 정보로 인해 정보 탐색을 위해 가용할 채널의 대안이 지나치게 늘어나면서 의사결정에 어려움을 초래하게 된다.

③ 불신 혼란

정보의 제공목적이나 의도를 쉽게 알 수 없고 필요한 정보를 명확히 구분하기 어려워 발생하는 혼란이다. 즉, 소비자는 정보채널이나 정보 자체의 속성을 이해하기 이전에 그 채널과 정보를 믿어도 되는지에 관한 불안을 느끼게 된다. 따라서 소비자들은 정보를 받아들이고 획득하기 전에 누가 제공한 정보인지 어떤 의도로 쓴 글인지를 먼저 해석하는 절차에서 어려움을 느끼게 된다.

2) 소비자 정보의 진정성

(1) 진정성에 대한 소비자 요구

온라인과 모바일의 활성화로 제품과 서비스 관련 정보와 선택할 수 있는 제품이 넘쳐나면서 소비자는 합리적인 구매 의사결정을 하기가 더 어려워지고 있다. 이때 소비자는 정보를 수집하고 분석하는 대신 진실의 증거들을 제품구매 변수로 고려하는 추세가 늘고 있다. 이미 신뢰감을 가진 지인이나 전문가의 의견을 따르려는 경향, 시간, 공간, 수량 등 자원의 한정성이 부여된 상품에 매력을 느끼면서 제품의 이미지, 가치판단이 들어간 문구보다 소비자가 속을 염려가 없다고 판단되는 객관적이고 진실한 정보를 원하고 있다. SNS상에서 지인들의 추천 정보를 손쉽게 실시간으로 접하는 것이 가능해졌고 구매 의사결정에도 타인의 추천은 더 크게 영향을 미치고 있다. 이는 SNS상에서 가장 필수적인 요소는 진정성이고 진정성은 상대를 배려하는 순수함을 지니고 있기 때문이다.

(2) 진정성을 가진 콘텐츠

사실에 근거한 진정성authenticity에 대한 소비자의 요구가 늘어나고 소비자는 무엇을, 왜 구매하는지에 대한 기준이 변하고 있다. 과거에는 기업이 일방적으로 제공하는 메시지가 정보의 대부분이었기 때문에 소비자는 기업이 제공하는 정보에 의지하여 고품질의 제품과 서비스를 구매하고자 하였다. 그러나 멀티미디어와 쌍방향 커뮤니케이션 기술의 비약적인 발달로 소비자는 언제든 손쉽게 정보에 접근하고 정보의 진위여부를 쉽게 파악할 수 있게 되면서 제품의 진정성에 관한 관심이 높아지고 있다. 길모어와 파인(2020)은 진정성을 인정받을 수 있는 제품에 필요한 5가지 영역을 제시했다.

❶ 자연적 진정성 측면에서 소비자는 가공되지 않은 자연적인 것(유기농 재료, 투박한 제품, 단순한 제조 과정, 개발되지 않은 장소 등)을 원한다.

❷ 독창적 진정성 측면에서 소비자는 확실한 독창성을 지닌 재화를 진정한 것으로 인식하는 성향을 보이는데, 재료, 제품의 특징, 서비스, 매력적인 감각, 삶의 전환에 관한 특성을 가진 제품(예: 코카콜라의 곡선 유리병, 애플의 아이팟)을 원한다.

❸ 특별한 진정성 측면에서 소비자를 불성실하게 대하는 회사들에 비해 소비자들의 개별적인 요구에 따라 진심으로 봉사하려는 기업을 진정하다고 인지한다(사우스웨스트항공의 소비자 불만과 서비스 문제 처리방법-소비자 입장을 대변하여 직접 작성한 진솔한 사과문).

❹ 연관성의 진정성 측면에서 소비자는 과거의 장소, 사물, 인물을 기념하는 산출물을 진정한 것으로 생각하며, 진정한 것으로 인식되는 제품과 연관된 이미지를 구현(도쿄 디즈니랜드보다 미국 디즈니월드)한다.

❺ 영향력의 진정성 측면에서 더 높은 목표를 바라보고 더 나은 방향으로 변화하도록 대의를 추구하는 제품을 원한다(환경보호, 공익).

이러한 진정성을 가진 콘텐츠에 열광하는 소비자들은 TV에서 다큐멘터리와 예능이 조화된 프로그램에서도 드러나는데, 인간 본연의 가치를 추구하고 진정성이 있는 프로그램이 인기를 얻고 있다. 광고의 경우도 소비자의 의식과 진정성에 대한 가치가 높아지면서 소비자들은 모델이 단순히 제품만 홍보하는지, 직접 제품을 사용하는지에 관심을 둔다. 직접 사용자이면서 모델인 경우에는 신뢰도가 커진다.

기업에 의해 제공되는 제품 진정성의 근원은 소비자를 위한 활동이기보다 기업의 사익 추구를 위한 것이 대부분이다. 즉, 기업에 의해 강조되는 제품의 진정성은 소비자의 미충족된 욕구를 활성화하기 위한 동기 유발의 전략이 될 수 있다. 따라서 소비자는 기업에서 강조하는 제품의 진정성이 기업에 의해 연출된 허위의 진정성인지, 소비자의 요구를 진심으로 파악하고 소비자 입장에서 요구를 충족하기 위해 노력하며, 공익과 환경보호 등 더 나은 방향으로 변화하기 위한 제품을 생산하려고 노력하는 등 진실한 진정성을 추구하고 있는지 판단하기 위한 비판적 시각이 요구된다.

(3) 진정성 있는 정보 찾기

오늘날 인터넷에 가득한 정보는 모두 누가 만들었을까? 이러한 정보는 이익과도 밀접한 관계가 있고 다른 사람에게 피해를 줄 수도 있다. 따라서 소비자는 거품과 환상으로 포장된 정보를 가려내고 자신에게 필요한 진정성있는 정보를 찾아 선택할 수 있는 능력을 키우기 위한 노력이 필요하다.

생각해보기

1. 최근 언론 사례에서 소비자들의 부정적인 구전과 이에 대한 댓글 논란에 대한 예를 찾아 소비자의 입장과 기업의 입장에서 생각해보자.

2. 인터넷 쇼핑몰, 소셜커머스 등의 상품을 매개로 한 특정 내용의 댓글이 소비자에게 어떠한 피해를 줄 수 있으며, 댓글의 진위성을 식별할 수 있는 방법이 무엇인지 생각해보자.

3. 정보전달자로서 인플루언서의 긍정적, 부정적 영향력은 무엇인지 생각해보자.

4. 역할극 방식을 이용하여 팀 내에서 각각 소비자와 큐레이터를 정한 후 제품이나 서비스를 한 가지 선택하여 큐레이션 서비스를 해보자.

5. 소비자가 진정성 있게 느끼는 광고의 예를 찾아보자.

참고문헌

국내문헌

길모어 H. & B. 조지프 파인 2세 저, 윤영호 역(2020). 진정성의 힘. 경기도: 21세기북스.

김기옥 · 김난도 · 이승신 · 황혜선(2015). 초연결사회의 소비자정보론. 서울: 시그마프레스.

김연주 · 이희준(2020). 온라인 사용 후기의 유형에 따른 효과 연구: 자기해석의 조절적 역할. 광고학연구 31(7), 7–32.

김영신 · 이희숙 · 김시월 · 옥경영 · 서인주(2015). 핵심 소비자정보관리. 경기도: 교문사.

김영훈(2018). 온라인 구전정보특성과 정보신뢰성이 지각된 정보유용성과 정보수용성에 미치는 영향. Culinary Science & Hospitality Research 24(1), 151–163.

김지숙 · 권혁기(2016). 온라인 구전정보특성이 정보수용의도와 재구전의도에 미치는 영향에 관한 연구: 수신자의 전문성을 중심으로. 한국산업정보학회논문지 21(6), 81–93.

김진봉(2020). 라이브 커머스의 발전 및 규제 검토. 유통법연구 7(2), 31–68.

김형택(2018). 디지털 트랜스포메이션 시대, 옴니채널 전략 어떻게 할 것인가?. 서울: e비즈북스.

남유진 · 김경자(2015). 멀티채널환경에서의 정보채널과 정보내용에 관한 소비자 혼란. 한국생활과학회지 22(3), 455–471.

류현재 · 이경탁(2021). 정보특성과 정보원천특성의 효과 : SNS 패션 인플루언서를 중심으로. 마케팅논집 29(4), 69–87.

박명숙 · 최경숙(2021). 소비자정보 혼란 유형 분류와 예측 요인에 대한 탐색적 연구 : 온라인 정보탐색을 중심으로. 소비문화연구 24(3), 95–117.

박미희(2012). 파워블로거의 소비자문제와 개선방안. 충남: 한국소비자원.

서울시전자상거래센터보도자료(2020). 2019년도 SNS이용실태조사. 서울전자상거래센터.

신현주 · 이규혜(2018). 뉴 미디어 시대 패션소비자의 정보 탐색과 공유. 복식문화연구 26(2), 251–263.

에릭 조 · 한재훈(2012). 개방형 혁신 전략의 구현에 대한 경영인을 위한 시사점 탐색: 크라우드소싱 기반의 비즈니스 모델 분석을 중심으로. 전문경영인 연구 15(2), 139–155.

오의경(2013). 소셜미디어 시대의 정보리터러시에 관한 소고: 재정의, 교육내용, 교육방법을 중심으로. 한국문헌정보학회지 47(3), 385–406.

오지연(2019). 인스타그램의 이용 동기가 지속적인 관계유지에 미치는 영향: 인플루언서 속성의 매개효과를 중심으로. 상품문화디자인학연구 59, 1–11.

유연주(2020). 소비자의 상품큐레이션서비스 이용에 관한 탐색적 연구. 서울대학교 대학원 석사학위논문.

유은아 · 최지은(2020). 소셜미디어 인플루언서의 특성과 소비자의 설득지식이 구전의도에 미치는 영

향: 유튜브의 뷰티 인플루언서를 중심으로. 한국광고홍보학보 22(4), 36–61.

이균식 · 김성용(2020). 소비자의 농식품 구매에 대한 정보의 영향.

이유림(2017). 소비자정보 리터러시와 이성적 인지양식이 소비자혼란의 감소에 미치는 효과에 관한 연구, 성균관대학교대학원 석사학위

이유림 · 정재은(2019). 이성적 인지양식과 소비자정보 리터러시가 소비자정보혼란과 소비자선택혼란에 미치는 효과에 관한 연구: 20–30대 소비자를 중심으로. 소비문화연구 22(2), 169–203.

이윤재(2020). 온라인 동영상 플랫폼에서의 추천품질이 추천시스템 만족과 충성도에 미치는 영향 연구. 마케팅논집 28(4), 1–18.

이효주 · 박민정(2018). 패션 소셜 큐레이션 커머스의 지각된 가치가 만족도, 검색의도 및사용의도에 미치는 영향에 관한 연구. e–비즈니스연구 19(5), 151–168.

인크로스(2018). 2세대 쇼핑커머스, SNS쇼핑. 인크로스

임세원 · 황선진 · 한상인(2021). 인플루언서 정보원천, 메시지 측면성, 소비자 조절초점이 인스타그램 화장품광고 온라인 구전의도에 미치는 효과. 패션 비즈니스 25(5). 149–162.

전정아(2016). 호텔 블로그 마케팅이 고객 태도와 구매의도에 미치는 영향. 호텔관광연구 18(4), 186–204.

정은복(2010). 기업 블로그 정보품질이 재방문/구전에 미치는 영향에 관한 연구. 한국광고홍보학보 12(4), 43–72.

제프 하우 저, 박슬라 역(2012). 크라우드소싱. 서울 : 리더스북.

주수빈 · 장성봉 · 정수영(2021). 개인별 생활 루틴을 반영한 초개인화 추천 시스템. 한국자료분석학회 23(6), 2587–2598.

채미진(2020). 온/오프라인 유통환경에서 소비자특성, 정보탐색, 구매결정 간 영향관계에 관한 연구. 한국의류산업학회지 22(2), 323–334.

최미영(2021). 라이브 스트리밍 커머스의 상호작용성이 사회적 실재감과 관계품질을 매개로 행동의도에 미치는 효과. 한국복식학회 71(4), 69–87.

한국지능정보사회진흥원(2021). 2021 디지털정보격차 실태조사. 한국지능정보사회진흥원.

황용철 · 송영식(2019). 소비자행동론. 경기도 : 학현사.

황혜선 · 김기옥(2012). 현대 소비자의 소비자정보역량: 전자제품 구매 시 정보탐색 효율성 및 효과성에 미치는 영향. 대한가정학회 50(6), 99–117.

국외문헌

Chen, C. C., & Lin, Y. C. (2018). What drives livestream usage intention? The perspectives of flow, entertainment, social interaction, and endorsement. Telematics and Informatics, 35(1), 293–303.

Eisenberg, M. B., & Berkowitz, R. E.(1996). Computer skills for information problem-solving: The Big Six skills approach. School Library Activities Monthly 8(5). (EJ 438023).

Prerna, D., Tekchandani, R., & Kumar, N. (2020). Device-to-device content caching techniques in 5G: A taxonomy, solutions, and challenges. Computer Communications, 153, 48–84.

Thakur, R., Angriawan, A., & Summey, J. H. (2016). Technological opinion leadership: The role of personal innovativeness, gadget love, and technological innovativeness. Journal of Business Research, 69, 2764–2773.

기타자료

(사) 소비자와함께

http://www.withconsumer.org/

(사) 한국소비자단체협의회

http://www.consumer.or.kr/

소비자24

https://www.consumer.go.kr/

엠브레인트렌드모니터(2017). 소비생활에서의 전문가, 연예인의 영향력 평가

https://www.trendmonitor.co.kr/tmweb/trend/allTrend/detail.do?bldx=1591&code=0404&trendType=CKOREA

컨슈머리포트

https://www.consumerreports.org/cro/index.htm

한국소비자원 스마트컨슈어

https://www.kca.go.kr/smartconsumer/main.do

사진자료

그림 10-1 소셜미디어

https://www.shutterstock.com/image-photo/kiev-ukraine-october-01-2019-facebook-1519689134

그림 10-2 라이브커머스

https://www.shutterstock.com/image-photo/asia-woman-micro-influencer-record-live-2053826630

그림 10-3 온라인 추천 시스템

https://www.shutterstock.com/image-vector/recommender-system-provides-smart-recommendations-end-1985857520

CHAPTER 11

협력적 소비: 미래소비사회에서의 소비자 의사결정

11

협력적 소비: 미래소비사회에서의 소비자 의사결정

소비자 의사결정은 소비자의 경제적 수준 외에 자신이 속해 있는 규범, 가치 등 사회문화적 요인에 의해 욕구가 형성되고, 그 욕구를 충족시키기 위한 소비자 선택과 연결하여 설명할 수 있다. 최근 논의되고 있는 미래소비사회에서의 지속가능한 소비를 위해서는 현재와는 다른 소비문화 패턴으로의 전환, 즉 지속가능성에 중심을 둔 새로운 소비문화 패턴으로의 전환이 필요하다.

이 장에서는 현재의 소비패턴이 변화하기 위해서는 소비자 의사결정이 어떻게 진화돼야 하는지, 그리고 그 대안으로 제시되는 협력적 소비는 어떤 개념이며 이를 실천하기 위해 해결해야 할 과제는 무엇인지에 대해 생각해보고자 한다.

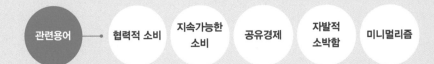

관련용어 → 협력적 소비 　지속가능한 소비 　공유경제 　자발적 소박함 　미니멀리즘

혼자 또는 함께 하는 삶은 어떠한가?

오솔로 씨는 한 달에 한 번씩 소셜 다이닝 모임을 통해서 모르는 사람들과 함께 만나 식사한다. 처음에는 혼자 밥 먹기가 싫은 사람들끼리 일정한 시간, 장소에 모여서 각자 준비해온 음식을 나눠 먹었다. 지금은 이 모임이 음식을 통해 타인과 소통하고 교류하는 수단이 되었다.

이번 달에도 카페에 들어가 마음에 드는 모임이 있는지 살펴보았다. 모임마다 어떤 주제를 가지고 어떤 사람들과 언제, 어디서 밥을 먹을 건지 설명해 놓고 있었다. 마침 상업 극장에서는 상영하지 않는 예술영화를 보고 영화에 대해 이야기 나누며 밥을 먹을 예정인 모임을 찾았다. 오솔로 씨는 참가 신청을 하고 영화비와 식사비를 미리 결제하였다. 사람들과 좋아하는 영화에 대해 편하게 이야기할 수 있으며 맛있는 음식을 먹을 수 있는 이번 주말이 내내 기다려졌다.

최근 관심사가 비슷한 사람들끼리 식사를 매개로 친교를 맺는 '소셜 다이닝social dining'이 인기를 얻고 있다. 소셜 다이닝은 고대 그리스 식사문화인 심포지온symposion에서 비롯된 단어로 우리나라에서도 1인 가구가 늘면서 점차 확산하고 있다.

▶▶ **Q&A**

Q1   소셜 다이닝과 같이 일상에서 경험할 수 있는 협력적 소비는 어떠한 것들이 있을까?

A1   _____

   _____

   _____

Q2   협력적 소비에 대한 경험을 서로 이야기 해보자.

A1   _____

   _____

   _____

1. 소비자 의사결정의 진화 이유

초기 자본주의 시대에는 폭발적으로 증가하는 수요를 생산과 공급이 따라가지 못했기 때문에 소비를 억제하는 금욕정신이 지배적이었다. 즉, 소비를 억제하고 생산에 집중하는 것이 자본주의가 발달하게 되는 근본 동력이라고 보았다(윤태영, 2020, pp.24-25). 그러나 그 후 산업자본주의의 비약적인 생산기술의 발전은 대량 공급을 가능하게 함으로써 소비가 생산을 견인하는 시대를 맞이하게 되었다. 하지만 오늘날과 같은 대량 생산, 대량 소비시대는 환경오염, 지구 온난화 등 새로운 문제를 우리 사회에 야기함으로써, 소비에 대한 생각의 진화는 불가피하다고 하겠다.

1) 현재 소비패턴의 지속불가능성

오늘날 전 세계의 소비는 과거에 비해 극적으로 증가하였고, 소비가 증가함에 따라 더 많은 자원이 사용되었다. 소비 증가로 인해 지구가 폐기물과 오염 물질을 정화할 수 있는 능력은 계속해서 줄어들고 있고, 향후 20년 동안 물 공급량은 전 세계 수요의 60%만을 충족시킬 수 있을 것으로 전망하고 있다. 이는 높은 수준의 소비를 유지하기 위해 자원 사용을 통제하지 않은 데서 비롯된 결과이며 이러한 행위는 지구 시스템의 부담을 가중하고 있다(월드워치연구소 저, 박준식, 추선영 역, 2012, pp.41-44). 인간의 생존을 위한 생태계 서비스의 지속성 여부를 판단하는 생태발자국ecological footprint지표는 인류가 현재 지구 1.5개의 자원과 서비스를 이용하고 있음을 보여준다. 즉, 사람들은 이용 가능한 지구 용량보다 2분의 1 이상을 더 많이 이용하고 있다(그림 11-1).

이에 대해 환경 분석가들은 더 많은 화석연료를 소비하고, 더 많은 고기를 먹고, 더 많은 토지를 도시지역으로 바꿔놓은 소비활동에 기인한 것으로 평가하고 있다. 기후 변화에 관한 국가 간 패널은 지금과 같은 과잉생산, 과잉소비 시스템으로 인한

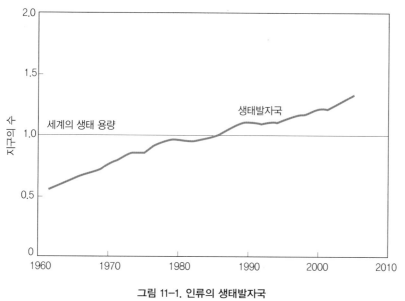

그림 11-1. 인류의 생태발자국

자료: 월드워치연구소(2010), 소비의 대전환, p.26

기후 변화가 지구 시스템을 붕괴시키는 주요 요인이라는 점을 제시하고 있다(월드워치 연구소 저, 박준식, 추선영 역, 2012, pp.6-10), 그러나 이러한 기후 변화는 과도한 소비수 준을 나타내는 많은 징후 중 단지 하나일 뿐이며, 대기오염, 산림 손실, 토양 침식, 유 해 폐기물의 생산 등 더 많이 생산하려는 욕망에 의해 추동되는 노동 혹사 등 징후 는 더 늘어날 수 있다.

특히 2013년 서부 아프리카 지역에서 처음으로 동물로부터 인간에게 전염되는 인 수전염병인 에볼라 바이러스가 발생하여 수백만 명이 병들거나 목숨을 잃게 하는 질 병이 출현 된 이래, 2020년 지구를 덮은 코로나19 바이러스 출현까지, 아직도 명확하 게 원인이 밝혀지지 않은 바이러스에 의해 전 지구적으로 인류의 생명은 위협을 받 고 있는 실정이다.

이러한 원인 중 상당수는 현재의 대량생산과 대량소비패턴에서 기인하는 것으로, 현재의 소비패턴을 변화시키지 않고는 지속가능한 소비사회를 유지하기는 불가능하 다고 보는 견해가 지배적이다. 따라서 건강하고 지속가능한 소비사회를 위해서는 현재와는 다른 새로운 소비 문화적 패러다임으로 전환해야만 할 것이다. 이를 위해서는 인간, 동물, 환경이 각각 독립된 것이 아니라 상호의존 관계에 있다는 전제하에서 출발하는 원헬스One Health 관점의 통합적 사고와 접근 방법이 요구된다(월드워치연구소 엮음, 이종욱. 정석인, 2015).

2) 지속가능한 소비 패러다임

현대 소비환경에서의 소비생활은 개인적 측면을 넘어서서 사회적 공동체와의 관계를 고려해야만 한다. 그동안 대량생산과 대량소비로 인한 물질적 풍요는 자원고갈이나 환경문제 등이 심각해지면서 지금까지와는 다른 변화된 소비 즉, 지속가능한 소비로 패러다임을 전환할 수밖에 없는 당위성이 있는데, 지속가능한 소비패러다임이란 과잉 소비로 인해 발생하는 부정적 영향을 최소화하고, 환경과 사회를 고려한 소비활동을 하는 것을 의미한다(김미성, 2021).

지속가능한 소비를 위해서는 사회적으로 책임 있는 소비자의 역할이 중요하다. 소비자의 사회적 책임은 기업의 사회적 책임에 대한 중요성이 그대로 적용된 개념으로, 지금까지는 사회적 책임이 기업에 초점을 두었다면 이제는 소비자도 기업과 더불어 그 역할과 책임이 있음을 인식할 필요가 있다(김혜연, 김시월, 2017). 소비자의 사회적 책임에 대하여 바이텔(2015)은 소비자가 제품을 획득하고, 사용하고, 폐기하는 전 과정에서 사회적 이익을 위해 적극적으로 행동하는 것을 의미한다고 정의함으로써 지속가능한 소비를 위한 소비자의 사회적 책임의 중요성을 강조하였다.

소비자의 사회적 책임을 근간으로 하여 지속가능한 소비 패러다임에서 추구하는 목표는 문화마다 차이를 보일 수는 있지만 보편적으로 다음과 같다.

① 복지의 토대를 훼손하는 소비억제

과도한 소비로 인한 자원 사용의 증가는 사회적 병리 현상으로 이어지기 쉬우며, 이는 환경오염 등으로 인해 복지의 토대를 훼손하게 된다. 따라서 이러한 소비를 억제하기 위해 소비자가 선택할 수 있는 범위에 대한 정부의 규제, 사회적 압력, 소비자 교육과 같은 전략 등이 필요하다(월드워치연구소, 2010, pp.26-32). 예를 들면 기업이 전기차 생산체제로의 전환이나 신재생에너지 투자 등 친환경 기업으로 탈바꿈하기 위해서는 정부의 규제나 사회적 압력, 그리고 소비자 교육이 필요하다는 것이다. 최근 섬유 패션 제품 및 원료 생산과정에서 막대한 에너지와 물, 화학약품, 살충제 등을 사용하며 환경을 크게 오염시켜 빅폴루터(Big polluter, 거대 환경파괴기업)라는 거센 비난에 직면한 패션산업이 친환경이나 유기농 소재를 활용한 옷을 만들고 염료 사용을 줄이는 등 '가치소비'를 위해 노력하는 것도 같은 맥락에서 설명이 가능하다(조선일보, 2022. 02. 11).

② 사적 재화 소비를 공적인 소비로 대체

가능한 범위 내에서 사적인 소비를 공적인 소비로 대체하는 것도 지속가능한 소비를 위한 바람직한 소비 행동이다. 예를 들면 도서관에서 책을 빌리고, 대중교통을 이용하고, 공원에서 여가를 즐기는 것은 공원, 도서관, 운송시스템 등에 대한 정부의 지원을 통해 사적소비의 상당 부분이 지속가능한 대안으로 대체될 수 있다(이와 관련된 내용은 협력소비 실천 사례 참조).

③ 하나의 상품을 오래 사용할 것

하나의 상품을 가능한 한 오래 사용하는 것도 지속가능한 소비를 위한 바람직한 소비 행동이다. 이를 위해서는 상품의 설계과정에서부터 지속가능성을 염두에 두고 상품을 오래 쓸 수 있도록 설계되어야 한다. 또한 상품에서 배출되는 쓰레기를 제거하고 재생 가능한 자원을 이용하며, 다 쓴 뒤에는 완전히 재생할 수 있도록 원료에서부터 설계 제작 전 과정이 지속가능성을 염두에 두고 상품생산이 이루어져야 한다. 예를 들면 컴퓨터가 1년이 아니라 10년 이상 작동되어야 하고, 손쉬운 업그레이드로 유행에 따를 수 있어야 하며, 폐기 처분 후에도 재생 가능한 자원으로서의 가치가 있도록 제작되어야 한다는 것이다. 또한 소비자도 최신 휴대폰 카메라를 가지고 있는 친구를 부러워하기보다는 업그레이드를 통해 최신 성능과 함께 '오래되어 믿을 수 있는 것'을 갖고 있다고 자부할 수 있도록 소비 가치에 대한 철학이 요구된다.

3) 소비개념의 진화

오늘날의 소비사회에서 소비개념은 제품에 대한 소유에서 사용, 나아가 구독으로 진화하고 있다.

(1) 소유에서 사용으로 전환

소비자들의 소유에 대한 생각이 변하고 있다. 특정한 물건이 주는 편익과 혜택을 누릴 수 있다면 군이 그것을 혼자서 완전히 소유할 필요는 없다고 생각하는 것이다. 지속가능한 사회를 위해 소비자들은 필요한 물건을 빌려 쓰고rentalism, 함께 쓰고 sharism, 기여하는donaism 협력적 소비를 실천하며 그 속에서 타인에 대한 배려를 함께 생각하는 이타적 동기에 의한 소비를 추구한다. 소유의 개념이 재정의 되고 있는 것이다.

제레미 리프킨은 저서 ≪소유의 종말≫에서 '소유'의 개념을 지극히 제한적이고 진부하다고 느끼는 소비자가 많아질 것이며 '접속'이 소유보다 더 나은 시대가 올 것이라고 추정했다. 이는 소유의 개념이 네트워크 중심의 개념으로 재편되어 지금까지와는 전혀 다른 소비의 새로운 역학 구조가 펼쳐지는 것을 의미한다(제레미 리프킨 저, 이희재 역, 2001, pp.9-11). 제레미 리프킨이 소유의 종말을 제시한 지 20여 년이 지난 지금 소비생활의 많은 영역에서 소유는 접속과 사용으로 전환되었다. 사람들은 CD를 원하는 것이 아니라 CD가 들려줄 음악을, DVD가 아니라 DVD에 담긴 영화를 원한다는 것이다. 즉, 사람들은 물건이 아니라 물건이 채워줄 욕구와 경험을 원한다는 뜻이다. 최근 음원 서비스를 제공하는 멜론이나 영화 서비스를 제공하는 넷플릭스 등은 모두 접속을 통한 소비를 가능하게 하는 플랫폼으로서 소비자들의 접속을 통한 음악과 영화소비는 매우 높은 것으로 나타났다.

(2) 구독 서비스

"아침 출근길에 오디오북을 들으며 출근하고 점심에는 매일 다른 메뉴로 배달되는 샐러드 식단을 구독한다. 퇴근길에 바라본 아름다운 해질녘 풍경은 핸드폰으로 사진 찍어 클라우드에 저장한다. 집에서 넷플릭스를 보며 핸드폰 앱을 켜 정기 구독할 생필품들을 쇼핑한다." 서유현, 김난도(2021)는 이러한 생활 풍경은 낯선 이야기가 아니라 현대 청년들이 대다수 경험하는 구독 서비스라고 설명하고 있다.

전통적으로 구독은 17세기 인쇄물과 정기 간행물에 의해 시작되고 근대에 들어서서 잡지나, 신문, 우유와 같은 획일화된 상품을 주기적으로 배송하는 서비스에 머물러 있었다. 그러나 21세기에 들어서면서 오늘날과 같은 IT 기술의 발전은 구독을 제품이나 서비스를 구매하거나 소유하는 것보다 적은 금액을 지불하며 일정 기간 사용할 수 있는 방식으로 확대되었다.

구독이 소비자들에게 주는 효용은 단순히 상품을 구매해 소유하는 것이 아닌 일상에 영감을 주며 삶을 다채롭게 변화시켜주는 경험을 돕는 수단으로 여겨지고 있는 것이다(Gupta et al. 2020). 최근에는 유통업계 등을 넘어 외식업계로까지 영역을 확장하고 있는데, 음식점으로서도 충성고객과 안정적인 수익 기반을 확보하는 한편 소비자의 구매패턴을 파악해 강력한 다이렉트 마케팅을 펼칠 수 있는 장점도 있다. 유명 패스트푸드 체인 타코벨은 2022년 새해를 맞아 미국 전역에서 '타코 러버스 패스'라는 구독 서비스를 시작했다. 고객이 월 10달러를 내면 타코벨의 대표 메뉴 7가지 중 하나씩을 매일 즐길 수 있다. 타코벨 관계자는 "충성고객에 대한 보상이자, 차별화된 브랜드 경험을 원하는 고객들을 위한 것"이라고 밝혔다(조선비즈, 2022. 03. 31). 국내에서는 월 9,900원을 내면 다양한 종류의 전자책을 무제한으로 읽을 수 있도록 구독 서비스를 운영하고 있는 밀리의 서재가 있다. 2016년 설립된 스타트업인 밀리의 서재는 독서인구가 감소하는 시대에 책이라는 아이템으로 규모를 확장한 스케일업scale up 비즈니스로, 2021년 구글플레이 '올해의 앱'으로 평가받는 등 구독 서비스의 지속적인 확장세를 보여주고 있다(조선비즈, 2022. 04. 04). 이외에도 온라인 동영상 서비스 OTT나 유통 분야에서도 매달 일정액을 내고 상품 또는 서비스를 이용하는 구독 서비스는 산업 전 영역으로 확장하고 있어서, 소비자들은 다양한 영역에서 구독 서비스를 이용할 것으로 보인다.

2. 협력적 소비

1) 협력적 소비의 개념

(1) 협력적 소비의 개념

산업경제에서 공유경제로 패러다임이 바뀌면서 협력적 소비에 대한 관심도 높아지고, 그 영역도 확대되고 있다(최경숙, 박명숙, 2018). 협력적 소비란 어떤 소비를 의미하는가? 보츠만과 로저스(Botsman & Rogers, 2010)는 사용하지 않는 자산을 공유함으로써 자산을 여러 명이 공동 협력하여 소비하는 의미를 공유경제에서의 협력적 소비라고 정의하였고, 발렌타인과 크리(Ballantine & Creery, 2010)는 공유sharing를 소비에 반대하는 소비 행동인 반소비 행동anti-consumption behavior의 한 형태로 설명하면서, 협력적 소비란 검약한 소비, 반물질주의, 환경적으로 의식 있는 행동을 강화할 수 있는 소비로 정의하고 있다. 피쉬셀리 등(Piscicelli et al., 2015)은 협력적 소비는 소비자의 새로운 구매 활동을 줄이고 유휴상태의 사용을 강화할 방안으로 관심을 끌고 있으며, 더 이상 사용을 원하지 않는 자원의 재사용을 촉진하는 것으로, 공유, 대여, 교환 등을 기반으로 하는 소비활동으로 정의하였다. 그런가하면 박명숙과 오세연(2018)은 상품을 소유하는 대신 낮은 비용에 상품을 유통함으로써 이득을 추구하는 것으로, 구매하고 소유하는 대신 빌리거나 빌려줌으로써 공유하는 소비활동을 협력적 소비로 정의하였다. 협력적 소비의 개념에 대한 학자 간의 견해 차이가 다소 있긴 하나, 공통적인 견해로는 협력적 소비란 '사용하지 않는 자산을 공유함으로써 자산을 여러 명이 공동 협력하여 소비하는 것'으로 개념을 정의하고 있다.

공유경제를 위한 협력적 소비는 기본적으로 개인과 개인이 거래하게 되는데, 이러한 개인 간 거래 자체가 새로운 것은 아니며, 협력적 소비가 새로운 관점으로 조망되는 것은 이러한 거래가 ICT 기술 발전을 바탕으로 온라인 플랫폼을 통해 대규모로 일어나기 때문이다(김민정 외, 2016). 현재 협력적 소비유형은 플랫폼을 중심으로 기업과 소비자간 행해지는 B2P유형과 소비자와 소비자간 행해지는 P2P유형으로 구분되며 품목별로는 자동차, 숙박 등의 유형적 재화에서부터, 지식정보 나눔 등의 서비스 분야까지 그 영역이 광범위하고 이에 참여하는 기업과 소비자도 많아지고 있다(한국정보화진흥원, 2018).

(2) 협력적 소비의 특징

협력적 소비는 소유하는 대신 사용, 그리고 나me가 아닌 우리we가 함께sharing라는 키워드로 소비할 것을 제안한 것으로서, 소비자 간에 유휴자원을 함께 공유하여 자원을 절약하고 환경을 보호할 수 있다는 측면에서 지속가능한 소비를 위한 대안적 소비방안이라고 할 수 있다(최경숙, 박명숙, 2018). 그러나 협력적 소비는 기존의 대안적 소비와는 다른 다음과 같은 특징을 갖는다.

첫째, 기존 대안적 소비가 '검소함'에서 시작되었다면 협력적 소비는 소비에 대한 열린 마음open mind이 바탕이 된다. 협력적 소비에서 열린 마음이란 필요할 때 사용할 수 있다면 반드시 내 것으로 소유하지 않아도 되고, 자신의 물건도 다른 사람이 필요하다면 쓸 수 있게 공유하거나 필요하면 기꺼이 줄 수도 있다는 것으로 소유보다 사용에 초점을 두는 것이다.

둘째, 협력적 소비는 시간과 공간의 한계를 넘어선 소비라는 점에서 기존의 대안적 소비와는 차이가 있다. 과거에는 물물교환에서 시간과 공간의 한계가 있었지만, 오늘날은 인터넷 및 IT 기술의 발달로 인하여 전 세계 소비자들이 언제 어디서나 협력적 소비를 할 수 있다. 왜냐하면 공유 대상인 물건의 위치 정보를 쉽게 확인할 수 있을 뿐만 아니라 실시간 연결이 가능하고 주문이나 배송 등도 빨라지고 쉬워졌기 때문이다(강병준, 2012).

따라서 앞으로는 많은 부분에서 상품은 개별 소유의 대상이 아니라 공동으로 소유하는 공유재가 될 수도 있을 것으로 생각한다. 왜냐하면 협력적 소비를 통해 물건이 재사용, 교환되면서 자원은 더 이상 '사유재'가 아니라 '공유재'가 되며, 사용자가 판매자가 되고 판매자가 사용자가 되는 공유경제가 활성화될 것이기 때문이다(최영, 이정권, 2013).

2) 협력적 소비 의사결정의 배경

협력적 소비로의 전환은 소비자의 욕구와 행동양식의 근본적인 변화에 기인한다. 그렇다면 왜 소비자의 욕구와 행동양식에 근본적인 변화가 생기는 것일까? 이에 대해 앨런 패닝턴은 매슬로우의 욕구 5단계설로 설명하고 있다(앨런 패닝턴 저, 김선아 역, 2011, pp.305-307).

매슬로우는 사람들의 욕구는 가장 밑바닥층인 생리적 욕구부터 안전과 안정감에 대한 욕구, 사랑과 소속감에 대한 욕구, 자아존중에 대한 욕구, 맨 위의 자아실현 욕구로 구성되어 있다고 설명하고 있다. 사람들은 기본적인 욕구를 충족하고 나면 그 다음 단계의 욕구를 충족하고 싶어 하는데, 단계마다 추구하는 바가 다르다. 자아존중에 대한 욕구는 자신감, 성취감, 다른 사람에 대한 존중과 더불어 다른 이들로부터 존경받고 싶은 욕구, 사회적 지위, 주도권, 허영심에 대한 욕구가 포함된다. 이 단계에 이르면 사람들은 자긍심과 지위를 높이고 싶은 욕구를 느끼고 자기중심적 삶을 살기 시작하며, 이러한 욕구는 자신감을 과시하기 위한 과시적 욕구로 이어진다. 자아존중에 대한 욕구가 충족되고 나면 다음 단계인 자아실현 욕구에 진입하게 되는데, 이 단계에서는 창조성, 자발성, 편견 없는 너그러움, 사실 수용, 내재 가능성과 의미, 가장 중요한 도덕성에 대한 욕구가 포함된다. 따라서 이 단계에 이르면 사람들은 자기실현과 도덕이라는 더 높은 단계를 추구하려 하므로 과시적인 소비주의에서 보다 사려 깊은 협력적 소비패턴으로 대체된다는 것이다.

2012년 캠벨 미튼Campbell Mithun사는 소비자들이 인지하는 공유경제의 장점을 합리적 측면과 감성적 측면에서 제시하고 있다. 조사에 따르면 합리적 측면에서 협력적 소비는 돈을 절약할 수 있고, 환경보호에 도움이 되며, 삶의 방식에서 융통성을 제공해주는 것 등을 장점으로 제시하였다. 반면 감성적 측면에서는 다른 사람을 도울 수 있고, 공동체에서 자신을 중요한 구성원으로 인식할 수 있으며, 자기 삶에서 스스로 현명하고, 책임감 있게 느낄 수 있다는 것 등을 들고 있다(강병준, 2012, 재인용). 이러한 결과에 의하면 협력적 소비 의사결정에서는 경제적 측면이나 환경보호적 측면인 객관적인 요인과 더불어 심리적으로는 타인에 대한 배려를 통한 자기 가치 확인 등이 영향을 미치는 배경 요인으로 해석할 수 있다.

3) 협력적 소비유형 및 실천 사례

지속가능한 사회를 위해 소비자들은 필요한 물건을 빌려 쓰고rentalism, 함께 쓰고sharism, 기부하는donaism 협력적 소비를 실천하며, 그 속에서 타인에 대한 배려를 함께 생각하는 것이 중요하다. 함께 쓰고, 빌려 쓰기는 공유경제를 근간으로 한 협력형 소비 형태인데, 이는 셰어링(의미적으로 공유경제, 협력적 소비, 교환 공동체와 같이 사용할 수 있음)이라는 사회적 가치가 대두되면서 활성화되고 있다.

소비를 줄이기 위한 과거의 패러다임은 '절제'였지만 현재의 패러다임은 '공유'라는 것에 우리 사회가 동의하고 있다고 볼 수 있다. 최근에는 배경과 연령을 초월하여 많은 사람이 제품을 소유하는 것보다 제품이 주는 유익성에 집중하는 사용 중심의 사고방식으로 이동하고 있다. 토지 공유, 의류 교환, 사무실 공유, 코하우징, 카우치 서핑, 장난감 공유, 카셰어링 등은 소유하지 않아도 사용할 수 있는 협력적 소비의 사례들이다. 실제로 사람들은 자신이 소유한 물건 중 한 달에 한 번도 사용하지 않는 것이 80%나 된다고 한다(레이철 보츠먼, 루 로저스 저, 이은진 역, 2011, pp.118-119). 따라서 소비자들이 일시적이든 영구적이든 자신에게 필요 없는 물건을 필요한 다른 사람에게 연결하는 협력적 소비는, 효과적인 자원의 재분배 방식으로 미래의 소비패턴으로 자리매김해야 할 것이다.

협력적 소비는 호혜적 이타주의reciprocal altruism와 이기적 이타주의selfish altruism, 두 가지 관점으로 설명할 수 있다. 호혜적 이타주의는 서로의 협력, 즉 특별한 협력을 주고받는 것을 바탕으로 하는 소비활동을 의미하며, 이기적 이타주의는 나에게 이익이 되는 것을 하고자 하는 욕망과 동시에 다른 사람을 돕고자 하는 욕구를 바탕으로 하는 소비활동을 의미한다. 즉, 자기 자신은 물론이고 동시에 환경과 생태계, 타인에 대한 배려를 실천하는 소비생활 방식이라고 할 수 있다. 이러한 협력적 소비 유형을 레이철 보츠먼과 루 로저스(2011)는 다음과 같은 3가지 형태로 설명하고 있다.

(1) 물물교환 방식(재분배 시장)

협력적 소비는 물건을 단순히 빌려주는 것을 넘어 소유권 자체를 교환하는 것으로, 자신에게 불필요한 물건을 주고 자신이 원하는 것을 얻는 소비 형태이다. 이러한 방식은 전통적인 대안적 소비방식이지만, 인터넷의 발달과 소비자들의 가치가 변화하면서 그 속도가 급격히 빨라지고 규모와 제품도 광범위하고 다양해졌다.

2020년 기준으로 우리나라에서의 중고 거래 규모는 중고차를 제외하고 20조 원 규모로 매년 20~30%씩 커지고 있다. 이러한 현상은 신상품을 파는 기존 시장과 다른 애프터 마켓이 태동하는 단계를 의미하며, 특히 B2C와는 다른 C2C커머스라는 점이 주목할 만한 현상이다.

이 유형의 대표적인 사례로는 당근마켓이나 번개장터 등을 들 수 있다.

- 당근마켓은 2015년 경기도 판교지역 기반 중고 거래 플랫폼으로 시작하여 동네 이웃과 중고 물건을 사고팔 수 있는 지역 기반 중고 거래 플랫폼이다. 누적 가입자 수는 2022년 기준 2,200만 명이며, 월간 이용자 수는 1,700만 명에 이르는 등 그 규모가 매우 크다. 당근마켓은 아파트 단지처럼 동 단위에서 한 단계 좁힌 지역 단위인 초로컬 혹은 하이퍼로컬(hyperlocal, 지역 밀착) 단위의 동네 커뮤니티를 활성화하여, 세대 구분 없이 온라인 커뮤니티에서 중고 거래를 활성화함으로써 한국인의 라이프스타일을 바꾸고 있는 컬처체인저라는 평가

그림 11-2. 중고거래 SNS 광고 사례

를 받고 있기도 하다(나무위키, 당근마켓).

- 번개장터는 2011년 출시된 중고 거래 플랫폼으로 이용자의 50% 이상이 1020 세대를 중심으로 한 젊은 세대이다. 번개장터의 성공 요인은 중고 거래를 '구차한 소비'가 아니라 '취향을 잇는 거래'로 인식을 바꿨기 때문이라고 분석하고 있다. 대표적인 사례로 2021년 여의도에 문을 연 더현대 서울과 역삼동 센터필드에 문을 연 운동화 리셀(재판매)매장과 명품 편집숍을 들 수 있다. 번개장터는 중고 거래를 두 가지로 유형으로 분류하고 있다. 첫째는 정리를 위한 시장으로, 육아용품처럼 더는 쓸모없지만 멀쩡한 물건을 버리는 대신 누구든 사용하라는 의미에서 내놓는 방식으로 이 시장은 예전부터 존재했다. 두 번째는 취향 거래시장이다. 정말 갖고 싶은 상품을 합리적으로 거래하는 수단이다, 정가보다 저렴하게 사거나, 더 나아가 되파는 것을 염두에 둔 채 거래하는 시장이다(중앙일보, 2022. 02. 17).

중고 제품이라도 자신이 의미 있다고 생각한다면 선택하는 소비자들의 가치 변화는 중고 거래를 통한 재분배 시장의 규모를 지속적으로 성장시키는 원동력이 될 것이다.

(2) 물품대여 방식

물품대여 방식은 자신이 현재 사용하지 않는 물건을 타인과 공유한다는 개념으로, 다른 사람이 필요하다면 해당 물품을 사용할 수 있게 하는 소비 유형이다. 즉, 이 방식은 물품을 소유하지 않고 이용 가치만을 소비하는 방식으로 함께 쓰기의 대표적 성공 모델로 차량 공유car sharing 서비스를 들 수 있다.

미국의 컨설팅 기관인 프로스트 & 설리반Frost&Sullivan 프로젝트 연구 결과에 의하면, 미국의 경우에는 2020년까지 9백만 명을 넘는 사람들이 차량 공유에 참여할 것으로 예측하고 있다(Eilene, 2012). 미국의 차량 공유의 대표적 회사인 집카Zipcar는 1999년에 세워진 회원제 렌터카 공유회사로 자동차를 만들지도, 팔지도, 수리하지도 않고 자동차를 공유할 뿐이라는 철학으로 많은 소비자의 호응을 얻고 있다. 또한 개인 간 차량 대여를 연결하는 릴레이 라이즈사는 차량을 대여할 수 있도록 회원들을 연결해 준다. 차량을 가진 대여자는 자신의 차를 등록하고 점검 등을 거친 후 다른 개인에게 빌려줄 수 있다. 이용자는 예약 시스템을 통해 다른 사람들의 차를 검색하여 예약 후 이용하면 사용한 만큼만 비용을 지불하게 된다. 이용자 입장에서는 필요할 때만 사용할 수 있다는 장점이 있고 시간당 이용료가 저렴하다. 또한 차량 소유주는 경제적 이익을 얻고 정기적으로 차량을 점검받을 수 있다. 릴레이 라이즈사는 등록회원의 가입비와 회원 간 거래가 성립될 때 중개수수료 수익을 창출한다(https://relayrides.com/).

우리나라의 대표적인 차량 공유기업으로는 그린카와 쏘카를 들 수 있다. 그린카는 그린포인트라는 사명으로 2009년 설립하여, 2011년 10월 서울지역을 시작으로 차량 공유 서비스를 실시하였고, 쏘카는 2011년 10월 제주도에 설립된 차량 공유기업으로, 현재 그린카와 함께 우리나라의 차량 공유시장을 양분하고 있다(김지예, 한인구, 2020). 그렇다면 기존의 렌터카와 차량 공유 서비스는 어떤 차이가 있는가? 이를 비교설명하면 표 11-1과 같다. 차량 공유 서비스는 자동차를 10분 단위로 사용 가능하며, 반납 가능시간도 구애받지 않으므로 접근성과 편리성이 훨씬 높다고 할 수 있다.

그런가하면 청년들에게 정장을 공유하여 청년들의 비용 부담을 줄여주는 공유 옷장인 열린옷장이 있다. 열린옷장은 옷장 속에 잠들어 있는 정장을 기증 받아 필요한 사람들에게 저렴한 비용으로 대여해주는 비영리사단법인으로 옷과 함께 옷에 담긴 이야기까지 공유하며 사람과 사람이 더 가까워지고 소통할 수 있는 따뜻한 사회

표11-1. 그린카와 단기 렌터카의 비교

비교	그린카	단기 렌터카
최소 대여시간	30분부터(10분 단위)	3시간부터(1시간 단위)
대여장소	회사, 집, 학교 주위의 가까운 그린존	지점 영업소
대여방식	앱이나 홈페이지에서 예약 후 무인으로 대여	직원과 대면해 계약서 작성 후 대여
반납 가능시간	24시간	지점 영업소의 운영시간 이내

자료: 그린카 홈페이지

를 만들어가는 데 기여하고 있다. 열린옷장에서 시행하고 있는 정장과 이야기의 선순환 과정은 그림 11-3과 같다.

공공기관으로는 서울시가 2012년 9월 '공유도시 서울'을 선언했다. 이는 가지고 있지만 사용하지 않는 물건, 시간, 정보, 공간 등을 공유하여 도시문제 해결에 접근하는 것으로, 추진 중인 공유 품목은 주차장, 주거 공간, 책, 자동차, 의료장비 등 매우 다양하다. 최근 공유경제에 대한 정보를 모아놓은 홈페이지 '공유허브'(그림 11-4)를 개설하여 공유도시 사업의 활성화를 위한 노력을 기울이고 있다(공유허브, 2022. 04.05).

또한 2015년부터 서비스가 시작된 무인 공공자전거 대여 서비스인 '서울 자전거 따릉이'는 버스정류장, 주택단지, 관공서, 학교, 은행 등 접근이 편리한 주변 생활 시

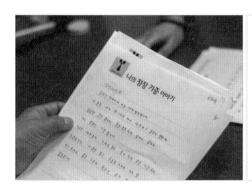 

그림 11-3. 열린옷장의 정장과 이야기의 선순환 과정

자료: https://theopencloset.net/

그림 11-4. 서울시에서 운영하고 있는 공유 허브 사이트

자료: https://www.sharehub.kr

그림 11-5. 서울시 공유 자전거 '따릉이' 거치대와 앱

설 및 통행 장소 중심으로 대여소를 설치하고 운영하고 있으며, 대여소가 설치된 곳
이라면 어디에서나 '따릉이 앱'을 통해 서울 자전거를 대여하고 반납할 수 있다(그림
11-5)(서울자전거, 2021.1.21).

(3) 공간을 공유하는 방식(공동 라이프스타일)

공간을 공유하는 협력적 소비는 공간 소유자와 사용자가 함께 삶의 가치를 실현하는데 기여하는 소비방식이다. 관심사가 비슷한 사람들끼리 시간과 공간, 기술, 돈 같은 자산을 공유하려고 결집하는 경우가 많은데 이것을 공동 라이프스타일이라고 부르며 카우치서핑, 에어비앤비Airbnb 등이 대표적이다(김지예, 한인구, 2020).

예를 들면 부동산 소유자가 쉐어드 어스Shared Earth를 활용하여 땅을 사용하고 싶은 사람들에게 땅을 이용할 수 있게 해준다. 이러한 방식은 과거의 농장주와 임차농의 관계와는 다른, 공간을 공유하는 새로운 방식의 라이프스타일이다. 과거의 관계가 갑과 을의 방식이었다면 현재의 협력적 소비방식에서는 '나눔과 공유'의 관계이다. 즉, 소유권은 본래의 부동산 소유자가 갖고 있지만 특정한 대가를 바라고 땅을 임대해주는 것은 아니다. 땅을 이용하는 사람들은 자발적인 형태로 일정한 답례를 하게 되는 시스템이다. 에어비앤비Airbnb는 2008년 미국에서 소셜 숙박업체로 창업하였는데, 자신이 사는 집의 빈방을 그대로 타인이 쓸 수 있도록 페이스북 등 SNS를 통해 연결하는 구조로 여행객들에게 큰 호응을 얻고 있다. 또한 여행자 네트워크 중의 하나인 카우치 서핑은 2004년 미국 보스턴의 한 대학생이 시작한 것으로 '숙소교환'이 아니라 A는 B를, B는 C를, C~Z 중 누군가는 다시 A를 재워주는 식으로 연결되는 일종의 '무료 숙소 품앗이' 구조로, 숙소가 무료라는 것보다 문화교류를 함께할 수 있다는 장점이 크다(이태훈, 2013. 07.12).

우리나라의 숙박 공유업체로는 2012년 설립된 코자자를 들 수 있다. 숙박 공유는 기본적으로 비정형화된 빈방을 공유하는 것으로, 숙박 공유 플랫폼은 이러한 비정형화된 숙소를 믿고 판단할 수 있도록 정보를 표준화하고, 등록한 정보의 신뢰성을 담보하기 위한 기능을 제공한다. 코자자는 에어비앤비 등 글로벌 숙박 공유 열풍에도 다양한 차별화 전략을 시도하여 좋은 평가를 받고 있다. 한옥이란 전통 콘텐츠를 활용한 한옥 스테이 역시 차별화 전략의 일환이라고 할 수 있다(조산구, 2016).

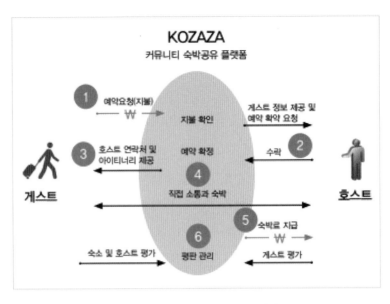

그림 11-6. 숙박 공유 예약 및 숙박 절차

자료: www.kozaza.com

4) 협력적 소비의 지속성을 위한 제도적 노력

소비자들의 가치가 소유보다 사용에 초점을 두면서 협력적 소비에 대한 관심도 높다. 그러나 협력적 소비의 지속성을 위해서는 법적, 제도적 뒷받침이 필요하다. 협력적 소비를 위한 공유경제는 기존의 시장체계에서의 활동과는 다른 체계로 품질과 서비스 측면에서 공급자와 수요자의 불안감이 서로 존재하고, 거래 비용 및 세금 문제도 명확하지 않아 사회적으로 문제가 될 수 있기 때문이다. 예를 들면 우버로 인해 택시회사의 면허가 무용지물이 되고, 에어비앤비로 인해 호텔이 아닌 개인 집으로 선택한 여행자의 관광 서비스가 부실해질 수도 있기 때문이다. 따라서 협력적 소비의 지속성을 위해서는 공유경제의 법제화를 통해 협력적 소비를 실천하는 사업자와 소비자 모두가 피해받지 않도록 해야 할 것이다. 이러한 문제를 법적, 제도적으로 해결하기 위해 노력한 우버와 에어비앤비의 예를 들면 다음과 같다(배덕광 외, 2016, p.200-202).

- 우버의 경우, 미국의 뉴욕은 면허취득 등의 규제를 두어 합법화하였고 싱가포르는 정부의 기사 허가제 등을 통해 일부 허용하고 있다. 일본은 지방의 관광객을 위해 우버 차량 등록을 허용하였고, 영국은 우버가 합법이라는 판결을 받았으며, 호주는 캔버라 지역에서 합법 결정을 받았다.
- 에어비앤비의 경우는 미국, 독일, 네덜란드, 프랑스 등에서 법 개정을 통해 개인 주택의 임대를 허용하였으며, 수익에 대해 납세토록 하고 있다.

3. 미래소비를 위한 과제

1) 자발적 소박함

자발적 소박함voluntary simplicity은 깊이 있는 삶을 살아가기 위해 돈, 소유욕, 탐욕의 추구에서 이탈하고 대신 배려와 공동체를 지지하는 것으로, 더 큰 내면의 부를 위해 외적인 부를 제한한다는 철학에 기본을 둔다. '소박함'의 역사에서 중요하게 거론되는 리처드 그레그(1936)는 자발적 소박함은 내적으로는 삶의 목적과 성실성, 정직성이 일체가 되게 하고, 외적으로는 삶의 중요한 목적과 무관한 소유물을 많이 축적하지 않은 것을 의미한다고 하였다. 또한 사람마다 삶의 목적이 다르므로 소박함의 정도는 각자 자신의 삶의 목적에 맞도록 하면 되고 소박함은 가난한 삶에 관한 것이 아니라 목적 있는 삶에 관한 것임을 강조하였다(두에인 엘진 저, 유자화 역, 2011, pp.115-118 재인용).

자발적 소박함은 좋은 삶, 즉 친밀감, 관심, 공동의 선에 기초한 삶이라는 비전을 갖고 지속가능성과 행복을 추구하는 미래소비사회의 운동으로 자리매김하고 있다. 자발적 소박함을 지속시키기 위해서는 실제적 수준, 철학적 수준, 공공 정책적 수준 등 3가지 차원에서의 노력이 필요하다.

첫째, 실제적 수준에서는 현재 소비보다 줄이고 덜 소비하는 것이다. 이에 대한 깊은 몰입을 위해 사람들은 적게 소비하는 것이 더 많은 충족감을 가져올 수 있음을 이해할 필요가 있다. 생각의 전환 없이 덜 소비하는 것에 초점을 맞출 경우에는 한시적으로는 소비가 줄어들지 모르나, 장기적으로 볼 때 지속성이 희박하게 될 것이다.

소박함을 지속시키기 위한 두 번째 수준은 중요한 것이 무엇이고, 문제가 되는 것이 무엇인지를 자문해 보는 철학적 접근방법이다. 이 수준에서 자발적 소박함은 사람과 지구의 복지를 위한 행동의 영향력에 대해 묻는 것이다. 자발적 소박함은 희생이 아니라 생태발자국을 줄이면서도 개인의 편익은 증가하는 것이고, 삶의 만족과 충족이 더욱 커진다는 것으로 '적은 것이 더 많은 것, 또는 작은 것이 아름답다small is beautiful는 삶의 철학'이자 생활방식이다. 이는 더 큰 안정, 더 많은 기쁨, 더 많은 행복에 대한 것이다.

마지막으로 소박함을 지속시키기 위한 세 번째 수준은 공공 정책적 수준이다. 공공 정책적 수준에서는 많은 사람들을 배려하는 삶을 위해 '적은 것이 더 많은 것이다'라는 철학적 이슈를 대중들과 공유해야 한다. 그동안 소박함 운동은 주로 개인의 변화에만 초점을 맞추어 왔으나, 이제는 공공 정책적 변화를 통해 소박함의 영역을 보다 확장시켜 나가야 한다(월드워치연구소, 2010, pp.354-357).

2) 소박한 소비양식 만들기

소비사회가 가져온 여러 가지 문제점은 삶의 균형을 이루려는 사람들이 과도한 소비를 벗어난 소박한 소비양식을 창출하기 위한 방법을 모색하게 하였다.

미국의 시장 조사기관인 인포메이션 리소스IRI의 연구 결과(2008)는 새로운 '소비자 평준화'를 확인해 주었다(앨런 패닝턴 저, 김선아 역, 2011, p.304 재인용). 이 조사에 의하면 모든 소득계층에 걸쳐 많은 소비자가 자신의 삶에 무엇이 제일 중요한지를 생각하여 삶의 정의를 바꾸고, 구매습관도 바꾸고 있다는 것을 발견했다. 과시적인 소비는 이제 과거의 특징이 되고 있다. 앞으로는 더욱 복잡하고 도덕적인 소비가 구매 행동 양식을 주도할 것이다. 이것은 분명히 새로운 도덕성이나 윤리 의식같이 눈에 떠는 거대한 동향과 이에 더하여 더욱 강화된 공동체 의식과 책임감이 소비자들에게 영향을 끼쳐 나타난 결과이다. 그러나 가장 중요한 점은 앞으로 다가올 미래소비사회에서 소비자들은 자긍심이나 사회적 위치에 대한 욕구보다는 윤리적으로 옳은 일을 실천하고 올바른 일을 한다는 만족감을 더 추구한다는 것이다.

소박한 소비양식을 위해서는 더하고 채우는 시대와 이별할 것이 요구되는데, 이를 비움 비즈니스less business, 비움소비less consumption로 설명할 수 있다. 비움 비즈니스는 비우는 것을 목표로 덜 소비하고, 덜 생산하는 것에 가치를 두고 이를 위한 실천 방안으로 다음과 같이 제시하고 있다(한국트렌드연구소, PFIN, 2010, pp.322-326).

- 자신의 소비량을 줄이고, 어려운 이들에게 나눌 것.
- 자원 절약을 위해 기술을 통해 효율을 높일 것.
- 원료 생산에서 폐기까지 스스로 해결하여 지구의 자원을 소비하거나 폐기물을 남기지 않는 방법을 모색할 것을 제시하고 있다.

3) 미래소비사회에서 필요한 선택의 균형

미래소비사회에서 소비자들은 거의 모든 결정을 내릴 때 내가 원하는 것과 내가 해야 할 옳은 일 사이의 균형을 저울질하게 된다. 행동신경학자인 빌헬름 살버Wilhelm Salber 교수는 의사결정과정을 형태학이라고 부르는 전체적인 틀 안에서 이루어지는 전체론적 과정으로 설명한다. 형태학적 심리학에서 결정은 단 하나의 욕구로 이루어지는 것이 아니라 다른 동기들이 머릿속에서 균형을 잡고 정신적 협상을 거친 결과라는 것이다(앨런 패닝턴 저, 김선아 역, 2011, pp.360-363).

형태학적 연구 결과들은 우리에게 일상생활의 활동이 한 가지 동기에 좌우되는 것이 아니라 다양한 동기가 서로 협상한 결과라는 것을 보여준다. 우리 머릿속에서 일어나는 정신적인 '협상'은 이성적인 뇌와 무의식적이고 심리학적인 욕구 사이에 균형을 찾을 수 있도록 도와준다. 20세기가 '자긍심과 지위, 이미지'에 관한 시대였다면 21세기는 '이기적 합리주의'와 '옳은 일을 하고자 하는 이타주의적 욕망', '자아실현에 대한 욕구'가 합쳐진 소박한 소비주의 시대라고 할 수 있다. 소박한 소비사회를 만들기 위해서는 다음과 같은 '이기적 합리주의'와 '이타주의적 욕망' 간에 균형 있는 선택을 할 수 있어야 한다.

이기적 합리주의와 이타주의적 욕망 간에 이뤄지는 선택의 균형에 대한 갈등의 예를 제시하면 표 11-2와 같다.

표 11-2. 소박한 소비사회에서 선택의 균형

구분	선택의 균형점
더 많은 것 / 더 적은 것	우리는 더 많은 돈을 낼 의사가 있다. 하지만 구매하고, 또 소유하고자 하는 욕망은 덜하다. 무언가를 소유한다는 것은 자긍심을 높여주고 사회적 위치와 성공을 보여준다. 우리는 가치관과 더불어 환경과의 관계 또한 이와 똑같이 혹은 훨씬 더 중요하다는 것을 깨닫는다. 그러므로 오늘날 우리는 무언가를 구입할 때 자긍심에 대한 욕구와 자기실현을 위한 열망 사이에서 균형을 잡아야 한다.
큰 것 / 작은 것	우리는 더 잘 살고 싶지만 덜 소비하고 싶은 욕구가 있다. 21세기는 우리에게 더 건강하고 질이 좋고 환경에 보다 많은 주위를 기울이는 생활방식을 요구할 것이다. 우리는 더 협소한 공간과 적은 양, 낮은 소비율, 그리고 훨씬 덜 과시적인 생활방식을 받아들여야만 한다.
과학 / 도덕심	우리는 과학 발전이 가져다주는 모든 혜택을 원할 것이다. 하지만 훨씬 높아진 도덕적 인식과 과학 발전이 어떤 방향으로 나갈지에 대한 염려도 커질 것이다. 우리는 유전자를 가공하고 자연의 세계는 물론 우리 자신까지도 클론으로 복제하며, 로봇을 만드는 능력이 어떤 혜택을 가져다줄지 깨닫게 될 것이다. 그와 동시에 우리는 윤리적인 문제점에 대해서도 경계해야 한다.
온라인의 나 / 현실의 나	우리는 '실제' 세계에서는 개인주의적 관점이 덜해질 것이다. 하지만 온라인에서는 훨씬 개인주의를 즐길 것이다. 나 자신에 대해, 스스로 드러내는 것과 신원 확인 시스템이 나에 대해 요구하는 것 사이의 패러독스가 존재할 것이다. 사람들이 도용당하거나 남용될까봐 걱정하는 개인정보를 제공하게 하려면 확실히 유용한 혜택이 제공되어야 할 것이다.
국가 공동체 / 가족 공동체	우리는 훨씬 거대하고 국제적인 공동체 의식을 느낄 것이다. 하지만 우리는 지금까지 그 어느 때보다 가정에 충실할 것이다. 온라인 세상이 우리의 네트워크를 넓혀주고 더 넓은 공동체와 접촉 할 기회를 열어주므로, 우리는 더욱 가족공동체에 집중하게 될 것이다.
성공 / 행복	우리는 성공을 추구할 것이다. 그러나 성공은 무엇인지에 대한 생각은 변할 것이다. 행복의 추구를 돈의 추구 보다 중요하게 생각할 것이다.
이기주의 / 이타주의	우리는 언제나 그랬던 것처럼 스스로 우리 자신을 돌보게 될 것이다. 하지만 우리는 다른 사람들도 돌봐주기를 원하게 될 것이다. 이것은 21세기에서 가장 중요한 균형적인 행동이다.

자료: 앨런 패닝턴 저, 김선아 역(2011). 이기적 이타주의자. p.362 재구성.

4) 미니멀라이프

소비의 시대에는 과시적인 소비가 곧 성공의 상징으로 생각되기도 하였다. 더 큰 집, 새 차, 최신형 가전제품, 그리고 디자이너 라벨이 붙은 옷 등은 모두 성공적인 삶을 살고 있다는 징표로 받아들였다. 그런데 소비자들의 생각에 변화가 일어나기 시작하였다. 과도한 소비로 인한 사치 문화가 점차 사그라지면서 '품질과 오랜 수명', 그리고 '오랫동안 변치 않는 가치'가 새롭게 강조되기 시작한 것이다. 소비자들의 이러한 생각의 변화는 단순하고 의미 있는 삶과 책임감 있는 가치를 추구하는 방향으로 이동하여 새로운 미래의 소비패턴인 탈소비주의 시대를 지향하고 있다(엘린 패닝턴 지음, 김선아 옮김, 2010).

미니멀라이프는 '더 적게 소유하고 살아가기'라는 소비양식 중의 하나로 자발적 소박함, 다운사이징, 소박하게 살기 운동 등의 명칭으로 불리고 있다(태미 스트로벨 지음, 장세현 옮김, 2012). 이러한 생활양식은 소유보다 공유 속에 더 큰 행복이 있으며, 삶을 만들어 가는 것은 가짐이 아닌 나눔이라는 소비 철학에 기반을 둔 행동이라고 할 수 있다. 미니멀라이프의 소비 철학은 궁극적으로 인간의 행복 추구를 물건이 아닌 인간관계, 공동체, 사회 환원에 중심을 둔 것으로서, 단순함, 소박함에서 행복한 삶을 느낄 수 있음을 설명하고 있다. 다시 말해, 소박한 삶이 곧 금욕적인 삶을 뜻하는 것은 아니며, 즐거움과 기쁨을 거부하며 궁핍을 견디는 삶을 의미하는 것도 아니라는 의미이다(태미 스트로벨 지음, 장세현 옮김, 2012).

미니멀라이프는 비움을 통한 소박한 삶을 추구하는 라이프스타일로서 오래 지속될 행복을 가져다주는 소중한 선물들, 즉 나를 위한 시간, 자유, 공동체가 깊이 스며든 삶을 뜻하는 것으로서, 삶의 초점은 물건 소유가 아닌 삶 자체에 있다는 것을 강조한다.

행복한 삶을 얻기 위한 실천 사항 몇 가지를 크리스 길리보Chris Guillebeau(2011)는 다음과 같이 제시하고 있다.

- 행복은 공동체와 연계하여 충실한 인간관계를 맺을 때 생겨난다.

- 돈으로 행복을 살 수 있다. 관건은 돈을 어떻게 쓰느냐다.
- 물적 재화를 소비하는데 지나치게 매달리면 장기적으로는 행복해질 수 없다.
- 더 적은 것으로부터 더 많은 것을 얻는 법을 배우는 것은 행복을 발견하고, 잃어버린 시간을 되찾고, 자신만의 방식대로 살아가는 하나의 방법이다.
- 어떤 형태로든 삶을 변화시키려면 노력과 인내, 열린 마음으로 새로운 시각을 받아들이겠다는 의지가 필요하다.

생각해보기

1. 물건을 소유하는 대신에 구독 서비스를 이용하고 싶은 품목이 있는가? 구독 서비스에 대한 사례를 조사하고 장점과 단점에 대해 논의해보자.

2. 지역별 공유 자전거 명칭을 조사해보자.

3. 자신의 경험한 협력적 소비가 일상생활에서 자원 활용에 어떤 영향을 미치고 있는 지 조사해보자(예를 들어 회사원 A가 매일 공유 자전거로 출퇴근하고 주말에만 자동차를 이용하는 소비 행동이 환경에 미치는 영향은 무엇인가?).

참고문헌

국내문헌

강병준(2012). 공유경제 시스템의 사회적 기업 적용 연구. 2012 한국정책학회 동계 학술대회, 107–134.

김난도, 전미영, 이향은, 이준영(2012). 트랜드 코리아 2013. 미래의 창.

김미성(2021), "소비자의 사회적 책임이 사회적 자본과 지속적 협력소비에 미치는 영향: 플리마켓 참여를 대상으로", 문화산업연구, 제 21권 제1호, 31–40.

김지예, 한인구(2020). 한국 차량공유사업의 성공요인 사례분석. 지식경영연구, 21권 3호, 1–25.

김혜연, 김시월(2017), "소비자의 사회적 책임에 대한 소비자, 기업, 정부 간의 인식차이", 소비자학 연구, 28(5), 1–23.

두에인 엘진 저, 유자화 역(2011). 단순한 삶. 필로소픽.

레이철 보츠먼, 루 로저스 저, 이은진 역(2011). 위 제너레이션. 푸른숲.

로나 골드 저, 안명옥, 하윤희 역(2012). 공유경제. 조윤커뮤니케이션.

로버트 액설로드 저, 이경식 역(2009). 협력의 진화: 이기적인 개인의 팃포탯 전략. 시스테마.

류현경(2013. 6. 27). 서울시, 공유경제 소식 한 곳에 모은 공유허브 개설. 조선경제신문.

박명숙, 오세연(2018)"사람들은 왜 협력적 소비에 참여하는가? 텍스트마이닝기법을 이용한 쏘카 이용자 소비감정 분석", 소비문화연구, 21(2), 121–143.

배덕광 외(2016), 미래에 대한 14가지 이야기 비욘드 2030, 예린원.

서유현, 김난도 (2021), "구독서비스 유형별 소비자 만족도 및 해지 사유 연구", 디지털융복합 연구, 제 19권 제 9호, 125–133.

앨런 패닝턴 저, 김선아 역(2011). 이기적 이타주의자. 사람의무늬.

월드워치연구소 엮음, 박준식, 추선영 역(2012). 지속가능한 개발에서 지속가능한 번영으로. 도요새.

월드워치연구소 엮음, 오수길 외 3인 역(2010). 소비의 대전환. 도요새.

월드워치연구소 엮음, 이종욱. 정석인(2015), 지속가능성의 숨은 위협들, 도요새

이태훈(2013. 7. 12). 카우치 서핑으로 세계여행. 조선일보.

정태우(2013. 6. 23). 집 구석에 '잠자는 물품'… 빌려 주고 빌려 쓰고 '기쁨 두배'. 한겨레신문.

제레미 리프킨 저, 이희재 역(2001). 소유의 종말. 민음사.

조산구(2016), "한국형 커뮤니티 숙박공유 플랫폼, 코자자", 국토 제416호, 78–83.

천경희, 홍연금, 윤명애, 송인숙(2011). 착한 소비 윤리적 소비. 시그마프레스.

최경숙, 박명숙(2018), "공유경제를 위한 협력적 소비 제공 의도와 이용 의도에 다른 소비자 유형분류와 예측 요인, 소비자문제연구, 49권 3호, 61–86.

최영, 이정권(2013). 디지털 문화 자본이 공유경제에 대한 인식에 미치는 영향에 관한 연구. 커뮤니케이션학연구 21(1), 89-110.

크리스 길리보Chris Guillebeau, 주민아 역, (2011), 네 인생인데 한 번뿐인데 이대로 괜찮아?, 21세기 북스

태미 스트로벨 지음, 장세현 옮김 (2012), 행복의 가격, 북하우스

한국트랜드연구소, PFIN(2010). 핫트랜드 2010. 리더스북.

국외문헌

Eilene Zimmerman(2012). Rent or own? The new sharing economy values access over ownership. Christian Science Monitor, 9, 30.

Rachel Bostman & Roo Rogers(2010). Beyond ziper: collaborative consumption. Harvard Business Review 88(10), 30.

기타자료

공유서울, 라이프스타일 전환공유 플랫폼 공유허브

http://sharehub.kr/

당근마켓

https://namu.wiki/w/%EB%8B%B9%EA%B7%BC%EB%A7%88%EC%BC%93

아름다운가게

www.beautifulstore.org

열린옷장

https://theopencloset.net/

조선비즈(2022.03.31.). 타코벨에서 알래스카 항공까지...영역 확장하는 美 구독경제

https://biz.chosun.com/international/international_economy/2022/03/31/2GMDSTLZHJG2NGJRFAOS7SROKQ/

조선비즈(2022.04.04.). 밀리의서재, 500만 명의 독서를 재정의하다

https://biz.chosun.com/industry/company/2022/04/04/UMJWPLW7TREQHEKP5E62TI4HK4/

조선일보(2022.02.09.). "동네 빠꼼이는 토박이 어르신…'쉬움의 미학'으로 2200만 연결했죠"

https://www.chosun.com/culture-life/culture_general/2022/02/09/H5GLXYVCEJFKFM6WIK7K4ALKK4/

조선일보(2022.02.10.). '더러운 산업' 비판받던 패션, 착한 옷으로 갈아입었어요

https://www.chosun.com/economy/mint/2022/02/10/IFSU6HNFWFH3ZBQMLKLZBDRBE4/

중앙일보(2022.02.17.) '중고' 수천만원 운동화도 판다…'취저' Z세대가 절반, 이 장터

https://www.joongang.co.kr/article/25048924

코자자

www.kozaza.com

찾아보기